L'ABBÉ V.-A. HUARD

Impressions d'un Passant

Amérique—Europe—Afrique

QUÉBEC

TYP. DUSSAULT & PROULX
1906

IMPRESSIONS D'UN PASSANT

DU MÊME AUTEUR

L'APÔTRE DU SAGUENAY (Biographie de Mgr Dom. Racine, premier évêque de Chicoutimi). In-8° illustré. 3e édition. 1895.

LABRADOR ET ANTICOSTI. 520 pages. In-8°. 100 gravures et carte. 1897.

TRAITÉ ÉLÉMENTAIRE DE ZOOLOGIE ET D'HYGIÈNE. In-8° de VIII-260 pages. 200 gravures. 1906.

L'ABBÉ V.-A. HUARD

Impressions d'un Passant

Amérique—Europe—Afrique

QUÉBEC

Typ. Dussault & Proulx
1906

Imprimatur,

L.-N., ARCHPUS QUEBECEN.

Quebeci, die 29â junii 1906.

AU LECTEUR

Outre beaucoup d'autres façons de répartir les auteurs en diverses catégories plus ou moins nettement tranchées, il y a celle-ci, qui consiste à les partager en deux classes seulement : les auteurs qui écrivent tout d'abord la préface de leur livre, et ceux qui réservent pour la fin cette tâche agréable.—Je suis malheureusement de ces derniers, et c'est pour cela que je me vois aujourd'hui forcé de présenter au public ce nouveau volume sans pouvoir y mettre de préface !

Il est en effet arrivé qu'au moment où ces pages s'en allaient sous presse, je m'en allais, moi, sur un lit d'hôpital où je suis resté presque tout le temps que mon livre s'imprimait. Quelques amis, à l'obligeance de qui je ne saurais trop rendre hommage, ont bien voulu s'occuper de la correction des épreuves, lorsque je n'ai pu moi-même faire ce travail. Cela soit dit pour expliquer au lecteur sévère comment il se fait qu'on ne trouvera peut-être pas, d'un bout à l'autre du volume, une parfaite uniformité dans les détails orthographiques. Une autre conséquence de la situation où je me suis trouvé, c'est que, pour une notable portion de ce livre, je n'ai pu donner le coup de rabot final sur lequel on compte toujours beaucoup pour la perfection de son " chef-d'œuvre ".

Mais surtout, conséquence que chacun est tout à fait libre de juger heureuse ou malheureuse, je me vois incapable de l'effort nécessaire pour rédiger la " préface " qui depuis des mois me trottait par la tête... Dans cette préface, on m'aurait vu :

1° A l'exemple de tant d'auteurs qui croient nécessaire de s'excuser du livre qu'ils viennent d'écrire, exposer que si j'ai osé faire imprimer ces chroniques de voyage, ce n'a été que pour contribuer à l'instruction de la jeunesse, qui est friande de ces sortes d'écrits et y puise sans s'en apercevoir des connaissances variées sur les pays et les peuples divers ;

2° Proclamer sans façon que le genre descriptif n'existe plus en littérature, les albums illustrés, les revues et journaux illustrés, et surtout les cartes postales illustrées le remplaçant à notre époque avec beaucoup d'avantage : tout cela pour éviter qu'on me reproche d'avoir si peu décrit dans mes récits de voyage ;

3° Prévenir le lecteur irréfléchi que je suis loin d'avoir tout dit sur les choses et les gens dont je parle en ces pages, ne m'étant généralement proposé que de donner mes propres impressions de voyage, et non celles des " Guides " Bædeker, etc.

4° Faire remarquer à ceux qui trouveraient que le " haïssable moi " et son frère " je " reviennent par trop souvent dans ces chroniques, qu'il n'y a que trois " personnes " dans les verbes, et que ne pouvant employer la deuxième ni la troisième dans mes récits, je ne sais comment j'aurais pu éviter de me servir de la première.

Voilà les quatre points, à part quelques autres, que j'aurais développés dans la préface que je projetais. Les circonstances ont fait que, le lecteur et moi, nous nous en tirons avec deux pages seulement. Cela démontre, une fois de plus, que l'on a raison de dire qu' " à quelque chose malheur est bon ".

Hôtel-Dieu de Québec, 26 juin 1906.

IMPRESSIONS D'UN PASSANT

JOURNAL D'UNE EXCURSION
AUX PETITES ANTILLES (1)

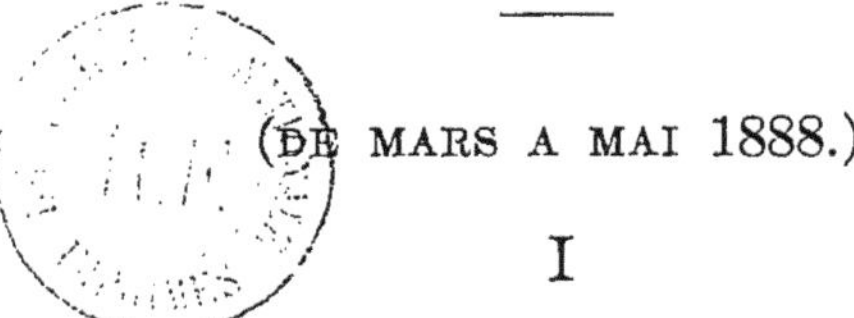

(DE MARS A MAI 1888.)

I

DE QUEBEC A NEW-YORK.—Une nuit d'enfer.—Nos premiers pas sur l'océan.—
La vie que l'on mène à bord.—Un arrêt effrayant.—Terre ! Terre !

Steamer *Muriel*, Atlantique, 31° lat. N.

Lundi, 26 mars.—Nous partons de Québec, l'abbé Provancher et moi, à deux heures de l'après-midi, par le chemin de fer du Grand-Tronc, à destination de New-York.

A la gare précédant Saint-Agapit, nous arrive M. Montminy (2), curé de Saint-Agapit, qui a voulu nous rencontrer pour nous donner encore quelques renseignements sur notre excursion aux Antilles, qu'il a faite lui-même l'année dernière. Il nous remet des lettres d'introduction pour diverses personnes qu'il a bien connues, ce qui nous sera très utile. Il nous quitte à la gare de sa paroisse.

A 5 heures, nous sommes à Richmond, où règne une tempête de neige. Nous allons souper chez le curé, M. Quinn, puis repar-

---

(1) L'abbé Provancher a publié un récit détaillé de ce voyage, sous le titre : *Une Excursion aux Climats tropicaux.* S'il se trouve, sur certains points, quelque divergence entre son récit et le mien, je prie que l'on accepte sa manière de voir plutôt que la mienne. Un livre, fait à tête reposée et avec le secours de la documentation qu'on veut, offre en effet plus de garantie d'exactitude qu'un journal rédigé pour ainsi dire séance tenante.

(2) L'abbé Montminy avait publié un petit volume sur son voyage aux Antilles.

tons à 6½ hrs. Il nous fallut changer de train à Newport, après y avoir attendu plus d'une heure, à la gare. Ce fut assez ennuyeux; heureusement je trouvai là un jeune homme de Lévis, qui a voyagé beaucoup, au Mexique, au Texas et autres endroits: il me donna une foule de détails intéressants. Vers minuit, nous repartons.

L'examen de douane fut assez facile: l'employé se contenta de regarder nos malles, sans les faire ouvrir.

Mardi, 27 mars.—Comme nous n'avons pas cru devoir prendre le char dortoir, il fallut dormir comme on le pouvait, c'est-à-dire tant que le conducteur du char ne nous éveillait pas avec son appel trop fréquent: Tickets! Tickets! A 7 hrs du matin, Springfield, où nous devions déjeuner: mais on ne nous en donna pas le temps. Par bonheur, on vint nous offrir, dans le char, des sandwiches excellents. Puis nous passons les jolies villes de Hartford, de New-Haven, etc. Enfin nous arrivons à New-York.

En descendant du train, nous nous confions à un employé de l'*Express,* qui nous fait conduire à notre steamer, moyennant $1.50. Notre cocher eut bien l'audace de réclamer 25 sous de plus pour avoir porté nos malles depuis sa voiture jusqu'au vaisseau, un arpent au plus. Pour éviter des complications dont nous pouvions très bien nous passer, nous décidâmes de lui payer ce qu'il demandait.

Ensuite, nous retournons dans la ville: c'est un tintamarre, un bruit, un brouhaha inconcevable... Nous allons au bureau de Cook & Son, pour changer mon argent canadien contre des valeurs anglaises.

En passant par divers endroits de la ville, par tramways et par chemin de fer élevé, nous arrivons enfin chez le curé canadien, M. Tétreau. Son vicaire est un jeune prêtre de Québec, M. E.-O. Corriveau (1). Nous y recevons un excellent accueil. Nous y rencontrons les docteurs Fontaine et Michon.—Je couchai dans la chambre du vicaire, au 4e ou 5e étage. Ayant remarqué près de la fenêtre de cette chambre un long câble enroulé, je m'informai

---

(1) Aujourd'hui curé de Saint-Frédéric de Beauce.

de sa destination: on me dit que c'était en cas d'incendie, où la voie de l'escalier pourrait être obstruée. C'était peu rassurant; mais je n'eus pas le temps d'avoir peur bien longtemps, parce que je m'endormis aussitôt; car la fatigue du voyage et un dérangement d'estomac m'avaient exténué.

Mercredi, 28 mars.—Nous disons la messe à l'église canadienne.

A 3 heures de l'après-midi, nous sommes à bord de notre steamer, au *Pier* 47. Mais le chargement du navire n'est pas fini, et l'on nous dit que le départ se fera seulement à 7 heures. Nous restons néanmoins à bord, pour ne pas refaire connaissance avec la boue qui remplit les rues. Du reste, nous prenons beaucoup d'intérêt au chargement du vaisseau, et au va-et-vient des bateaux dans la rade: il y a là autant de mouvement que sur terre; c'est quelque chose d'inimaginable.

A 6 heures, nous dînons à bord, et faisons connaissance avec nos compagnons de voyage.

Dimanche, 1er avril.—27° lat.; 69° long.

C'est Pâques aujourd'hui: un de nos compagnons, un Français de la Guadeloupe, a été fort surpris de l'apprendre, cette après-midi.

Je reviens à mercredi dernier.

On ne termina le chargement du vaisseau que tard dans la soirée, à la lumière électrique. Mais alors régnait un brouillard qui ne laissait rien distinguer à une courte distance. Je ne sais si e brouillard en fut la cause: mais le départ n'eut lieu que jeudi matin, à 6 heures.

Je me rappellerai longtemps cette première nuit passée sur le steamer. Il faisait une chaleur très grande dans notre cabine No. 1 ce qui était dû aux conduits de vapeur ou d'eau chaude qui ont charge de la chauffer, et qui y réussissent parfaitement. Donc, première raison pour y dormir mal. Deuxièmement, le lit est d'une dureté inconcevable, quelque chose comme un pavé de pierre. Enfin, 3°, 4°, 10°, 50°, d'innombrables sifflets à vapeur se faisaient entendre à tout instant, parce que les bateaux ne cessaient pas de circuler malgré la brume, et tenaient à donner avis de leur présence pour éviter les collisions. Ajoutons, pour terminer, de nombreuses cloches qui sonnaient dans la ville, très souvent, pour indiquer sans doute les heures, demi-heures et quarts d'heures. Et voilà comme je ne pus presque fermer l'œil pendant cette nuit.

Dans la soirée, le brouillard s'étant un peu dissipé, nous eûmes un beau spectacle: la vue de mille lumières de toutes couleurs, les unes fixes, à New-York et à New-Jersey; les autres en mouvement, celles des bateaux à vapeur.

Nous quittâmes la rade de New-York par une brume encore assez considérable, temps humide et un peu froid. Pendant quelques heures nous passâmes à travers les grandes îles qui forment le port de la grande ville; puis avant que midi fût arrivé, nous ne voyions plus de terre: la mer et le ciel, de tous les côtés. Et c'est encore pareil aujourd'hui; et l'on nous dit que nous en avons encore pour quatre jours. Cela finira par devenir peu intéressant!

Notre steamer *Muriel* est fort petit, seulement 1,200 tonneaux. Il est étroit, mais très long. Jeudi et vendredi, la mer était un peu agitée: aussi le tangage était assez fort. Le roulis se fait peu sentir. Je fus d'abord assez effrayé de voir le mouvement du navire; je croyais à tout instant qu'il allait chavirer, pour le moins. Et l'on me disait que la mer était très belle! Mais alors, pensais-je, si la mer était mauvaise, ce serait joli de nous voir!

A midi, M. Provancher était malade, et il fut mal jusqu'au lendemain matin. Moi, je tins bon jusque vers le soir: mais il me fallut céder à mon tour.. Le soir, pas de souper, ni pour l'un, ni pour l'autre.

Depuis hier, la mer est très calme, ce qui n'exclut pas de longues oscillations des eaux, en sorte que le tangage est toujours assez fort. Ce matin, nous avions la *mer d'huile*, ce qui signifie que nous traversions de longs espaces absolument paisibles. A mesure que nous descendons vers le sud, la température s'adoucit et devient même chaude. Il a fallu recouvrir le pont d'une immense toile, pour nous mettre à l'ombre. Mais il fait toujours un vent de sud assez frais, de sorte qu'il est extrêmement agréable de rester sur le pont à contempler ce beau ciel et cette mer tranquille, tout en se livrant à des causeries interminables.

Il paraît que le steamer n'est pas beaucoup confortable. Pour moi, qui ne suis pas encore bien expérimenté, je trouve tout pour le mieux. Par exemple, les passagers s'accordent à dire que la table est excellente. A 7 heures du matin, il y a le café (je tiens ce renseignement de mes compagnons; car, à cette heure matinale, je ne pensais guère au café, moi). A 9 heures, le déjeuner: un déjeuner superbe. A 1 heure, le lunch, où l'on sert des viandes froides de toutes sortes. A 6 heures du soir, le diner, un dîner toujours recherché. Mais je mange toujours beaucoup plus des yeux que de la bouche, ce qui, au point de vue hygiénique, est tout à fait recommandable.

Enfin, les domestiques du bord sont pleins de politesse et de prévenance.

Depuis que nous avons passé le Gulf Stream, la mer, de verte qu'elle était, est devenue d'un bleu remarquable. Aujourd'hui surtout, elle est d'un bleu très intense.

De ce temps-ci, nous rencontrons souvent à la surface des eaux des méduses, mollusques, zoophytes ou autre chose, que je ne suis guère en état de décrire; puis des *raisins des tropiques*, espèce de fucus, plantes marines très curieuses, qui ne ressemblent pas du tout à nos varechs. Nous en avons fait recueillir, et M. Provàncher les a mises en presse pour nos herbiers.

Aperçu aussi quelques marsouins. Vendredi dernier, j'ai vu un monstre marin qui est disparu trop vite pour que j'aie pu en garder autre chose qu'une idée fort vague.

Des goélands nous ont suivi quelques jours; mais ils ont cessé de nous accompagner. Un petit oiseau brun, qui suivait aussi, a fait comme eux. Qui les blâmerait d'avoir retourné en arrière?

Pendant les premiers jours, nous rencontrions quelques navires, steamers ou voiliers; je n'en ai vu aucun depuis vendredi soir.

De temps à autre, nous avons quelques légers orages; mais le soleil chaud et vivifiant revient bientôt. Quel air pur et agréable on respire sans cesse!

Lundi, 2 avril.—25° lat.; 65° long.—M. Provancher croit que ce que nous avons pris hier pour des méduses, doit être plutôt des argonautes, sorte de mollusques univalves: l'animal étend des membranes en guise de voiles, au-dessus de l'eau, et voyage ainsi en profitant du vent.

Hier soir, nous avons rencontré deux baleines; elles lançaient en l'air de fortes colonnes d'eau (pour parler à la façon d'autrefois; car on est aujourd'hui d'avis qu'il s'agit seulement de vapeur d'eau).

Aujourd'hui, nous avons rencontré deux navires, un goéland, un paille-en-queue (oiseau à queue longue et fine), et un bout de madrier: tout attire l'attention, lorsqu'on manque de distractions. Hier soir et ce matin, nous avons vu aussi un bon nombre de poissons volants: c'est un spectacle très intéressant. Ces poissons, qu'on me dit être longs d'une douzaine de pouces, ont le dos brun et les côtés blancs; ils m'ont paru parcourir une distance d'une trentaine de pieds hors de l'eau. Il paraît que nous en verrons beaucoup, plus tard.

Il m'est arrivé de me lever, ce matin, à $6\frac{1}{2}$ heures. A 7 heures, je pris le café au lait avec un biscuit, et j'attendis ensuite avec grande peine le déjeuner de 9 heures. Vive le Canada, avec ses repas bien placés, et avec ses gens et ses choses qui ont plus de bon sens que les gens et les choses d'ailleurs...

La vie monotone que l'on mène à bord, finirait par devenir ennuyeuse, si elle se prolongeait seulement pendant cinq ou six mois. Même, si elle dure huit ou neuf jours, comme nous en sommes menacés, je crois que je perdrai un peu la tête. Avant déjeuner, on contemple le ciel et la mer immense; du déjeuner au dîner, on admire les beaux cieux bleus et la belle mer bleue; jusqu'au souper, on regarde les flots et la voûte céleste; ensuite, après souper, on promène ses regards sur le firmament étoilé et sur la vaste plaine liquide. Comme vous voyez, c'est extrêmement varié et très amusant; il y a là de quoi abrutir une buse (1).

Quelques coquerelles se sont introduites dans notre cabine; peut-être les gens du bord, ayant eu vent de nos goûts entomologiques, avaient-ils recueilli à grands frais ces jolis insectes, pour nous faire bien plaisir. Malheureusement, M. Provancher et moi avons une horreur véritable pour ces compagnons de gîte. Aussi, chaque soir, nous les passons en cour martiale; et M. Provancher, se faisant exécuteur des hautes œuvres, coupe la chaîne de leur existence; les cadavres sont laissés à la voirie, pour servir d'exemple aux maraudeurs.

J'ai constaté le phénomène que voici. Quand on regarde passer les flots durant un certain temps, et qu'ensuite on jette les yeux sur le plancher du navire, les planches qui le composent paraissent passer aussi comme faisaient les flots. Voilà un de mes grands amusements; jugez des autres.

On tient le navire dans un état de propreté extrême: chaque matin, on lave les ponts à grande eau; puis une partie de la matinée se passe à essuyer, avec des linges mouillés, tout ce qui est recouvert de peinture. Tout ce qui est de cuivre, et il y en a beaucoup: serrures, poignées, grillages des fenêtres, etc., on frotte tout cela avec un zèle extraordinaire. Enfin on ne permet pas à un pauvre grain de poussière de rester en paix. Je suppose qu'on lave aussi les morceaux de houille avant de les jeter dans la fournaise de la machine.

Hier après-midi, le steamer s'est arrêté durant une demi-heure environ. J'ai demandé à un employé *if any thing was wrong.— Nothing is wrong*, m'a-t-il répondu. Comme de raison, nous serions au fond de l'eau, que ces gens nous diraient que tout va bien, pour ne pas nous effrayer. Nous ne saurons donc que dans l'autre monde pourquoi le steamer a stoppé hier.

---

(1) Je ne sais si j'ai subi plus ou moins d'"abrutissement"; mais aujourd'hui j'aime beaucoup les voyages sur mer, et je désavoue tout à fait, sur ce chapitre, mes sentiments de 1888.

Changement de propos : les mouvements du bateau ne m'incommodent plus du tout, excepté qu'ils me font marcher comme un Polonais qui a bu plus qu'il ne fallait. La mer est toujours bien belle et bien calme, c'est-à-dire calme comme la surface du Saint-Laurent quand la brise est très forte. Nous avons sans cesse le vent de sud en plein nez, ce qui ralentit notre marche. Le soleil devient brûlant, et j'ai déjà le teint gâté pour le restant de mes jours. Il ferait très chaud, n'était la fraîcheur relative de la brise. En définitive, température et navigation toujours très agréables.

Mercredi, 4 avril.—Je n'ai pu écrire hier, parce que la mer était un peu mauvaise, et que par conséquent j'étais un peu indisposé. Ce matin, nous avons vu la première terre; toute la journée, nous avons eu en vue diverses îles.—En ce moment, 5 heures du soir, nous arrivons à " St. Kitts " ou Saint-Christophe, où nous débarquerons et mettrons nos lettres à la poste.

II

Saint-Christophe.—Croix du Sud.—Du nouveau, en botanique.—Avec les mulâtres.—Un curé anglican.—Antigua.—" Pretty nice men."—Chez les poissons.—Nos compagnons de voyage.

En rade de l'île Antigua.

Jeudi, 5 avril.—Hier soir, à 7 heures, on jetait l'ancre devant la ville de Basse-Terre, principale ville de St. Kitts ou Saint-Christophe. Cette île fut découverte au deuxième voyage de Colomb, me dit-on; elle appartient à l'Angleterre, et compte 28,000 habitants.

Bon nombre de mulâtres arrivent aussitôt, et nous donnèrent un avant-goût de la grande beauté de ces populations. Nous voyions une foule de lumières à terre, et entendions japper les chiens du pays: tout cela, vu les circonstances, ne manquait pas de charme... La brise était douce et fraîche, et embaumée des parfums de la canne à sucre, que l'on récolte en ce temps: c'était donc une soirée délicieuse.

Nous voyons, depuis plusieurs soirs, la Croix du Sud, la plus remarquable constellation du ciel équatorien.

Ce matin, il fallut se réveiller, bon gré mal gré, de bien bonne heure, car on commença le déchargement du vaisseau au petit jour, c'est-à-dire à $5\frac{1}{2}$ heures. En ces contrées, il n'y a presque pas de crépuscule, ni après le coucher, ni avant le lever du soleil, et les jours et les nuits sont à peu près d'égale longueur.

A 6 heures, M. Provancher et moi descendions à terre, avec deux compagnons, conduits par des mulâtres, à qui nous donnâmes cinq shillings, pour l'aller et le retour.

Sur le quai, un beau gendarme noir nous fait entrer à la douane, parce que M. Provancher avait à la main un petit sac de voyage, qu'il fallut ouvrir en présence du fonctionnaire. Ensuite, un jeune créole, très bien mis, se présente à nous, et devinant à notre anglais que nous étions Français, se met à nous parler français et s'offre à nous conduire à l'église catholique. Nous y sommes bien accueillis par le Rév. M. Smyth, qui ne parle qu'anglais. M. Provancher dit sa messe, et je remplis l'office de servant. Il était 7 heures quand j'aurais pu célébrer moi-même; mais, vu que le capitaine avait dit qu'il lèverait l'ancre à 8 heures, je crus devoir m'abstenir.

En attendant le café, j'examinais les fleurs du jardin, quand une petite fille de huit à dix ans, parlant anglais, créole ou mulâtresse, je ne sais, vint me présenter la main, et me demander, d'une manière fort gentille, comment je trouvais St. Kitts. *" Well, Father*, dit-elle, *how do you like St. Kitts ? "*

Le curé nous offrit sa voiture pour faire une promenade, mais nous ne pûmes accepter, vu l'heure avancée, et nous prîmes congé de lui. En passant par le parc de la ville, au centre duquel est un joli jet d'eau, nous admirâmes la végétation tropicale. De toutes ces plantes, nous ne connaissions guère que le rosier, qui est en fleurs. Il y avait là des palmiers en fleurs, des bananes aux fruits déjà formés, des cocotiers portant aussi leurs fruits non encore mûrs. J'ai vu, encore, l'arbre à pain, le cotonnier, avec fleurs et fruits en même temps. Il y a là un arbre énorme, du genre des baobabs, dont le feuillage a bien cent pieds de diamètre; il n'y en a qu'un seul spécimen dans l'endroit. Les Anglais l'appellent Banyan Tree. Des cactus, qui ont quinze à vingt pouces sur nos fenêtres, ont ici une quinzaine de pieds de hauteur. Un autre cactus, de la forme d'un melon, surmonté d'une touffe fleurie et qui atteint environ quinze pouces de hauteur, porte le nom de *Pope's Head,* à cause de son sommet blanchi, qui rappelle la calotte blanche du Souverain Pontife.

Il n'est que 8 heures du matin, et quelle chaleur étouffante il fait déjà! C'est une chaleur humide, comme lorsque nous disons chez nous que le temps est " pesant." Cela rappelait assez l'une de nos chaudes journées de juillet. Heureusement, il fait un bon vent d'est.

Le mont Misère, qui est voisin de la ville, est un volcan éteint; il a 4,300 pieds de hauteur. Mais son sommet est enveloppé de nuages.

Les maisons de la ville, construites en pierre, à deux étages, ont chétive apparence. On nous vante l'église anglicane, mais nous remettons à notre retour de la visiter.

Nous revenons au quai à 8 heures, mais nous y apprenons qu'on nous donne encore jusqu'à 9 heures. Nous redescendons alors sur la grève, et y cherchons des coquillages, et recueillons des fleurs très jolies que nous ne connaissions pas, excepté une qui est une plante de jardin chez nous. Toute une population noire, hommes, femmes et enfants, reste sur le rivage à contempler le déchargement du steamer. On remarque bientôt que nous cherchons des coquilles, etc., et plusieurs individus nous font escorte tout le temps. Quels pauvres gens, laids à faire peur, et couverts de haillons! Ils parlent un anglais extrêmement difficile à comprendre, surtout pour nous. Nous en trouvons pourtant un qui

parle français, mais nous pouvons à peine le comprendre, lui aussi.
Nous ignorions encore, à cette date, ce que c'était que le patois
créole, anglais ou français.

Nous fîmes une promenade dans une ruelle bordée de huttes
des mulâtres, pauvres petites habitations en bois. Un négrillon
en tout bas âge nous fait un beau salut. Les gamins de huit à dix
ans ne sont vêtus que d'une chemise. Un Allemand des Etats-
Unis, qui voyage avec nous, à qui je demandai s'il avait remarqué
ce vêtement singulier, me répond que c'est très " com-for-ta-bl "
pour ce climat.

J'offre quelques cents des Etats-Unis au vieux mulâtre français
qui nous a accompagnés dans cette course, mais il les refuse, ne
pouvant en tirer parti dans cette contrée.

A 9 heures, nous revenons à bord, mais le déchargement est
encore si peu avancé, que le départ est retardé jusqu'à midi.

Toutes ces îles, et nous en avons vu déjà plusieurs, ressemblent
à des sommets de montagnes qui sortiraient des eaux; c'est une
suite de pics coniques, plus ou moins boisés, au pied desquels on
voit quelques plaines plantées de cannes à sucre.

Un ministre anglican s'est embarqué ici, avec sa famille, pour
se rendre à l'île Antigua. C'est un charmant homme, qui parle
bien le français. Il est curé de deux paroisses rurales, à deux
lieues de la ville. Il veut absolument qu'à notre retour nous
l'avertissions, pour qu'il nous envoie sa voiture : car il désire beaucoup nous avoir pour hôtes. Pendant cette après-midi, il a eu
bien de l'occupation : car la mer était un peu mauvaise, sa femme
et ses enfants étaient malades, et il dut tout le temps leur donner
ses soins.

Vis-à-vis St. Kitts, la mer était d'un beau vert clair; mais à
peu de distance de l'île, la couleur bleue lui est revenue.

A 7 heures, ce soir, nous jetons l'ancre vis-à-vis Antigua.
Aussitôt, un petit vapeur, des barques, des goélettes accostent le
navire. Il fait un vent très fort, la mer est agitée, il fait noir, il
pleut; et toutes ces embarcations sont encombrées d'affreux nègres,

s'agitant comme des diables, gesticulant, criant, hurlant: un vrai enfer, quoi!   Nombre d'entre eux envahissent le steamer.   Comme ils passaient près de moi, et que j'exprimais à mon ami l'Allemand les impressions que j'éprouvais, l'un d'entre eux, un grand individu de six pieds, à couleur d'ébène, comprit de quoi nous parlions; et, se tournant vers nous: " *We are pretty nice men!* " dit-il.

Malgré l'heure avancée, et vu que nous sommes en retard, on commence aussitôt le déchargement, qui se poursuit encore à cette heure (10½ heures du soir), et nous lèverons l'ancre cette nuit même.   Demain midi, nous serons à la Guadeloupe, une possession de la France celle-ci, où nous passerons quelques heures intéressantes.   Il faudra donc attendre à notre retour pour connaître Antigua.

A présent, revenons un peu en arrière.

Ces jours derniers, nous avons vu un grand nombre de poissons volants; par moment, ils s'élançaient en troupes nombreuses, comme des " voliers " d'oiseaux.   Ce spectacle est très curieux.

Hier, nous avons passé à travers un banc de marsouins bruns, qui sautaient à l'envi en dehors de l'eau; souvent un bon nombre s'élançaient en même temps; j'en ai vu un s'élever de cinq ou six pieds au moins.

Depuis New-York, nous n'étions à bord que sept passagers, dont il est temps de parler.   En embarquant, je me disais: sûrement, nous ne serons que deux pour parler français sur ce navire; et voici que nous avons vu bientôt qu'un seul ne pouvait causer en français: c'est un M. Moore, marchand de tabac de New-York, que nous avons laissé à Saint-Christophe. C'est un vrai type du Yankee: ong, mince, et dont les pieds ont une tendance à se mettre de niveau avec la tête.   Il a les cheveux blancs, et ressemble pas mal à l'échevin Rhéaume, le grand patriote de Québec. C'est un original très curieux, et qui nous a fort amusés.

Un autre qui ne parle que difficilement le français, c'est un M. Johnson, du Nouveau-Brunswick, un tout jeune ministre pres-

bytérien, qui s'en va évangéliser les nations à Trinidad et à Démérara.   C'est un fort aimable garçon, et je me suis très bien trouvé
de sa compagnie.

Ensuite, vient un M. Kulkhe, un Allemand de New-York.
Représentant d'une grande maison de commerce, il se rend jusqu'à
Surinam.   Il parle assez bien français et il est très aimable.   Je
passe de bonnes heures à causer avec lui.

Puis, voici deux créoles français.   L'un, M. de Pompignan,
rédacteur de la *Défense coloniale*, de la Martinique, où il se rend,
est un homme très instruit et qui a beaucoup voyagé.   Sa société
nous est des plus intéressantes, et il nous donne une foule de renseignements utiles sur les pays que nous visitons.   Il est tout de
même Français dans la force du terme... J'ai failli recevoir de lui
une " dégelée " parce que je soutenais qu'à Paris on souffre plus
du froid qu'au Canada.

L'autre créole, un jeune homme, M. Castéga, est de la Guadeloupe.   Il arrive d'un séjour de quatorze mois à Panama, où il
était employé de la Compagnie du Canal.   Il vient de subir,
pendant quarante jours, les fièvres paludéennes, et s'en va se
guérir complètement dans sa famille.   Il est très faible, d'une
grande maigreur, d'un teint livide.   Comme il sait peu l'anglais,
nous nous amusions beaucoup de le voir " badrer " par notre
Yankee, M. Moore, qu'il ne comprenait presque pas.

Enfin, il y a ces deux Canadiens-Français de Québec, dont je
serais un peu embarrassé de tracer ici le portrait.

Le capitaine du vaisseau, M. Locke, à qui nous étions recom-
mandés par M. Montminy, se montre très bon.   J'aimerais même
qu'il fût moins aimable pour moi, tant j'ai de peine à comprendre
son anglais.

J'ai profité du temps de ce déchargement du navire, qui ne
me permettrait pas de dormir, pour compléter mes notes de voyage
jusqu'à ce moment.   C'est écrit comme cela vient, sans recherche
aucune, comme on ne le voit que trop.

Je viens de voir dans le salon où j'écris un insecte ressemblant à notre barbeau de cuisine, la *blatte*, mais de taille bien plus grande et à mouvements très accélérés. J'aurais pu capturer cet insecte, mais j'en avais trop horreur. Nous le prendrons une autre fois, quand M. Provancher sera là.—Nous avons vu à St. Kitts plusieurs insectes hyménoptères; mais impossible de les capturer, parce que nous n'avions pas nos filets entomologiques. D'après ce que nous avons vu, les insectes sont loin d'être en abondance comme chez nous. Excepté les rats, qui abondent dans le steamer. C'est bon signe : le bateau est sûr.

Il passe 11 heures, et je finis ici. C'est plus facile d'écrire dans un temps d'arrêt, comme celui-ci, que lorsque le navire est en marche.—On dit que le déchargement n'est pas prêt de finir. Pauvre nuit, par conséquent, à cause du bruit terrible des machines.

III

ANTIGUA.—Les graves pélicans.—Le curé Fogarty.—Les institutions de St. John.—La *Victoria regia* en fleurs. — POINTE-A-PITRE (Guadeloupe). — Déjeuner à la française.—Au musée de M. Guesde.

> Steamer *Muriel*, en route de l'île Antigua
> à la Guadeloupe.

Vendredi, 6 avril.—Ce matin, j'appris avec surprise, à mon lever, que le vaisseau allait passer toute la journée à Antigua.

Après le déjeuner de 9 heures, nous descendîmes à terre à bord de la chaloupe à vapeur que nous avions vue hier soir. Elle conduisait en même temps plusieurs passagers d'un steamer de la Malle Royale, qui fait le service entre ces îles, et qui venait de jeter l'ancre près du *Muriel*.

Nous avions à faire trois ou quatre milles pour atteindre la terre, et cela par une mer fort agitée.

Il serait peu désirable de tomber à l'eau dans la baie où nous sommes, parce qu'il y a bien des requins. Nos compagnons qui se sont levés matin en ont vu plusieurs autour du bateau. Pour moi, qui ne suis monté sur le pont que plus tard, j'ai dû me contenter d'admirer des troupes de petits poissons de douze à quinze pouces, ayant à peu près la forme de nos esturgeons. Ces poissons sont de couleur violette, avec la pointe supérieure de la queue jaune. Cette couleur violette pouvait être due à la couleur de la mer en ces parages.

Nous arrivons à terre, après avoir contemplé des pélicans posés gravement sur des rochers dénudés qui émergent des eaux. Sur un cap qui avance dans la mer, nous voyons une vieille forteresse, pourvue de canons: ces murailles paraissent si peu solides, que l'on craindrait de les voir s'écrouler à la première décharge des pièces qui les défendent.

Sur le sommet d'une autre pointe de rochers, s'élèvent les constructions d'un asile d'aliénés, lesquelles ne ressemblent en rien aux belles bâtisses de Beauport.

En arrivant à cette ville, qui s'appelle St. John, nous passons d'abord par le marché, espace entouré d'une halle couverte. Nous y examinons les productions du pays qui y sont étalés. Naturellement nous ne voyons ici que des nègres et négresses.—Il s'agit ensuite de changer nos souverains anglais pour de la menue monnaie anglaise, dont nous avons besoin à tout instant. Le consul américain, à qui je m'adresse, se montre peu disposé à me satisfaire, pour de bonnes raisons sans doute. Nous allons alors à une banque, où nous réussissons.

Un jeune nègre nous conduit chez le curé catholique, le Rév. M. Fogarty, qui nous reçoit admirablement.

A l'extérieur des maisons, il faisait bien chaud, 81° Farenheit; mais à l'intérieur, on était très bien: le vent frais qui entrait par toutes les fenêtres était très agréable.

Nous allâmes visiter d'abord un couvent tenu par des religieuses de Caen (France), appelées *Vierges Fidèles*, dont l'habit rappelle bien celui de nos Hospitalières. Auprès du couvent se trouve l'église catholique. Après l'avoir visitée, nous nous rendons à l'Hôpital de la ville, en passant près de la résidence du gouverneur et près de la prison, qui sert pour toutes ces îles anglaises, comme le susdit asile d'aliénés.

Les plantes que nous avons vues aujourd'hui sont d'abord la canne à sucre: nous y avons goûté, c'est d'un sucré très agréable. Je connais beaucoup de jeunes Canadiens qui se délecteraient à sucer ces bouts de bois. Et nos mouches domestiques, donc! quelle fête ce serait pour elles!—Il y a ensuite nombre d'arbres et de plantes dont je ne me rappelle plus seulement les noms.—Mais ce qui m'a le plus fait de plaisir, c'est la vue d'une *Victoria regia*, dont j'avais tant entendu parler, dans les livres au moins, et que je ne m'attendais pas à trouver ici. C'est une plante que l'on a découverte en Afrique, il n'y a pas encore longtemps, et dont l'on a transporté ailleurs quelques échantillons. La Victoria est une plante aquatique, comme nos nénuphars. Celle que nous avons vue a des feuilles d'environ cinq pieds de diamètre, et qui peuvent porter un poids considérable. Nous avons eu la chance de trouver cette plante en fleurs: ces fleurs sont les plus grandes connues; elles sont de couleur blanche.

On nous avait dit de revenir à bord à 4 heures du soir. Mais le steamer ne se met en marche que vers 8 heures. La cargaison étant diminuée déjà beaucoup, le navire a plus de mouvement, et je me sens si incommodé que je vais bientôt me mettre au lit.

> Dans le port de la Pointe-à-Pître,
> île de la Guadeloupe.

Samedi, 7 avril.—Ce matin, à 7 heures, nous arrivions à la Pointe-à-Pître, la ville la plus considérable de la Guadeloupe. A 9½ heures, après le déjeuner, nous descendons à terre, dans une chaloupe conduite par des mulâtres. Et pour la première fois, je mets le pied sur un sol appartenant à la France.

Cette ville a plus l'air de quelque chose que celles où nous avons arrêté déjà. Les maisons ont plus belle apparence, les magasins aussi, et l'on y parle français. Les noirs, que l'on rencontre partout, parlent aussi français, mais quel français ! Nous comprendrions cent fois mieux du bon anglais. C'est que ces noirs se sont fait une langue française à eux, une espèce de patois, que les blancs de l'endroit connaissent parfaitement d'ailleurs.

Nous passons d'abord par le marché, où nous trouvons un nombre immense de mulâtres, des femmes surtout, offrant toute espèce de choses en vente. Comme nous n'avons que des valeurs anglaises, impossible de rien acheter. Tous ces gens parlent avec une force de poumons et une volubilité telles, qu'il en résulte une clameur inimaginable. D'ailleurs, dès qu'il y a une douzaine de mulâtres quelque part, il devient difficile de s'entendre.

Comme M. Provancher s'est chargé de s'enquérir d'un certain acte civil datant de 1786, nous allons à deux bureaux d'enregistrement, puis à la mairie, où un employé noir nous fait excellent accueil, nous parle et se montre poli comme un Parisien. Mais ces démarches n'ont qu'un résultat peu satisfaisant.

Enfin nous nous rendons au presbytère de l'église principale, où le curé et ses vicaires nous reçoivent très fraternellement, et nous gardent à déjeuner. Ce repas, qui eut lieu à 1 heure de l'après-midi, nous intéressa beaucoup; je ne sais quelles viandes j'y mangeai, ni quels fruits délicieux je goûtai. Je n'ose nommer ces fruits, tant que je n'aurai pas lu leurs noms quelque part: car, à la simple prononciation, je ne puis avoir une juste idée de leur orthographe; et, pour aucune considération, je ne veux m'exposer à mal orthographier quoi que ce soit. Toujours est-il que tout cela fut arrosé d'un excellent madère et d'autres merveilleux vins de France.

Nous voyons ces messieurs du clergé français porter le rabat, ce qui nous cause une impression très agréable. Il y a aussi avec ces ecclésiastiques un religieux de Lyon, un Père de la Miséricorde, homme très aimable, qui passera par le Canada en mai prochain, pour retourner en France. Tous ces abbés nous content les tracasseries que font subir au clergé les chefs de la France, en ces temps malheureux.

(2)

Après le déjeuner, le curé, M. Minoret, nous conduit chez un fonctionnaire, M. Guesde, qui nous fait voir son musée ethnologique, composé surtout d'objets en pierre, travaillés par les anciens habitants de ces îles; puis ce M. Guesde nous mène au musée L'Herminier, qui est assez considérable, et contient tous les articles d'un musée ordinaire: mais la plupart de ces plantes, insectes, mollusques, etc., m'étaient totalement inconnus. Il nous donne à chacun un exemplaire du Catalogue de sa collection particulière, préparé en langue anglaise, et d'une manière très détaillée, par M. Otis Mason, qui est de la *Smithsonian Institution*, je crois.

Si j'ai bon souvenir, le thermomètre, à l'ombre, marque au-dessus de 30° centigrade, c'est-à-dire près de 90° Farenheit !

On nous avait dit de revenir à bord à 2 heures de l'après-midi; mais le steamer ne s'est mis en marche qu'à 5½ heures. Au retour nous aurons peut-être la chance d'être plus longtemps à la Guadeloupe.

Nous sommes maintenant en route pour la Dominique, où nous espérons avoir le bonheur de célébrer la messe, demain matin, jour de la Quasimodo.

Notre voyage va toujours bien, et nous sommes de plus en plus charmés,—surtout lorsque nous n'avons pas le mal de mer.

IV

ROSEAU (Dominique).—Chez les noirs.— Le meilleur de tous les fruits.— Mes débuts dans l'art de l'équitation.—SAINT-PIERRE (Martinique).—Un cordon sanitaire.—Petits plongeurs intrépides.—Menaces de quarantaine.

Steamer *Muriel*, Port de Castries (île de Sainte-Lucie).

Lundi, 9 avril.—Samedi soir, à 5½ heures, nous quittions la ville de Pointe-à-Pitre, Guadeloupe, et après une navigation délicieuse, nous jetions l'ancre, vers 11 heures, dans la rade de Roseau, île de la Dominique. Pendant la soirée, je pus admirer un brillant météore qui traversa l'atmosphère, vers le sud, Cela ressemblait à un globe de feu de couleur verte, répandant une brillante lumière pendant quelques instants: car ce fut l'affaire de quelques secondes.

Hier matin, vers 7 heures, M. Provancher et moi descendions à terre, et nous rendions au presbytère catholique. Nous y fûmes reçus par une mulâtresse de stature gigantesque, d'une grande majesté d'allure, et d'un caractère tout à fait jovial. Nous fûmes présentés aussitôt au Révérend Père Couturier, administrateur du diocèse en l'absence de l'évêque de Roseau, qui est actuellement en Europe. La plupart des paroisses de cette île sont confiées à des religieux de la Congrégation des Serviteurs de Marie Immaculée, qui est différente de celle des Oblats de M. I.

Nous célébrons la messe à la cathédrale, église vaste et assez belle, surtout à l'extérieur. J'eus pour servants deux petits nègres, qui remplirent très bien leur office.

A 9 heures, grand'messe paroissiale, à laquelle j'assistai avec grande édification. L'église était remplie, surtout par des mulâtres, qui paraissaient très recueillis. Les servants, au nombre de six, étaient des noirs, et faisaient bien les cérémonies, quoique suivant des rites différents des nôtres. Un chœur de noirs chantait à l'orgue, et il nous faisait plaisir d'entendre le même plain-chant que chez nous.

Ces mulâtres sont tous ou presque tous français. Ils sont très pauvres. Leurs manières sont naïves et bonnes. J'étais touché de voir ces déshérités avoir le bonheur de pratiquer notre sainte religion.

Ah ! quelle chaleur il fait ici ! Je regrette toujours le climat de notre Canada.

Encore ici, c'est la cuisine française, qui ne me va pas beaucoup. J'eus occasion de goûter le rhum du pays, auquel je préfère notre bière d'épinette. Le fruit que nous avons trouvé le plus délicieux, jusqu'à présent, c'est la " barbadine," dont on mange l'intérieur, les graines et leur enveloppe pulpeuse, dans du vin blanc: c'est d'une saveur absolument exquise. Ce fruit, en nature, a une dizaine de pouces de longueur, sur trois ou quatre d'épaisseur.

A quatre heures du soir, promenade sur les hauteurs qui entourent la ville comme un amphithéâtre. Nous sommes accompagnés par un Père de la maison. Or, comme il n'y a pas de chemins carrossables, par ici, ni par conséquent de voitures, il fallut aller à cheval. Ce fut toute une affaire pour moi que de grimper sur le dos du cheval, et ensuite d'y garder l'équilibre. Aussi j'exigeai impérieusement que le voyage se fît au pas; et cependant je fus sans cesse dans les plus grandes alarmes. Mon cheval ayant eu une fois l'idée d'éternuer en baissant le nez jusqu'à terre, je faillis être précipité en avant. J'ai bien amusé le capitaine et nos compagnons en leur racontant mon aventure, au déjeuner de ce matin. Nous allâmes donc visiter, en cette occasion, l'hôpital de la ville, situé à la campagne. Les malades sont presque tous des noirs, et ils font vraiment pitié. Ils sont loin d'avoir le confort de nos hôpitaux tenus par les bonnes religieuses. Un bon nombre de ces malades souffrent d'une dégoûtante maladie de la peau, que l'on nomme le *pian*, et qui ressemble un peu à la gale. Nous fûmes reçus fort poliment par le pharmacien de la maison, un mulâtre anglais, qui nous fit voir plusieurs plantes intéressantes croissant dans les environs, entre autres l'aloès. Vous ai-je dit que certains de nos petits cactus ont ici une hauteur de trente à trente-cinq pieds, en pleine terre ; les lauriers-roses, aussi en pleine terre, ayant vingt à vingt-cinq pieds de hauteur, et couverts de fleurs, font grand effet à voir. J'aperçus hier pour la première fois une fougère en arbre, mais peu élevée encore. Les palmiers, cocotiers, bananiers, etc., se voient à tout instant, en fleurs ou en fruits. Quelle végétation extraordinaire, dans ce climat !

Pour couronner dignement notre belle excursion, le Père nous fit parcourir plusieurs rues de la ville, toujours à cheval, ce qui fournit à une partie de la population l'avantage de contempler l'habileté de mon équitation. Il y eut un moment où mon cheval et moi ne nous entendîmes plus du tout: il fallait aller à droite, et lui voulait aller à gauche, ce qui était la voie qu'on avait coutume de lui faire prendre. Comme après tout c'était lui qui avait la fonction locomotrice, je crois que sa volonté l'eût emporté, si un mulâtre charitable n'était venu le prendre à la bride et le forcer à prendre la voie droite. Enfin, cette promenade, terrible pour moi, eut une fin, et j'espère que ma carrière équitatrice va se terminer là.

Le midi, après *déjeuner*, nous étions allés visiter l'évêché, qui est spacieux, mais fort simplement meublé, puis l'orphelinat dirigé par des religieuses du même ordre que celles que nous avions rencontrées à Antigua. Ces religieuses tiennent aussi un pensionnat; mais les élèves ont actuellement des vacances: ce sont les vacances de Pâques, institution qui m'a singulièrement touché, dans ma qualité de professeur de collège...

Dans cet orphelinat, il y a une quarantaine d'élèves toutes mulâtresses, excepté une qui est portugaise. Nous voyons aussi, réunies au couvent pour une instruction de piété, un bon nombre de jeunes filles mulâtresses, anciennes élèves de la maison.

Je répare ici une omission: j'ai oublié de dire que M. Provancher a fait le sermon à la grand'messe, ce matin.

Dans ces pays, nous ne voyons pas de beaux jardins, comme chez nous, où la brièveté de la saison favorable nous engage à ne rien épargner pour réunir et bien cultiver des centaines de belles plantes. Ici, cela dure toujours, et le zèle en souffre. D'ailleurs, la sécheresse est si grande en ce climat qu'il faudrait arroser sans cesse les plantes de jardin.

Nous ne voyons toujours que très peu d'insectes, seulement quelques hyménoptères, abeilles, etc., de temps à autre.

Le presbytère où nous sommes est très vaste et disposé de sorte que l'air frais apporté par la brise circule sans   cesse. Pas de châssis aux fenêtres; seulement des persiennes que l'on ferme la nuit; mais elles laissent encore entrer l'air du dehors, et il fait assez frais. Je croyais bien que cette fraîcheur de la nuit allait me gratifier d'un bon rhume et d'une bonne fièvre pour aujourd'hui: mais non ! On n'est plus dans l'Amérique du Nord !

Après ma messe, ce matin, mes servants noirs et les autres

enfants de chœur m'ont fait un peu jaser sur le Canada : comment voulez-vous qu'ils comprennent ce que c'est que le froid et la neige!

A 9 heures, ce matin, nous revenons à bord du navire.

La ville de Roseau est petite. Les rues y sont pavées en pierre, et arrosées par un courant d'eau qui coule constamment. On nous dit que les nègres sont très propres.

L'ancre se lève, c'est-à-dire que l'on détache le vaisseau de la bouée où on l'avait fixé par un câble; et nous reprenons notre route, en achevant de côtoyer l'île de Dominique, qui est composée surtout de montagnes, suite de pics coniques. C'est une terre évidemment volcanique, comme la plupart de ces îles.

Peu après, nous arrivons près de la côte de la Martinique, île française très considérable, où il n'y a pas plus d'une dizaine de mille blancs sur une population de 170,000 âmes. A midi, nous stoppons devant la ville de Saint-Pierre, en vue du mont Pelé, et tout près de terre. Mais nous ne pouvons descendre, à cause d'une épidémie de variole, qui décime actuellement la population de l'île; il y a eu plus de 1,200 morts, en ces derniers mois. Un canot accoste pourtant, et l'on y descend les choses postales dans une chaudière fixée à une corde, et l'on reprend aussitôt la mer.—Mais un spectacle nous a bien amusés. Trois canots montés par de petits nègres s'étaient approchés du steamer, canots faits de planches disposées de façon élémentaire; pour avirons, de petits carrés de bois, de quatre à cinq pouces de diamètre, que les enfants tenaient à la main. Instruits de ce qu'ils voulaient, nous jetons quelques sous à la mer, et aussitôt ces petits garçons de se précipiter à l'eau, et de saisir ces monnaies avant qu'elles atteignent le fond; l'eau est sans doute profonde en cet endroit. Puis ils remontent très habilement dans leurs petites embarcations, en attendant qu'on leur fournisse l'occasion de recommencer.

La ville de Saint-Pierre a belle apparence, et nous regrettons de ne pouvoir la visiter. Il ne fut pas même permis à M. de Pompignan de descendre à terre, lui qui y revient des Etats-Unis. Il lui faudra se rendre à Sainte-Lucie, et y attendre le bateau de la malle anglaise qui pourra le débarquer, dans une dizaine de jours.

Après avoir quitté la Martinique, nous arrivons en peu d'heures à l'île de Sainte-Lucie, et dans le port de la ville de Castries, située au fond d'une baie dont les contours sont extrêmement pittoresques. Il est 5 heures du soir. Mais le steamer ne peut se rendre à son quai; car ici, il y a un quai, chose rare en ces endroits. Il faut rester au large, avec le pavillon jaune au mât, et plus tard, avec un fanal tout en haut du mât, pour indiquer que nous sommes en quarantaine, tout cela parce que nous avons un peu communiqué avec la Martinique. Et alors, en ville, se réunit le bureau de santé, qui délibère sur notre sort. Nous craignons un peu la quarantaine de vingt-et-un jours: ce serait amusant, n'est-ce pas ? Enfin, vers 7½ heures du soir, nous recevons une réponse favorable, les signaux d'épidémie disparaissent, et le steamer vient aborder. Mais il est trop tard pour que nous allions passer la nuit à terre. Il nous faut aller cuire dans notre petite cabine. C'est même pour éviter de trop rôtir que j'ai écrit si longuement, pendant la soirée.

V

CASTRIES (Sainte-Lucie).—Un couvent de négrillonnes.—Prétendue tempête.— BRIDGETOWN (Barbade).—Father Strickland.—Musée Belgrave.—Le long du Vénézuéla. — PORT D'ESPAGNE (Trinidad).—Chez les Dominicains; chez l'archevêque.—Visites diverses.—Au marché.— Coolies de l'Inde.— Choses et gens du pays.—Débuts de la saison des pluies.

Port d'Espagne, Trinidad.

Mardi, 10 *avril.*—Dès le matin, nous descendons à terre et nous faisons conduire à l'église catholique, où nous célébrâmes la Sainte Messe. Cette ville est desservie par les Serviteurs de Marie-Immaculée, tout comme la capitale de la Dominique. C'est le R. P. Tapon qui est le curé; plusieurs religieux remplissent les fonctions de vicaires.

Dans la matinée, nous allons visiter le couvent, dirigé par des religieuses de Saint-Joseph (de Cluny). C'est la supérieure qui nous reçoit. Elle nous fait parcourir toutes les classes, dont les élèves nous font accueil très poli, nous adressant des formules de salutation en anglais ou en français. Presque toutes ces élèves sont des noires. Il y a même (au moins) une religieuse de race noire; elle connaît bien la langue et la politesse françaises. La supérieure elle-même nous paraît être une femme très distinguée.

Au repas de midi, je fis connaissance avec les haricots préparés à la mode française, et avec certains fruits de ces pays que je n'avais pas encore rencontrés.

Vers 4 heures, nous revenons au steamer, qui se met en marche peu de temps après. En côtoyant l'île, nous passons auprès des *Pitons,* deux pics coniques qui sortent pour ainsi dire d'une sorte de plaine et qui sont d'un aspect très étrange. L'un est élevé de 2,710 pieds; l'autre, de 2,680. Le premier surtout a une base relativement étroite, ce qui fait que ce sont plutôt des obélisques que des montagnes.

Cependant le vent s'élevait peu à peu et devint assez violent. Par conséquent la mer se fit houleuse, et le navire fut ballotté d'une jolie façon. Je ne pus y tenir longtemps et vers 8 heures j'étais au lit, ayant le cœur assez affecté. Il me fallut même laisser une partie de mon bréviaire sous-entendue.

Mercredi, 11 *avril.*—Le matin, en sortant de ma cabine, je constatai avec joie que le steamer, loin d'avoir fait naufrage — comme je l'avais craint par moments, durant la nuit,—était paisiblement ancré dans le port de Bridgetown, ville principale de la Barbade. Il y a ici au delà de quarante gros navires à l'ancre, ce qui nous fait bien penser à l'aspect du port de Québec lorsque l'âge d'or y régnait encore.

Nous descendons à terre vers 7 heures, et nous nous faisons conduire, par un négrillon, chez le curé, Father Strickland. C'est un Anglais; sa famille est du petit nombre de celles que l'hérésie n'a jamais atteintes. Il a été aumônier des troupes anglaises, pendant un bon nombre d'années, dans l'Inde. Nous le trouvons au lit, souffrant d'un lumbago depuis huit jours. Il parle français comme vous et moi. Après quelques minutes de conversation, il nous envoie dire nos messes à l'église; et, malgré ses douleurs, il se lève et vient assister à la mienne. C'est un Jésuite, seul prêtre qu'il y ait dans la Barbade. Cette île appartient au diocèse de Démérara, dont l'évêque est aussi un Jésuite. Le Père Strickland fait de grandes instances pour nous garder pendant au moins huit jours; mais nous ne pouvons nous rendre à son invitation.

Pendant l'avant-midi, il nous fait conduire, dans sa voiture, à travers une partie de la ville, qui est assez considérable et bien bâtie; les rues sont belles et bien entretenues. Nous allons jusqu'à un musée d'histoire naturelle, propriété d'un M. Belgrave. Nous voyons là des poissons, oiseaux, quadrupèdes, insectes, coraux et mollusques des Antilles: tout cela est pour le commerce, les spécimens sont très jolis et très bien disposés. C'est pour le coup d'œil et non pour la science, puisque les spécimens ne sont seulement pas étiquetés. Entre autres raretés, il y a là un échantillon d'un corail qui est unique: on n'en connaît pas d'autres dans aucun musée.

Dans l'après-midi, le curé peut se hisser dans sa voiture et nous fait visiter le reste de la ville, et un peu ses environs.

Nous voyons les édifices du gouvernement de la colonie, un hôtel magnifique de construction récente, les casernes pour les réguliers anglais, et celles des troupes noires. Il y a ici de vraies murailles de guerre, qui paraissent peu terribles. Enfin, vers 4 heures, nous revenons à bord du *Muriel*, qui lève l'ancre vers 5 heures. Notons que la température, à terre, était au-dessus de 80°, et c'était un jour de vent et d'orages, par conséquent un jour frais.

Jeudi, 12 avril.—Vers midi, nous avons d'un côté l'île de Trinidad, et de l'autre le continent de l'Amérique méridionale, c'est-à-dire la côte du Vénézuéla. Nous passons entre plusieurs petites îles par un détroit très resserré, les rivages étant assez escarpés: point de vue très pittoresque. A 2 heures environ, nous sommes dans le havre de Port d'Espagne, la principale ville de Trinidad. Il nous faut encore ici hisser le pavillon jaune, et nous mettre en quarantaine. Après une attente de plus d'une heure, l'officier de santé nous arrive, il interroge les autorités du bord, et fait passer devant lui, en procession mais un par un, tous les passagers, en les fixant avec des yeux à vous faire perdre contenance. Cet examen est sans doute satisfaisant, puisque le pavillon jaune descend, et qu'on nous permet de débarquer.

Il y a bien deux ou trois milles pour nous rendre au quai; et comme la mer est très agitée, la chaloupe qui nous conduit est ballottée d'une manière très violente. Mais je suis à présent si habitué à ces agitations des flots, que je ne ressens aucune frayeur. Un chelin et demi chacun, pour ce transbordement.

Nous voici en douane. Je redoutais beaucoup ce moment, parce que j'avais une centaine de cigares, acquis dans l'une de nos dernières escales. Heureusement, l'officier se contenta de regarder l'extérieur de nos malles, sans les faire ouvrir.

M. Provancher avait reçu de l'abbé Montminy une lettre d'introduction pour le Père Joseph-Marie, du Couvent des Dominicains qui desservent l'église cathédrale. Mais à Antigua, voulant confier à quelqu'un qui descendait à terre avant nous une lettre de même nature pour le curé du lieu, il avait donné par erreur cette lettre dont nous aurions besoin ici, et il ne nous avait pas été possible de la recouvrer. Force nous est donc de nous recommander nous-mêmes, et les bons Pères Dominicains nous ont rendu la chose très facile. En l'absence du R. P. Bertrand, qui est parti pour l'Europe, c'est le R. P. Hilaire qui remplit la charge de Prieur du Couvent. Il y a ici douze Pères, plus des Frères convers, dont l'un est de race noire.

Nous voyons, la même après-midi, le Dr Lota, pour qui son ami M. de Pompignan nous avait remis une lettre d'introduction. Il est venu au Couvent faire une visite à un Père qui est malade.

Vendredi, 13 *avril.*—Dans la matinée, le R. P. Hilaire nous conduit, dans une des voitures du Couvent, au palais épiscopal, et nous présente à l'archevêque, Mgr Gonin, et au coadjuteur, Mgr Flood, auxquels nous exhibons nos *celebret.* Ces prélats nous font l'accueil le plus bienveillant, et nous invitent à dîner pour demain. Le palais est très vaste, et n'est habité que par les deux évêques, qui sont Dominicains, et par un Frère convers. Donc, à demain.

Ensuite, nous allons faire une visite au supérieur du collège classique, qui est dirigé par les Pères du Saint-Esprit. Les élèves sont actuellement en vacances. Il y a ainsi trois vacances par année, d'un mois chacune. Voilà une mode d'opérer qu'on ne saurait trop louer, au moins théoriquement. Car, en pratique, cela ne saurait se justifier ailleurs que sous le terrible climat tropical.

Rentrés au Couvent, nous nous mettons à travailler à notre correspondance, pour profiter de la malle du *Muriel* qui part ce soir pour l'Amérique. C'est la dernière chance que nous avons d'envoyer de nos nouvelles avant que nous retournions nous-mêmes au pays.

Dans l'après-midi, nous recevons la visite de M. S. Devenish, chez qui nous avions déposé nos cartes le matin. M. Devenish est commissaire pour l'entretien des rues de la ville et s'en occupe fort bien, puisqu'elles sont si propres et si bien tenues. Il est aussi connaisseur en botanique médicinale et en erpétologie, c'est-à-dire en la science des serpents. Aussi, pendant un certain temps, il nous erpétologise de la façon la plus aimable. Car il est du commerce le plus agréable; sa conversation est un feu roulant d'anecdotes et de traits d'esprit.

Samedi, 14 *avril.*—Rasés de frais, et mis à quatre épingles, nous nous rendons, avant midi, au palais épiscopal, en compagnie du R. P. Hilaire. Dès l'arrivée, nous sommes invités à nous mettre à table. Le menu est excellent. En particulier, nous nous rappellerons longtemps certain plat préparé au jus d'ananas. Cela efface, *et amplius,* l'eau de coco, de la vraie eau de vrai coco, que nous avons bue à Sainte-Lucie, je crois. Au dîner assistaient: deux chiens et un chat, que les caresses épiscopales ne paraissaient pas intimider du tout, et un petit singe, indigène de l'île, qui gambadait dans les persiennes, mais en dehors.

Le Frère Vincent, qui demeure avec Leurs Grandeurs et qui servait à table, nous amusa beaucoup. Il est espagnol, je crois, et entend peu le français. En nous offrant les plats, il ne manquait pas de dire : *buenos, buenos !* A mon arrivée au palais, il me demanda de quel pays j'étais: "Vous Français ?—Non, Canadien-Français.—Ah ! Français; mauvais monde, Français !—Mais je ne suis pas Français !—Alors, vous Anglais !—Non, pas Anglais ! " Nous ne pûmes réussir beaucoup à nous entendre là-dessus.

Mgr l'archevêque, vieillard de 74 ans, est très bon et très vénérable: il a l'air d'un vieux patriarche. Il me dit à plusieurs reprises que puisque nous avions surabondance de prêtres en Canada, il accueillerait volontiers ceux qui viendraient exercer le ministère dans son diocèse. Ces messieurs, dit-il, auraient un traitement de \$60 par mois, plus le casuel; et il paierait les frais de voyage de ceux qui s'engageraient à rester trois ans au moins dans son diocèse.

Après le dîner, le Père Hilaire nous conduit au couvent voisin, dirigé par les religieuses de Saint-Joseph de Cluny. L'édifice est très grand et bien monté; jolie chapelle, avec autel en marbre, comme il y en a un bon nombre en ces pays. Nous trouvons les élèves réunies dans une grande salle pour la lecture des notes hebdomadaires. Quelques-unes seulement sont de race noire.

Nous revenons ensuite au palais. Mgr Flood part pour une visite épiscopale dans les îles voisines. Nous sommes invités à l'accompagner jusqu'au steamer qui va le transporter, et nous avons l'honneur, M. Provancher et moi, de monter dans la même voiture que l'Archevêque et le Coadjuteur.

Hier, j'ai oublié de mentionner une visite que nous avons faite à l'hôpital de la ville, qui est dirigé par des religieuses, tertiaires dominicaines.

A l'hôtellerie du couvent des Dominicains, est arrivé aujourd'hui un curé du Vénézuéla, natif de Naples. Il est mon voisin de chambre. Je voulus converser avec lui: mais il ne sait que l'italien et l'espagnol. Nous nous essayâmes un peu en latin; mais la différence de prononciation rend l'affaire difficile. Il nous a dit, en italien ou en espagnol, des choses sans doute fort intéressantes; mais nous n'y avons rien compris.

Il faut dire que ce matin, j'ai souffert d'une fièvre considérable, qui a recommencé, ce soir. Il fait si chaud, que je suis constamment en transpiration, et il fait souvent en même temps une brise assez fraîche, surtout la nuit. Et voilà comment ce climat n'est pas sans danger pour moi.

Dimanche, 15 avril.—La fièvre dont il a été question hier est presque entièrement disparue. Elle va disparaître encore mieux, puisque un bon Frère m'a apporté, ce soir, une décoction de je ne sais quelle plante. C'est agréable à boire, et j'espère que cela chassera la fièvre pour longtemps.

Ce matin, à 7 heures, j'ai célébré la messe de communauté au couvent que nous avons visité hier. C'était en remplacement de Mgr Flood, qui est le chapelain de l'institution. Les élèves ont fait du chant magnifique, comme en font toujours d'ailleurs les élèves de tous les couvents de tous les pays.

Figurez-vous qu'à Port d'Espagne, le marché se tient le dimanche matin jusqu'à 9 heures. Aussi, il était très curieux de voir l'animation qui régnait partout, et de rencontrer dans les rues les gens qui allaient au marché ou qui en revenaient avec toutes sortes d'articles d'alimentation.

C'est M. Provancher qui a fait le sermon à la grand'messe de la cathédrale.

Les vêpres ont lieu ici à 7 heures du soir; la vaste église était absolument remplie à cet office, qui est suivi du chapelet et de la bénédiction du Saint Sacrement.

Le soir, il y a quelques moustiques, dont les piqûres sont peu douloureuses. Pendant le sommeil, on entoure son lit d'un moustiquaire, et l'on peut entendre avec mépris, avec bravade même, les chants de guerre du *mosquito* qui livre à la muraille de mousseline des assauts inutiles. Avouons que l'on ferait moins son homme si l'on avait affaire aux *brûlots* de par chez nous.

Le couvent des RR. PP. Dominicains où nous logeons, est une construction en bois extrêmement vaste. On y appelle *hôtellerie* l'endroit réservé aux étrangers. Ici on déjeune, on dîne et on soupe comme par chez nous. Mais le déjeuner, c'est simplement du café ou du chocolat avec du pain. Le souper est composé de seuls aliments maigres, et se prend en silence dans le réfectoire de la communauté. Quant au dîner, on y mange de la viande, mais il faut pour cela passer au *réfectoire des infirmes*, la règle défendant de manger de la viande dans le réfectoire ordinaire. De même, en ce dernier, un évêque seul peut permettre de causer, le général même de l'Ordre ne pouvant octroyer semblable permission.

Il y a dans l'île un nombre immense de coolies de l'Inde, amenés ici pour un engagement de cinq ans au moins. Ces Hindous ont un costume singulier. Comme le reste de la population se compose surtout de mulâtres, la beauté des figures et l'élégance des manières nous paraissent ici assez ignorées.

Un grand nombre de petits vautours habitent aussi la ville, comme les moineaux chez nous. Ils ont été importés pour avoir soin de la propreté des rues, et il paraît qu'ils remplissent cette mission avec un zèle admirable.

Je parle peu de la partie scientifique de notre voyage, parce que M. Provancher doit la traiter au long dans le *Naturaliste canadien*.

La cathédrale est un superbe édifice en pierre, construit dans le style gothique. L'intérieur est peu remarquable, excepté qu'en arrière du maître-autel se trouve une vaste abside, à l'autel de laquelle on conserve le Saint Sacrement; c'est la première fois que je vois semblable disposition. Devant l'église, est un parc très vaste, planté de beaux arbres, surtout de palmiers très élevés. Quelle grâce dans le port de ces beaux palmiers !

Lundi, 16 avril.—La journée a été fort paisible. Tout ce qui l'a signalée, c'est que nous avons fait, avant midi, une longue course en ville, voyant les magasins, examinant l'allure de la population. Dans le grand parc qui fait face à la cathédrale, nous voyons nombre de coolies, les uns couchés, les autres assis ou accroupis. Nous remarquons surtout deux de ces gens, accroupis l'un vis-à-vis l'autre, et l'un faisait la barbe à l'autre. Nous remarquons aussi une femme hindoue assise à terre, et qui offre en vente trois petits chiens. Elle a un bijou en or fixé à travers la membrane du nez, du côté gauche. Elle est catholique et vient de Madras. Certaines de ces femmes portent des bracelets en nombre.—Ces Hindous forment une partie très considérable de la population de Trinidad; ils sont surtout boudhistes, et d'autres mahométans; peu sont catholiques.

Voulant aller jeter un coup d'œil au jardin botanique, nous montons dans un tramway et allons au bout de sa course. Puis nous continuons à pied par un soleil de feu, à travers une très belle route, bordée de villas. Un nègre fort poli, facteur de la poste, fait le même chemin que nous et nous donne en anglais des explications sur ce que nous voyons. Il me demande si les facteurs postaux de par chez nous portent le même costume que lui; je lui réponds que leur costume est à peu près le même *durant l'été,* pas l'hiver. Nous rencontrons pour la première fois des bambous: ces arbres, d'un diamètre de trois à quatre pouces, et longs de cinquante pieds peut-être, croissent par touffes très denses d'une quinzaine de pieds de diamètre, et offrent un aspect très agréable. Les feuilles ressemblent un peu à celles du saule ordinaire. Nous remarquons aussi un arbre, qui nous est inconnu, qui est peu élevé, mais dont le feuillage, très touffu, s'étend horizontalement de manière à couvrir un espace immense.

Nous arrivons ainsi, sans le savoir, à l'église de la paroisse de Sainte-Anne et entrons au presbytère. Le curé, un brave et gros Irlandais, nous reçoit fort bien. Après avoir pris un peu de repos, et aussi un verre de vin, suivant l'usage du pays, nous décidons de

revenir sur nos pas, parce que l'heure est avancée. A une autre
fois le jardin botanique.

Par ici, quand on a soif, on met un morceau de glace dans un
verre, on ajoute de l'eau, puis un peu de rhum du pays, et la soif
s'en va bien. On dépense beaucoup de glace; elle vient d'Amérique
et se vend un sou la livre.

On use rarement de beurre. Celui que l'on me sert, sur ma
demande spéciale, vient de France. Il est difficile de décider s'il
est solide ou liquide, avec la température qu'il fait.

" Changement de propos", il y a dans les rues bon nombre de
chèvres qui broutent ici et là. Les petits de ces animaux sont très
gentils à voir, mais peu à entendre, surtout la nuit. On voit aussi
par la ville beaucoup de mulets et d'ânes attelés aux voitures.

Ce soir, nous avons conversé beaucoup avec notre abbé du
Vénézuéla: à force de français, d'italien et de latin, nous nous
sommes compris quelquefois, par écrit, de vive voix ou par signes.

Mercredi, 18 *avril.*—Hier matin, M. Provancher s'est rendu au
jardin botanique, et en est revenu enchanté de tout ce qu'il y a vu.

Ce matin, nous avons été visiter l'orphelinat des garçons et
celui des filles.Les deux établissements sont dirigés par un Dominicain, le R. P. Forestier, qui fut mis à ce poste pour trois mois, il
y a de cela dix-huit ans, et qui y est encore. Ce religieux, qui est
un original fort amusant, a là tout ce qu'il faut pour mériter une
belle place au ciel. Tous ces orphelins et orphelines sont de race
noire ou hindoue; il faut donc y donner aussi l'enseignement en
langue hindoue, et j'ai assisté à une leçon de ce genre, sans y rien
comprendre, comme de raison. Vous voyez si c'est facile d'exercer
le ministère en cette ville: il faudrait savoir le français, l'anglais,
l'espagnol, l'hindou et même le chinois, car il y a ici au delà d'un
millier d'enfants du Céleste-Empire.

Ce sont des religieuses dominicaines qui sont chargées de l'orphelinat des filles.

Combien j'ai hâte de voir arriver le steamer *Ayrshire*, parti le
13 de New-York, et qui doit nous ramener en Amérique! Ce
climat toujours brûlant ne me convient pas du tout.   Il n'y a pas
de relâche: le thermomètre est toujours au-dessus de 30° centig.,
excepté la nuit, où il descend un peu.   Cette grande chaleur ôte
tout courage: il faut toujours suer, toujours s'écrier: ah! qu'il fait
chaud!

Jeudi, 19 avril.—Presque chaque jour, au moment où l'on s'y
attend le moins, il tombe un orage; deux minutes après, le soleil
reparaît comme avant, et la chaleur n'en diminue pas pour cela.
Durant la matinée d'aujourd'hui, il est tombé une vraie pluie
torrentielle durant un certain temps; des ruisseaux se sont formés
partout.   Après midi, le temps s'est mis au beau, et au beau pour
tout de bon.

A midi, il y a eu grand dîner chez les Dominicains.   Les bons
Pères avaient invité Mgr l'archevêque à venir dîner avec les Canadiens.   Mgr Gonin s'est encore montré très bon pour nous.   Sa
conversation est celle d'un homme de Dieu, et m'édifie beaucoup.
Malheureusement, il est très vieux, et la mémoire lui fait un peu
défaut.   Après quelque temps de causerie, nous l'avons reconduit
à son évêché, en compagnie du R. P. Hilaire.

Ensuite, nous avons été faire visite à M. Devenish, toujours
en compagnie du Père Hilaire.   Quels joyeux moments nous avons
passés là! En nous montrant quantité de gravures, de souvenirs
historiques, d'objets d'histoire naturelle, M. Devenish nous amusait
extrêmement: gai comme pinson, léger comme papillon, il saute
toujours de sujets en sujets.   Ce fut un véritable feu d'artifice de
toutes sortes de jeux d'esprit.

En revenant, visite à un monastère de Dominicaines cloîtrées,
qui furent chassées du Vénézuéla en 1874, et à qui le gouvernement
spoliateur paye une rente viagère, en compensation du vol de leur
couvent qu'il a opéré.   Nous visitons aussi une nouvelle maison

(3)

qu'on leur prépare dans la ville; car, à l'endroit actuel, elles sont bien mal logées.

Vendredi, 20 avril.—Nous apprenons que le steamer *Ayrshire,* qui doit nous ramener en Amérique, n'est parti de New-York que lundi dernier, le 16, de sorte que nous ne pourrons reprendre la mer que dans les premiers jours de mai peut-être.

Ce soir, nous allons par chemin de fer à San Fernando, une petite ville, d'où nous nous rendrons, demain, visiter un célèbre lac de bitume qui se trouve plus loin.

VI

San FERNANDO (Trinidad). — En chemin de fer.—LA BREA. — En voulez-vous : du bitume.—Chez Mme Veuve X., d'origine africaine.—On soupire après les neiges du Canada.—Comment se fait la cassonade.—Jardin botanique de Port d!Espagne. — Visite aux lépreux.—ARIMA.—Encore dix jours à rôtir dans la zone tropicale.

San Fernando, Trinidad, 22 avril 1888.

Vendredi, 20 avril.—A ma grande surprise, on m'a remis, au dîner, une lettre du Canada, bien que je n'en attendisse pas avant huit jours encore.   Cela m'a valu un moment de joie intense.

Notre abbé italien est reparti aujourd'hui pour le Vénézuéla. Nos adieux ont été touchants, sinon par les paroles polyglottes que nous avons échangées, au moins par des démonstrations extérieures. Il y a de grandes chances pour que nous ne nous rencontrions plus sur cette terre.

A 4 heures du soir, nous sommes partis par le *Trinidad Government Railway,* pour San Fernando. Les wagons sont aménagés d'après le système européen, c'est-à-dire qu'ils sont partagés en compartiments distincts. Il y a des premières, des secondes et des troisièmes. Nous prenons des billets de premières; mais ces pre-

mières sont loin d'avoir le luxe et le confortable de nos wagons
canadiens de première classe.

Nous passons à travers des plaines magnifiques, couvertes de
cannes à sucre ou encore en forêts; mais des forêts d'aspect tout
nouveau pour nous, et d'une végétation sans égale.

Après une course d'une douzaine de lieues, nous arrivons à
San Fernando, belle petite ville de 6,000 habitants, située sur le
bord de la mer.

Le curé, M. Maingot, un très aimable homme, nous reçoit fort
bien. Il a beaucoup connu, à Rome, nos abbés Bruchési, A.-A.
Blais, F. Dupuis, etc.

Samedi, 21 *avril.*—Ce matin, nous nous sommes rendus par
steamer, jusqu'à La Bréa, village situé sur le bord de la mer. Très
beau steamer; et navigation des plus agréables, qui dure au plus
deux heures.

Il faut ici descendre à terre en chaloupe, et comme celle-ci ne
peut grimper sur le bord du rivage qui est en pente longue et très
douce, il faudrait passer dans l'eau et prendre un bain de pieds.
Mais cette extrémité nous est épargnée, parce que le vigoureux
nautonier nous transporte dans ses bras, l'un après l'autre, et nous
dépose sur les rochers: voilà longtemps que nous ne connaissions
plus ce mode de transport, et ce n'est pas l'épisode le moins extraordinaire de notre voyage.

Il faut savoir qu'à La Bréa se trouve un lac de bitume (ou
asphalte), qui est fort renommé. Il y a au moins un mille à faire,
pour s'y rendre, et c'est assez pour m'effrayer, par un soleil aussi
ardent, et lorsqu'on est déjà tout en sueurs rien qu'à rester immo-
bile. Les fiacres et les cochers sont inconnus ici. Enfin, on nous
amène une petite charrette, on y installe deux chaises, et nous nous
y hissons; nos guides au teint foncé montent aussi. Nous avançons
par une très belle route, presque toute couverte de bitume; du sol
environnant le bitume s'échappe partout et se fige à la surface.
La forêt est très intéressante; des cocotiers, des palmiers, des

mangliers, etc., etc.; je fais ici connaissance avec les roseaux, et aussi avec les ananas qui, sur les bords du chemin, portent fièrement leurs fruits surmontés d'une aigrette verdoyante.

Enfin nous arrivons au lac, surface d'environ un demi-mille composé de bitume pur. Nombre d'hommes travaillent, les uns à piocher ce bitume qui s'enlève facilement par blocs, les autres à charger les voitures qui le transporteront à l'usine; là on le fond, on en remplit des barils que l'on ne ferme même pas, parce que le bitume se solidifie bientôt; et il n'y a plus qu'à les embarquer sur les navires. Plusieurs vaisseaux, dont l'un pour Montréal, sont justement à se charger de ce produit dans la rade.

Le plus extraordinaire, c'est que cette surface de un à deux pieds que l'on enlève aujourd'hui, sera remplacée demain ou après-demain par une quantité équivalente de bitume qui monte de l'intérieur et se fige aussitôt. C'est donc une mine inépuisable et d'une immense richesse. A certains endroits, le bitume est encore mou, et nos bottes s'y enfoncent.—M. Provancher demande à un nègre: " Vous n'avez pas peur d'enfoncer et de tomber dans l'enfer? —Non, répond-il, bon chrétien pas danger tomber en enfer."

Il ne fait pas absolument froid sur cette croûte de bitume tiède et chauffée encore par un soleil ardent !

A un endroit, nous rencontrons le cadavre d'un petit caïman de deux ou trois pieds de longueur. Pour nous encourager, nos guides nous parlent des serpents assez nombreux dans la forêt, et qui ont jusqu'à plus de vingt pieds de longueur. Malgré mon amour pour la science, je préfère ne pas les voir de près.

Nous revenons au village et acceptons l'hospitalité dans une case habitée par une veuve négresse et ses enfants. C'est meublé avec un luxe qui n'est pas oriental du tout; c'est propre comme un hangar à tout mettre. N'importe, nous nous installons près d'une table où il y a de tout ou peu s'en faut, et prenons un lunch excellent, grâce à la prévoyance des gens du presbytère de San Fernando, qui nous ont munis, le matin, de paniers remplis de provisions solides et liquides suffisantes pour nourrir un bataillon affamé.

Le lunch fini, à 1½ heure, M. Provancher part tout de suite et s'en va courir la grève et les feuillages, pour trouver toutes sortes de choses. Pour moi, je reste à la maison: car, il fait trop chaud pour que je fasse beaucoup de science par ici; j'en ferai l'hiver prochain, près de mon poèle... Je cause un peu avec la maîtresse du logis, qui comprend le français sans pouvoir le parler, sa langue étant la langue créole; mais elle peut aussi parler anglais. Son fils aîné parle, lui, l'anglais et le français. Enfin, à 2½ heures, je descends à la grève et rejoins M. Provancher, qui a ramassé quelques mollusques. Il donne 3 pence à un négrillon pour qu'il nous achète des oranges: celui-ci nous apporte toute une brassée de ces fruits délicieux.

Peu après, nous remontons en steamer, et sommes bientôt de retour à San Fernando.

Dimanche, 22 avril.—Ah! qu'il fait chaud ! qu'il fait chaud ! Qui me rendra nos chères neiges, notre chère glace, nos chers froids du Canada! Heureux le Canadien qui n'a pas, entraîné par un vain esprit d'aventures, quitté son pays fortuné !

Ce matin, j'ai célébré le Saint Sacrifice dans un couvent de San Fernando. Ce couvent, qui n'a qu'une quinzaine de pensionnaires, est dirigé par des religieuses de Saint-Joseph de Cluny, qui sont au nombre de cinq. La maison est peu considérable, et on voudrait bien l'agrandir. Après le café, j'ai visité au long les plantes du jardin: il y a là surtout des lianes qui ont grimpé sur des arbres et y ont poussé de nombreuses grappes de fleurs roses de toute beauté; il y a deux arbres importés des Indes Orientales, qui sont fort beaux et doivent être uniques par ici. Et puis des fougères en pots, dont le feuillage est abondant et d'une délicatesse à faire s'extasier l'homme le plus prosaïque qui se puisse rencontrer.

L'église de San Fernando est bien jolie, et le sera encore plus quand on aura fini les travaux de peinture que l'on y fait actuellement.

On nous fait de belle musique au presbytère. Le curé joue le piano, ainsi que son vicaire, M. Osenda (un Italien), qui de plus est organiste à ses heures. Il y a encore deux jeunes messieurs qui habitent au presbytère et jouent aussi le piano. Ainsi nous sommes dans une atmosphère très artistique.

Lundi, 23 *avril.*—Dans l'avant-midi, après une visite quasi officielle au couvent, nous avons fait une promenade en voiture dans la campagne avec l'abbé Osenda, et nous nous sommes rendus jusqu'à la paroisse de la Pointe-à-Pierre, à trois ou quatre milles de San Fernando. Malheureusement, le curé, M. Rabanit, était absent. A midi, nous étions de retour au presbytère.

Vers le soir, le curé nous conduit visiter l'usine à sucre de M. Harkins. Cette usine, qui n'est pas des plus grandes, est renommée pour la perfection de son outillage. Nous avons donc suivi la canne à sucre depuis son arrivée à l'usine, jusqu'à sa mise en sacs, après sa transformation en beau sucre cristallisé; nous avons goûté le suc précieux à ses divers états de concentration, et l'avons vu subir maintes cuissons; en certaine marmite, ce pauvre suc était soumis à une température de 200° Farenheit: ayez à présent le courage de vous plaindre de la chaleur! Je veux bien ne plus me plaindre, peut-être; mais je constate qu'il faisait si chaud à l'intérieur de l'usine, qu'on avait froid en en sortant, c'est-à-dire en trouvant dehors une température d'environ 80° Farenheit.

En contemplant ces monceaux de sucre, ces lacs et ces fleuves de mélasse, ces planchers et ces murailles que le sucre recouvre partout, je pensais encore une fois à nos mouches domestiques du Canada: quelles jouissances ce serait pour elles de vivre en des lieux si doux!

Nous nous arrachons enfin à tant de suavité, et allons faire visite au propriétaire M. Harkins et à sa femme. On veut que nous allions dîner là demain, puis M. Harkins nous promènera ic et là; mais ce digne homme parle un anglais si difficile pour nous, que nous déclinons l'invitation, sous prétexte que nous partirons demain matin, ce qui est certain d'ailleurs.

Vers 7½ heures du soir, nous revenons au logis par un beau clair de lune. Dans ces climats, la lune répand une lumière incomparable, et qui est bien plus brillante que par chez nous. Elle n'est pas encore dans son plein, et cependant il fait déjà presque aussi clair que dans le jour. Je voudrais que vous vissiez cela, et que vous jugeassiez par vous-mêmes combien il est difficile en ces pays de ne pas être poète. Je sens bien que je serais toujours sur le dos de Pégase, si je n'avais conscience d'être si pitoyable cavalier.

Ces courses à travers la campagne nous ont charmé: quel beau pays nous avons parcouru! Mais nous ne voyons partout que la culture de la canne à sucre. Pourtant on nous dit qu'en d'autres endroits on cultive beaucoup le cacao, qui donne le chocolat.

Mardi, 24 *avril.*—Nous sommes revenus aujourd'hui à Port d'Espagne, où nous allons maintenant soupirer jour et nuit après l'arrivée de notre steamer.

Ce soir, est arrivé, à l'hôtellerie des Dominicains, un prêtre du Vénézuéla qui ne parle qu'espagnol. Nous voici donc encore bien plantés! Cet abbé est de figure presque noire, et il faut être bienveillant pour le classer parmi les descendants de Japhet.

Mercredi, 25 *avril.*—Nous avons passé l'avant-midi au jardin botanique, en compagnie du surintendant, M. Hart, qui nous a reçus avec une bienveillance très grande. Après nous avoir fait voir sa bibliothèque scientifique, son herbier, etc., il a parcouru avec nous tout le jardin, nous donnant une foule de renseignements sur les plantes et les fruits que nous voyions. Entre autres choses, nous avons vu: des fougères de 20 à 25 pieds de hauteur, le thé, le caféier, le cacao, le muscadier, le poivrier, le cannellier, le camphrier, le giroflier, l'arbre à pain, le dattier, des palmiers de diverses espèces, etc., etc. La plupart de ces plantes portaient des fleurs ou des fruits; plusieurs portaient ensemble fleurs et fruits, comme le caféier, dont les fleurs blanches répandent une odeur suave. Un arbre surtout nous a étonnés: il est fixé au sol par une quantité de rameaux qui sont descendus à terre en partant du tronc principal, dans l'air même; toutes ces tiges sont assez espacées entre elles, et nous ne pouvons à la fin distinguer le tronc principal de ces tiges supplémentaires; l'arbre a donc un aspect des plus curieux.

Avant de nous quitter, M. Hart nous fait voir le jardin du gouverneur de l'île, qui semble la continuation du jardin botanique. En face de la résidence gubernatoriale, au milieu des plantes les plus magnifiques, trois beaux canons de cuivre luisant vous maintiennent dans le respect.

J'ai omis de mentionner l'arbre à caoutchouc, dont M. Hart nous a montré deux espèces différentes. On n'a qu'à faire des incisions à l'écorce de ces arbres, et le suc laiteux, qui brunira au contact de l'air, ne se fait pas prier pour couler abondamment.

Jeudi, 26 *avril*.—Aujourd'hui le temps a été couvert et il a plu à diverses reprises. Cela semble l'ouverture de l'*hivernage* ou de la saison des pluies, qui est aussi l'époque des grandes chaleurs; ce n'est pas qu'à cette époque la température soit considérablement plus élevée; mais on souffre plus, parce qu'"il n'y a pas d'air", comme on dit.

Ce matin, nous avons visité l'hôpital des lépreux, qui se trouve à deux ou trois milles de la cathédrale. Pour y arriver, on traverse un village habité par les coolies. Nous ne pouvons nous habituer aux allures de cette population hindoue, et nous sommes toujours surpris comme si nous les voyions pour la première fois. Nous passons auprès de deux temples boudhistes, qui n'ont rien d'extra-ordinaire, et nous rencontrons l'un des prêtres boudhistes, dont le costume diffère peu de celui des autres Hindous. Un bon nombre de ces gens sont protestants, et quelques-uns sont catholiques.

Mais revenons aux lépreux, qui sont au nombre de plusieurs centaines: il y a là même de jeunes enfants affectés de la terrible maladie. Rien de plus pénible que la vue de ces pauvres gens, dont les uns sont tout défigurés par la lèpre, dont les autres ont déjà perdu les phalanges des doigts, ou même les mains entières; plusieurs ont subi l'amputation d'une jambe. Mais cette maladie, tout horrible qu'elle soit, n'est pas ordinairement douloureuse, et les enfants surtout sont gais et s'amusent comme des écoliers en récréation. Il y a là des coolies, des noirs, des Chinois, des Portugais, etc. Ce sont des religieuses dominicaines qui soignent les malades. Leur chapelain, le P. Etienne, dominicain, occupe ses loisirs à l'étude de la lèpre, de l'histoire, et des langues orientales.

On nous a fait voir une usine à sucre, construite dans la cour par un jeune lépreux. Cette fabrique en miniature n'a guère plus que cinq pieds de longueur; elle marche par la vapeur et fonctionne fort bien, à ce qu'il paraît.

Dans l'après-midi, nous partons pour rendre visite au Dr Lota, qui nous avait invités à dîner pour dimanche dernier, mais à l'invitation duquel nous n'avons pu répondre, parce que nous étions à San Fernando. Nous ne savons qu'à peu près où il réside; mais M. Provancher espère bien nous conduire à bon port. Nous marchons donc, marchons et marchons, tant qu'enfin, après des pérégrinations multiples, nous rentrons sans être plus avancés qu'avant. Jamais je n'ai tant eu chaud que dans cette promenade qui m'a coûté bien des sueurs.

Les journaux d'aujourd'hui nous annoncent que le steamer *Ayrshire* est attendu dimanche soir. Puisse-t-il ne pas tarder davantage, et repartir bientôt pour l'Amérique! Car j'en ai assez, et de reste, de la vie des tropiques.

Vendredi, 27 avril.—Journée qui se passe dans un calme très grand. Elle n'a été marquée que par une visite que nous avons faite au marché de la ville. La variété des articles offerts en vente, l'allure des vendeurs et vendeuses, qui sont des noirs ou des coolies, nous ont vivement intéressés.

Samedi, 28 avril.—De peur que l'ennui ne naisse de l'uniformité, nous sommes partis, ce matin, pour Arima, village assez considé rable de l'intérieur de l'île. Il faut une heure de chemin de fer pour y arriver. Nous y sommes fort bien reçus par le curé, M. Daudier, un Français qui réside en cet endroit depuis plus de vingt ans. Nous voyons dans son vaste presbytère des cloisons en acajou: par chez nous, on emploie ce beau bois à d'autres usages.

Notre seul regret est d'être venu si tard à Arima: car nous aurions pu y passer plusieurs jours d'une manière très agréable, et très profitable aussi au point de vue entomologique.

A 5 heures du soir, nous étions de retour à Port d'Espagne.

Dimanche, 29 avril.—Comme il y a quinze jours, j'ai célébré la messe, ce matin, au couvent des Sœurs de Saint-Joseph.

Ce soir, il y avait un nombre immense de mouches à feu. Nous en prenons quelques-unes. Mais je crains toujours, surtout le soir, de m'aventurer dans les herbes, à cause des serpents, des mille-pieds et des scorpions, Quant à M. Provancher, il est devenu très hardi, et il ne pense seulement plus à ces rencontres dangereuses.

Dans l'après-midi, nous avons fait visite au Dr Lota, qui nous a reçus très aimablement. Il est né en Corse, et a vécu longtemps à la Martinique, qu'il a dû quitter à la suite de troubles politiques. C'est un bon chrétien.

Lundi, 30 avril.—Notre steamer *Ayrshire* doit être enfin arrivé. Aussi, ce matin, nous nous hâtons d'aller au bureau de la *Quebec Steamship Co.* A la porte, nous voyons un avis qui annonce que l'*Ayrshire* doit partir ce soir; et notre joie est grande. Nous entrons, et voici que l'agent nous annonce que ce steamer ne peut recevoir aucun passager, qu'il n'est pas du tout aménagé pour cela, et que nous devrons attendre le *Bermuda*. Or, le *Bermuda*, qui est parti de New-York le 26 avril, ne sera ici que dans dix jours...

Nous voici donc dans une jolie situation. Encore dix jours à mourir presque avec ces 85° Farenheit, et peut-être à nous ennuyer: car nous avons vu tout ce qu'il y a ici d'intéressant.

Nous n'avons pas encore de nouvelles du courrier qui a dû

venir par l'*Ayrshire*. Figurez-vous bien que nous ne savons rien de ce qui s'est passé en Canada depuis notre départ de Québec.

Donc, résignons-nous à passer encore dix jours sous les tropiques.

VII

A N.-D. de la Ventille.—Maraval.—Les absurdités du cacao.—Des écoliers du Trinidad.—Un émoi dans le couvent des Dominicains.—Visiteurs de Curaçao.—Sur le steamer "Bermuda".—Second séjour dane l'île d'Antigua. —Ile Monserrat.—Ile Navis.—Dernière nuit à bord.

Port d'Espagne, Trinidad.

Mardi, 1er mai.—Ce matin, nous avons célébré la messe à 5 heures. Puis, à 6 heures, nous partions avec le Père Siméon pour un pèlerinage à la chapelle de N.-D. de la Ventille, bâtie sur un cap voisin de la ville, d'où cette chapelle domine la ville, le port et les plaines d'alentour. Nous partions d'aussi bonne heure pour profiter de la fraîcheur du matin, fraîcheur qui était d'une... chaleur remarquable, et ne m'empêcha pas de verser d'abondantes sueurs, l'ascension de cette hauteur ou de ce *morne*, comme on dit ici, étant assez fatigante. Arrivés à la chapelle, nous trouvons le Père Hilaire qui faisait une instruction à l'assistance. Après avoir prié à notre dévotion, nous passons la matinée à courir les insectes, et descendons peu avant midi, par un soleil brûlant. M. Provancher, qui ne sue jamais, trouva cette fois qu'il faisait très chaud et revint tout en transpiration. Inutile de dire dans quel état j'étais moi-même.

En descendant de la montagne, nous visitons un vieux fort espagnol, dont les murailles sont très bien conservées. Cette forteresse est dans une belle position et commande tout le port. Tout auprès sont trois beaux canons de campagne placés sous des abris. Tout auprès aussi, mais d'un autre côté, nous voyons une ouverture dans les rochers, large de quelques pieds, et dont la profondeur est inconnue, paraît-il. Nous y jetons quelques pierres, et les entendons descendre pendant quelques secondes dans ce gouffre béant.

Mercredi, 2 mai.—Aujourd'hui, le Père Hilaire nous a conduits à Maraval, belle petite paroisse située à quatre milles de Port d'Espagne. En nous y rendant, nous visitons les réservoirs qui alimentent l'aqueduc de la ville. Autour de ces réservoirs, on a planté beaucoup de plantes ornementales, qui rendent l'endroit semblable à un beau jardin.

L'église de Maraval est bâtie au fond d'un vallon entouré de hautes montagnes. Il y fait une chaleur et une humidité considérables. Aussi, nulle part nous n'avons vu une telle vigueur de végétation. Les orangers, entre autres, sont d'une stature très grande, et les fruits sont aussi de bonne taille. Ici, on cultive beaucoup le cacao; il est très curieux de voir les fleurs et les fruits de cet arbre pendus au tronc, à travers l'écorce et souvent tout près de terre. Aussi, pour les protéger contre le soleil, on cultive ces végétaux à l'ombre de très gros arbres. Le fruit du cacao est oblong; il a cinq ou six pouces de long sur trois à quatre de diamètre. Un arpent de terre planté de ces arbres peut donner jusqu'à 900 francs par an, nous dit-on.

Le curé de Maraval, M. Alvarez, est un Espagnol du Vénézuéla. Il fut, un des premiers, expulsé de son pays, en 1873. Il était professeur de théologie morale. C'est un homme très maigre, très humble, très capable, très saint et très hospitalier.

Ce soir, je suis fort indisposé: une fièvre brûlante me dévore. Dans ce climat, on attache quelque importance à un état pathologique de cette sorte.

Jeudi, 3 mai.—J'ai passé une nuit très mauvaise, et aujourd'hui, la fièvre est encore assez intense.

Dimanche, je me suis rencontré avec deux élèves du *Collegio Bolivar*, un lycée de Port d'Espagne. Comme ils ne parlaient qu'espagnol, la conversation a été languissante. L'un de ces enfants, m'a-t-on dit, était élève d'un petit séminaire du Vénézuéla que le gouvernement persécuteur a fait fermer. Le costume du collège Bolivar est très joli: redingote, pantalon et casquette en drap bleu, quelques nervures blanches et boutons d'argent. Le dimanche précédent, j'avais causé avec des élèves du collège tenu ici par les Pères du Saint-Esprit.

Samedi, 5 mai.—Hier, le Frère Benoît m'a administré deux fameuses doses de quinine, pour combattre ma fièvre; j'ai pris cette quinine, et le vermouth qui faisait suite, avec un courage admirable. Le résultat le plus prochain de cette médecine a été de me rendre sourd: hier soir surtout, je ne pouvais suivre la conversation qu'avec difficulté.

Ce matin, j'ai trouvé tout le monde en émoi. On avait entendu des cris lamentables pendant la nuit, et l'on ne savait de quelle cellule ils provenaient. Même, un Frère s'était levé et avait parcouru les galeries situées le long des cellules, mais n'avait pu découvrir quel était celui qui s'était exclamé d'une façon si bruyante. Au récit de ces émotions, je me rappelai que j'avais eu un cauchemar, pendant la nuit: j'avais une main sur le bord de mon lit, et il me semblait qu'un monstre quelconque essayait de la saisir avec sa large gueule. Dans ma frayeur, j'avais crié, au point de m'éveiller moi-même. Or, comme les cellules n'ont pas de fenêtres, mais seulement des persiennes, mes vociférations furent entendues partout. Je regrette bien d'avoir ainsi manqué au grand silence et troublé le repos de toute la communauté.

Cette après-midi, je suis parfaitement remis. Mais comme nous en avons encore pour cinq ou six jours à demeurer à Trinidad, j'ai bien le temps d'avoir encore un troisième accès de fièvre.

M. Provancher paye aussi son tribut au climat tropical. Il a des éruptions cutanées qui le font beaucoup souffrir.

Je reviens sur notre excursion à Maraval, pour dire que le curé du lieu possède une volière très considérable en plein air, le long du presbytère: là sont réunis un grand nombre d'oiseaux de Trinidad, et aussi quelques-uns du Vénézuéla. La plupart de ces oiseaux sont très jolis: il y en a des rouges, des bleus, des verts, etc. Cette collection nous a vivement intéressés.

Jeudi, 10 *mai.*—C'est aujourd'hui la fête de l'Ascension; mais ici ce n'est pas fête d'obligation, comme chez nous.

Avant-hier, nous avons passé l'après-midi à San-Juan, en compagnie du R. P. Hilaire. On s'y rend en chemin de fer, ce qui est l'affaire d'une douzaine de minutes. Excursion très agréable.

Le *Bermuda* doit arriver demain. Le plus tôt sera le mieux. A vrai dire, nous sommes arrivés à ne pas trop nous ennuyer.

A 1 heure cette après-midi, j'ai assisté à un mariage créole, à l'église du Sacré-Cœur. C'est la coutume, ici, de célébrer les mariages dans l'après-midi. L'église du Sacré-Cœur, desservie par le R. P. Thomas, un Anglais, est fort belle, et elle était bien décorée pour la circonstance. Il y eut d'abord le chant du *Veni Creator;* puis le P. Thomas adressa une allocution en anglais à l'assistance qui était assez nombreuse. Ensuite eut lieu le mariage lui-même: le Rév. M. Maingot, curé de San Fernando, assisté par le P. Thomas et par un Père du Saint-Esprit, prononça le *conjungo vos;* le marié était son cousin. La cérémonie se termina par le chant de l'*Ave Maris Stella*, et par un autre beau morceau de chant.—Tous les mariages ne sont pas aussi solennels; il s'en faut bien, puisqu'un bon nombre de noirs se mettent en communauté conjugale sans se présenter devant le prêtre.

Après la collation, nous allons faire notre visite d'adieu à Mgr l'archevêque, en cas de départ prochain et peut-être précipité. Le bon archevêque nous reçoit avec sa bonté ordinaire, et nous recommande encore de lui envoyer des prêtres canadiens.

En revenant, nous allons entendre une musique militaire qui joue sur le Marine Square, lequel s'étend depuis la cathédrale jusqu'au port. Les musiciens, au nombre d'une quinzaine, sont presque tous des noirs. Cette fanfare nous paraît avoir une bonne exécution.

Vendredi, 11 *mai.*—Grande visite au couvent: Mgr l'évêque de Curaçao, avec le curé de sa cathédrale, le fils du gouverneur de Curaçao, et trois Frères de je ne sais quelle congrégation, sont descendus aujourd'hui de leur steamer, parti le 12 avril d'Amsterdam. Ils ont pris le dîner au couvent. Cet évêque, qui a été consacré en décembre dernier, je crois, est dominicain. Tous ces visiteurs se sont rembarqués vers 4 heures, ce soir. Tous Hollandais, ils parlent assez bien français.

Notre steamer *Bermuda* est enfin arrivé, et partira demain soir.

Steamer '' Bermuda ''.

Samedi, 12 *mai.*—Nous avons embarqué à 3 heures, cette après-midi, par une pluie battante: comme il fallait faire au moins un mille et demi pour atteindre le steamer, cette pluie n'était pas très réjouissante. A 5 heures, le *Bermuda* se met en marche. Nous sommes donc en route pour le Canada !

Nous avons à bord une troupe d'artistes chanteurs, prestidigitateurs, etc. Ces gens débarqueront à la Barbade.

Dimanche, 13 *mai.*—Arrivée à la Barbade le soir; nous en repartons après un court arrêt.

J'ai passé toute la journée au lit, sans rien manger, sans dire de bréviaire. La mer étant assez houleuse, j'ai été malade plus qu'il ne faut.

Lundi, 14 *mai.*—Nous arrêtons, ce matin, à Castries, île Sainte-Lucie, le temps de prendre le courrier postal. Nous sommes heureux de voir s'embarquer le R. P. Sir-dey, de la Miséricorde, de Paris, que nous avions déjà rencontré à la Guadeloupe. Ce Père s'en va à New-York, pour retourner en France, et nous aurons en lui un aimable compagnon de voyage.

A midi, nous stoppons à Saint-Pierre de la Martinique, pour

prendre le courrier. Le soir, nous arrivons à Roseau (La Dominique). Nous allons faire visite aux Pères qui desservent la cathédrale; mais, comme toutes leurs chambres sont occupées, nous revenons à bord avant la nuit.

Mardi, 15 *mai*. — Nous partons de Roseau à 10 heures, ce matin, pour aller prendre encore du chargement à deux endroits de l'île. Jusqu'à présent, le voyage se fait assez rapidement.

Le maître d'hôtel du *Bermuda* est un Québecquois du faubourg Saint-Jean, un nommé Desroches, qui nous traite bien. Le capt. R. Fraser est aussi fort bon; hier soir il nous a fait conduire à terre par sa chaloupe.

La navigation d'hier a été fort plaisante.

Mercredi, 16 *mai*.—Ce matin, nous étions à l'entrée du port de St. John, île Antigua. Le curé, M. Fogarty, nous ayant envoyé un délégué spécial pour nous inviter à descendre à terre, nous acceptons l'invitation, et nous passons chez lui toute la journée, d'une manière très agréable. Dans l'après-midi, il nous conduit en voiture à la campagne, chez des Portugais de ses amis. Enfin, nous conserverons les meilleurs souvenirs de son hospitalité franche et cordiale.

Jeudi, 17 *mai*.—Nous avons passé toute la journée à courir d'usine à usine, autour de l'île Monserrat, pour y prendre du sucre. Nous restâmes à bord tout le temps. Le soir seulement, nous apprenons qu'il y a là un curé, M. Savage. Un nègre à qui nous demandons si ce prêtre parle français, nous répond qu'il parle français et anglais: *He speaks every thing*, ajoute-t-il.

Vendredi, 18 *mai*.—Ce matin, nous sommes à l'île Navis, séparée de St. Kitts par un étroit bras de mer. Après y avoir pris du sucre, nous arrivons à St. Kitts à midi. M. Provancher débarque un instant, à Basse-Terre, et en revient bientôt avec des lettres pour lui et pour moi. Quelle joie de recevoir des nouvelles ! Cependant, ces nouvelles ne sont pas fraîches, puisque la lettre la plus récente est du 18 avril.

Dans l'après-midi, le steamer se rend à un autre endroit de l'île, appelé Sandy Point, où nous compléterons le chargement du navire.

Samedi, 19 *mai.*—Il y a ici du sucre à n'en plus finir. La cale du navire est presque remplie ; nous devons maintenant, dis-je, avoir à bord " mille tonnes." Notre abbé parisien n'a pu comprendre ce stupide calembourg, parce qu'il prononce *Milton* à la française.

Nous partons ce soir pour New-York, où nous arriverons à la fin de la semaine prochaine. Mon journal de voyage va donc s'arrêter ici. Il en coûte tant pour travailler, dans la vie d'oisiveté que nous menons, que j'en suis fort content.

Samedi, 26 *mai.*—A 9 heures, ce matin, nous sommes à une trentaine de milles de New-York, où nous arriverons cette après-midi.

Notre traversée, depuis l'île St. Kitts, a été extrêmement belle. Mais, depuis hier midi, nous sommes dans une brume épaisse. Toute la nuit, le sifflet à vapeur s'est fait entendre à toutes les deux ou trois minutes, ce qui a rendu le sommeil assez difficile. Cette dernière nuit à bord du *Bermuda* ressemble donc beaucoup à la première que nous avons passée sur le *Muriel,* au quai de New-York, voilà deux mois. Le temps est humide et froid ; tout le monde est gelé. Quel changement depuis quelques jours !

4

LES VACANCES D'UN REPORTER (1)

DE CHICOUTIMI A MISTASSINI

I

Documentation *a priori*.—Avant le chemin de fer.—Belle vue de Chicoutimi.
—A Roberval.—On ne mène pas les bateaux comme on veut.—Quai ou
jetée sur lequel ou laquelle on s'embarque.—On admire la belle nature.—
Du Str *Mistassini* au Str *Arthur*.

Il n'y a plus que l'*Oiseau-Mouche* qui, cette année, n'a pas
raconté quelque voyage au lac Saint-Jean. Allons-y donc aussi de
notre narration. Car c'est moi qui suis le reporter dont le journal
a parlé le 25 septembre; et je manquerais à tous mes devoirs si
j'allais ne pas honorer la parole de la rédaction qui n'a pas craint,
en mon nom, de faire venir l'eau à la bouche des gens.

Par exemple, je déclare que je ne vais pas me mettre en frais
de quoi que ce soit. Pour rédiger ce petit travail, je ne consulterai
ni journaux, ni revues, ni livres " bleus " (car il s'en publie encore,
même à l'époque où nous voilà), ni cartes géographiques, ni autre
chose. C'est par principe—les principes, il n'y a que ça!—que je
procéderai de la sorte. Est-ce qu'un pauvre reporter, qui n'a
qu'une semaine de vacances par année, va la passer à relire tout ce
que, depuis le commencement du monde, l'on a imprimé sur le lac
Saint-Jean ? Il faut être raisonnable.

---

(1) Ce récit a paru dans *L'Oiseau-Mouche*, en l'année 1897-98.

Donc, je ne ferai que transcrire ici les notes de mon carnet. A vrai dire, cela n'est qu'une manière de parler, à l'usage de la profession. Entre nous, vous savez, je n'avais pas de carnet durant ce voyage : je n'en ai même jamais eu, l'administration de l'*Oiseau-Mouche* étant trop près de ses pièces pour outiller tant que cela le personel du journal. Elle prétend que personne ne s'en porte plus mal. Après tout, cela se pourrait bien.

Il y eut un temps, encore bien rapproché, où l'on n'allait pas à Roberval en moins de deux jours, pour peu que l'on eût souci de ménager un peu le cheval qui traînait la voiture. Mais quel beau temps que celui-là! On ne voyageait, comme de raison, qu'entre les repas, et l'on s'arrangeait pour être rendu, à l'heure du dîner ou du souper, à quelque village. Toujours vous y trouviez un ami qui vous invitait obligeamment à vous asseoir à sa table, où fumait l'appétissante omelette, où coulaient sans cesse des ruisseaux de lait, où le radis et le concombre à l'envi vous mettaient en veine d'indigestion. L'hiver c'était bien autre chose encore; et je me sens devenir dyspeptique rien qu'à me rappeler ces festins d'où l'on sortait la tête solide, mais l'estomac disposé à toutes les extravagances, dont au reste avaient facilement raison trois ou quatre lieues de carriole, assaisonnées de capots et de bancs de neige à tous les arpents.

Aujourd'hui, ce n'est plus cela. Le chemin de fer a détruit toute cette poésie des voyages. On nous enferme dans les wagons, véritables caisses à voyageurs. Et c'est la discipline partout: on part à telle heure, que vous soyez prêt ou non; et l'on arrivera à telle heure, que cela fasse ou non votre affaire.

Ce jour-là, qui était je ne sais plus lequel du mois de septembre, on partait de Chicoutimi à 1 ½ heure de l'après-midi, pour arriver à Roberval à 5½ heures: car c'était l'un de ces jours où le fret a tous les honneurs, et où le train, animé pour lui d'une extrême bienveillance, s'arrête complaisamment à toutes les gares soit pour le prendre, soit pour le laisser. Du reste, sur notre chemin de fer, même les trains express se montrent fort accommodants sur ce chapitre, surtout en venant de Québec; et des gens habiles en algèbre pourraient parfaitement calculer en quelles proportions devrait s'accroître le transport des marchandises, pour que le " train de Québec " n'arrivât à Chicoutimi qu'au bout de deux ou trois fois vingt-quatre heures. (1)

En tout cas, ce qui est assurément original, c'est de voir des gens, qui il y a quatre ans, passaient volontiers deux jours sur le chemin pour atteindre Roberval, s'indigner aujourd'hui de ce qu'il faille jusqu'à quatre heures pour s'y rendre sur ce train de fret! Avouons qu'il devient de plus en plus impossible de contenter tout le monde, y compris son père.

Pourtant ce trajet de Chicoutimi à Roberval ne manque pas d'agréments. C'est que le spectacle est varié. Il y a des montagnes et des plaines, il y a des forêts et des champs cultivés, il y a de jolies maisonnettes et des abris de bois rond; il y a de beaux villages, des rivières au cours capricieux; il y a surtout ce lac Saint-Jean, un petit océan dont la province de Québec est justement fière. Voilà certes de quoi charmer le plus mélancolique des touristes.

Que si l'on me demande mon avis sur ce qu'il faut signaler davantage au voyageur, j'avouerai modestement que ce qu'il y a de plus pittoresque sur tout ce parcours, c'est la vue que l'on a de Chicoutimi des hauteurs que contourne le chemin de fer pour s'en éloigner. Le petit val où s'étend la jeune cité, les collines qui l'entourent comme d'un amphithéâtre, les caps élevés qui lui font face sur la rive nord de la rivière Saguenay, dont les belles nappes d'eau se prolongent au loin: tout cela est un spectacle de grande beauté que l'on ne se rassasie pas de contempler, quand on ose lui donner quelque attention. Car ce n'est pas tout le monde qui

----

(1) Aujourd'hui, le chemin de fer du Lac Saint-Jean ne donnerait plus lieu à des considérations si alarmantes pour les voyageurs.

réussit à se persuader qu'il puisse y avoir à sa porte des choses dignes de son admiration.

Quoi qu'il en soit, les quatre heures sont écoulées; notre train de fret est arrivé à Roberval, et les voyageurs qu'il portait par surcroît en descendent volontiers.

Nous voilà donc à Roberval.

Que de gens il y a, en Canada, qui voudraient bien voir Roberval, et qui ne le verront jamais! D'autant que ce n'est pas comme à Naples, qui donne envie de mourir après qu'on l'a vue. Au contraire, la vue de Roberval fait désirer de vivre, pour y revenir et y constater, par exemple tous les dix ans, quels progrès se sont accomplis dans le beau village, qui s'est assis sur le rivage du grand lac et ne se lasse point de s'y mirer à son aise.

Ainsi, moi qui vous parle, il y avait je ne sais plus quel nombre d'années, disons quinze ans, que je n'avais parcouru ce bourg dans toute sa longueur. Eh bien, j'ai été émerveillé de son agrandissement. Les maisons se sont partout ajoutées aux maisons, les magasins de même; plusieurs établissements industriels se sont fixés ici et là. Et cela prend les proportions d'une ville. Je ne dis rien du splendide monastère des Ursulines et du beau collège des Maristes, que l'on a construits cet été même: car les autres journaux en ont tous parlé déjà, et c'est la faute des lecteurs, s'ils ne sont pas renseignés déjà sur ces sujets.

***

En narrateur consciencieux, je signale que nous soupâmes fort bien, et que nous dormîmes à la perfection, ce soir et cette nuit-là.

Le lendemain, qui se trouva être un mercredi, d'après le calendrier, nous devions faire le voyage de Mistassini par l'un des vapeurs qui président à la navigation du lac Saint-Jean. Or, nous apprîmes promptement, dès notre arrivée à Roberval, qu'il n'y avait pas de bateau qui, le mercredi, transportât les gens à Mistassini. Nous eûmes beau nous récrier et proclamer que, les années dernières, le mercredi était l'un des deux jours de chaque semaine où l'on pouvait aller à la Trappe: cela n'émut personne. En effet, je vous le demande, la philosophie ou les mathématiques exigent-elles qu'un bateau à vapeur aille le même jour, tous les ans, à un endroit déterminé? Il ne manquerait plus que cela, qu'on ne pût voyager sur le lac Saint-Jean sans consulter les œuvres d'Aristote, d'Archimède ou de Pascal.

Il est vrai que, ce jour-là, nous avions toute liberté de faire une jolie promenade à la Grande-Décharge, par un bateau qui devait s'y rendre. Qui sait même si nous ne nous fussions pas résolus à prendre en effet ce parti, sans l'intervention mille fois aimable de M. B.-A. Scott qui, si je ne me trompe, gouverne tout le service maritime du petit océan qui fait la gloire de notre région du Saguenay.

Donc M. Scott se trouva à percevoir nos signaux de détresse, et s'empressa de nous secourir dans ce triste naufrage de nos projets les plus chers. "A telle heure, messeigneurs et messieurs, tel bateau vous prendra au quai, et vous conduira jusqu'à l'entrée de la rivière Mistassini, où tel autre vapeur sera rendu pour vous recevoir à son bord et vous mener à destination." En un mot, c'était un voyage spécial que l'on nous offrait, et que nous ne refusâmes point.

A neuf heures du matin, nous étions au quai de Roberval. Quel beau quai, mes amis, quel beau quai! Un quai comme il n'y en a pas à tous les coins de rue, ni surtout sur toutes les plages du monde.—A vrai dire, je ne me rappelle plus au juste si ce quai est un vrai quai ou une jetée. Mais il n'importe ! C'est un bel ouvrage, d'une certaine longueur, d'une certaine largeur, et construit en une certaine espèce de bois.—La mémoire me revient, comme on voit.—Oui, c'est un bel ouvrage, durable monument de la sollicitude du gouvernement fédéral pour la région du lac Saint-Jean. Quelle aurait été la surprise des missionnaires jésuites du 17e siècle, si on leur eût annoncé qu'un jour les ministres du Dominion feraient construire un quai—ou une jetée—à Roberval !

Le steamer *Mistassini* est là qui nous attend, et fait ce qu'il peut, à coups de sifflet, à force de fumée noire et de blanche vapeur, pour témoigner l'impatience qu'il a de quitter le vulgaire rivage.

Ce bateau est loin de jauger 25,000 tonneaux; mais il est encore d'une corpulence fort raisonnable. Et qu'il est beau, et luxueux, et confortable! Pour moi, je n'en revenais pas de la stupéfaction que j'éprouvais, de voir que nous avions un pareil palais flottant dans notre pauvre Saguenay, sur notre pauvre lac Saint-Jean. Pour tout exprimer en un mot, disons que, tonnage à part, il ne le cède en rien aux plus beaux vapeurs de la Compagnie Richelieu & Ontario.

Pendant que j'allais de l'étonnenment à l'enthousiasme, et *vice versa*, la rive s'enfuyait. Nous contemplions tout le village de Roberval, son splendide hôtel, ses grandes scieries, et cette longue traînée de blanches maisons échelonnées tout le long du bord de l'eau.

Le beau soleil de septembre échauffait peu à peu cette atmosphère d'automne, qu'a touché déjà la froidure qui s'en vient. La brise, toute chargée des aromes qu'elle avait pris aux forêts du grand Nord, devenait plus forte à mesure que nous avancions au large, et donnait à la surface du grand lac des ondulations de plus en plus prononcées, sur lesquelles notre *Mistassini* se dandinait fort gentiment.

Ah! le beau voyage que nous faisions!

Après avoir bien regardé tout ce qui s'offrait à la vue dans toutes les directions, après s'être bien chauffé aux rayons du soleil, après avoir consciencieusement humé tout ce que la brise avait de parfums délicats, après voir en un mot joui de tous les plaisirs du dehors, chacun descendit au salon du steamer, et se mit en frais de réciter pieusement l'office du jour. Mais ce ne fut pas sans peine: car le diable avait beau jeu, en une pareille circonstance et dans de telles conditions, pour faire travailler les imaginations et en tirer, sans faire semblant de rien, mille distractions toutes plus attrayantes les unes que les autre.s

Maints combats, que nul historien ne racontera, se livraient de la sorte, et d'innombrables victoires se remportaient à l'envi sur "la folle du logis," lorsque soudain retentit un long sifflement, d'une acuité de pointe d'aiguille, qui me perce encore les oreilles rien que d'y songer.—Comme de raison, personne ne leva les yeux de son bréviaire, et le diable mordit encore la poussière à plus belles dents que jamais.

Ce n'était pourtant pas le serpent infernal qui avait sifflé de façon si perçante.

Le steamer *Mistassini* avait déjà stoppé, et un minuscule vapeur l'avait aussitôt accosté. Je vous présente, lecteur bien-aimé, le steamer *Arthur*, qui a bien une vingtaine de pieds de longueur. Mais je vous préviens qu'il n'entend que l'anglais. Aussi, lorsque vous prononcerez son nom, remémorez-vous les savantes leçons du maître d'anglais qui charma les beaux jours de votre enfance, disposez votre langue suivant les principes, et jouez du *th*, jouez-en sans scrupule, et ce sera bien, pourvu que ce ne soit pas trop mal.

Ah! Il fallut bien fermer son bréviaire !

On nous expliquait que les eaux avaient bien baissé, et que non seulement il y aurait de l'imprudence à faire naviguer le *Mistassini* dans la Mistassini, mais que ce serait le vrai moyen de ne jamais arriver à Mistassini : à tout bout de champ on serait échoué de façon à n'en pouvoir sortir. Or, comme ce serait à chaque banc de sable que l'on s'ensablerait ainsi sans être capable de revenir à flot, et qu'il y a de ces bancs de sable à chaque instant, il y avait deux cents risques contre la moitié d'un, que nous ferions naufrage au premier moment.

Emus par des considérations aussi pittoresques, nous nous fîmes à l'idée d'avoir mangé notre pain blanc le premier, et nous laissâmes le beau *Mistassini* pour l'*Arthur*, qui, au flanc du transatlantique *Kaiser Wilhelm der Grosse* ferait l'effet d'une puce sur une baleine, ce qui n'est pas beaucoup dire.

Passant par la " chambre des machines "—lesquelles se réduisent à un engin que l'on porterait sous le bras et qui n'en fait pas moins un tapage d'enragé,—nous arrivons au " salon," dont le luxe rappelle joliment celui des voitures des gens qui *mènent la poste.* Et ces voitures-là, on est bien heureux de s'en servir, n'est-ce pas? lorsqu'il n'y en a pas d'autres. C'est ce qui explique à merveille le bonheur que nous goûtâmes à bord de l'*Arthur.*

———

II

Golfe Mistassini.—Rivière idem.—Quand il n'y aura plus de forêts.—Un ministre
qui pleure.—Un dîner mémorable.—Un gouvernement qui a grand cœur.
—Un palais royal, et les petits princes barbouillés de mélasse.

Cependant nous étions entrés dans le golfe de la Mistassini, qui rappelle tout à fait les autres golfes—excepté qu'il est beaucoup plus petit. Cet estuaire est pourtant d'une étendue considérable, relativement à la rivière qui le forme, et nous trouvâmes que cela prenait bien du temps pour le parcourir jusqu'au fond, impatients que nous étions de voguer sur la fameuse rivière.

Du lac Saint-Jean à l'établissement des Trappistes, il n'y a qu'une distance d'un peu plus de vingt milles par la rivière Mistassini. Il nous fallut néanmoins faire un trajet d'environ trente-cinq milles, à bord de notre *Arthur,* pour arriver à destination. C'est même là l'un des plus beaux exemples de la diversité qu'il y a parfois entre la théorie et la pratique.

Le printemps, on met trois heures à faire ce voyage; l'automne on en met six! Vraiment, il faut être reporter pour se permettre des affirmations si étranges...

Il n'y a pourtant là rien de si extraordniaire. Tout le printemps, la Mistassini est une rivière comme les autres, je veux dire où il y a de l'eau tant qu'il en faut, tandis que l'été et l'automne il n'y en a presque pas. Et alors, c'est partout les bancs de sable les plus extravagants, qui de l'une et de l'autre rive s'avancent à l'envi, et barrent à tout instant le passage. Il faut donc que les navires qui veulent malgré tout naviguer sur un fleuve d'une telle maigreur, se prêtent à tous les caprices de l'étroit chenal, louvoient à droite et à gauche et ne procèdent qu'à force de zigzags continuels. Pour comble d'infortune, il y a des bancs de sable jusque dans le chenal... Toutefois il faut ajouter que la route à suivre dans ces eaux périlleuses est bien éclairée, du moins le jour, par de longues perches qui, enfoncées dans le lit de la rivière, indiquent à merveille par où il faut passer. Le timonier n'a qu'à viser d'un piquet à l'autre, et ça va tout de même. Si l'on passe du mauvais côté du jalon, on échoue piteusement, et l'on est certain de ne pas rester là jusqu'à la fin du monde, attendu que dès le printemps suivant il y aura la crue des eaux pour vous remettre à flot.

Voilà ce que c'est que la navigation de la rivière Mistassini. Je suis le premier écrivain qui ose dire là-dessus les choses comme elles sont. A quoi bon voiler la vérité, et faire croire qu'il n'y a que des Saint-Laurent dans le système hydrographique de notre belle province de Québec? Bien plus, me piquant au jeu, je ne redouterai pas de percer les ténèbres de l'avenir, et de vaticiner sans détour qu'un jour viendra où la rivière Mistassini ne sera plus qu'un étroit ruisseau, que l'on traversera facilement d'une enjambée. Ce sera comme je vous le dis, et la faute en sera au défrichement, c'est-à-dire à la colonisation. Plus on abat les forêts, plus l'on tarit la source des cours d'eau. Donc, pour peu que les colons jouent encore de la cognée dans cette région du nord, il faudra faire ses adieux à la Mistassini. Qu'on me parle encore de la colonisation!

Du reste, rien ne presse, et l'on peut attendre avant de se livrer au désespoir.

Car j'ai raisonné en ne tenant compte que des données de la science, tandis qu'il aurait fallu ne pas oublier d'y joindre celles de la politique. Ah ! la politique, il ne faut pas en rire !

En effet, il y a un ministère des Travaux Publics, à Ottawa!

Il y a l'honorable M. Tarte à la tête de ce ministère ! Et je voudrais bien savoir qu'est-ce qui ne se fait pas, quand M. Tarte veut que cela se fasse !

Or, M. Tarte est venu dans ce pays, l'été dernier. Et tout lui est tombé dans l'œil, le Saguenay, le lac Saint-Jean et jusqu'à la rivière Mistassini. Homme d'une sensibilité incomparable, il a versé des pleurs sur le sort de cette pauvre Mistassini ; et il a promis, dit-on, de faire creuser le lit de cette rivière pour en régulariser et en assurer la navigation. Un journal s'est même trouvé qui, dans l'enthousiasme si légitime d'une telle promesse, annonça gravement à ses innocents lecteurs que le gouvernement allait envoyer un dragueur dans la rivière Mistassini,—par la poste, j'imagine. Non, on fera tout simplement construire la machine au Lac Saint-Jean. La construit-on vraiment, cette machine? Je l'ignore.

[*]

Quoi qu'il en soit, notre petit vapeur faisait tant de détours et de retours, qu'à la fin nous éprouvâmes nous-mêmes, par une sympathie bien explicable, l'épuisement qu'il était naturel de lui supposer. Et nous eûmes faim!

La situation n'en fut pas plus désespérée pour tout cela. D'autant que l'événement avait été prévu, et que les mesures les plus appropriées avaient d'avance été prises pour le cas où l'accident se produirait.

Et alors j'assistai à un spectacle que je n'avais jamais vu et que sans doute jamais de ma vie je ne reverrai ! Il s'agissait de fabriquer de toutes pièces une table pour le dîner. A l'aide de bouts de planches recueillis de droite et de gauche, et de force blocs de bois destinés à la fournaise de la machine, une construction convenable s'érigea peu à peu, dont les architectes—*mirabile dictu*—n'étaient autres qu'un archevêque, un évêque, un vicaire général, un supérieur et un procureur de séminaire, des curés, des vicaires, des secrétaires d'évêché (1): bref, des représentants de toute la hiérarchie ecclésiastique et de plusieurs diocèses de la Province ! L'enthousiasme que j'éprouvai à la vue d'une scène si nouvelle est encore d'une telle intensité que j'ai voulu en consigner ici la mémoire, pour l'édification de la postérité, laquelle, d'après ce seul fait, estimera à sa valeur l'assertion de quelques-uns de nos contemporains, suivant qui l'éducation donnée en nos temps n'est pas " pratique", que nous ne sommes pas préparés à " la lutte pour la vie", etc.

Tout ce que j'ajouterai sur ce banquet mémorable, c'est qu'il fut copieusement arrosé d'une capiteuse bière de gingembre: car il était sévèrement interdit de s'abreuver aux dépens de la rivière Mistassini, dont le volume d'eau n'était pas déjà si considérable, que nous pussions sans inconvénient imiter la bouilloire du mécanisme, qui en faisait une consommation vraiment alarmante.

A certain moment, nous ne fûmes pas peu ravis d'apercevoir, sur la rive droite de la Mistassini, une belle jetée construite vis-à-vis la mission de Saint-Méthode, autrefois appelée " Ticouabé." Voyez-vous cela ! le gouvernement fédéral du Canada—qui réside si loin, qui a des intérêts si importants à surveiller, qui est tellement occupé à soigner la Constitution si gravement blessée par les fanatiques du Manitoba, à établir un service de navigation rapide entre le Canada et l'Europe, et à bâtir un pont colossal devant Québec,— a bien voulu jeter un coup d'œil sur cette modeste localité du Nord et y laisser tomber une petite jetée, de belle construction, pour accommoder de pauvres colons perdus dans la forêt ! Quel bonheur pour un pays, vraiment, d'avoir un gouvernement fédéral! *O Canada, mon pays, mes amours !*

----

(1) De mémoire, je ne peux nommer, comme ayant pris part à l'excursion dont il s'agit, que les personnages suivants : S. G. Mgr Duhamel, archevêque d'Ottawa; S. G. Mgr Decelles, évêque de Saint-Hyacinthe ; Mgr Belley, V. G., Chicoutimi ; l'abbé C.-E. Parent, V. F., du séminaire de Chicoutimi.

Il ne manque pas d'autres choses que nous fûmes ravis de voir dans ce voyage sur la rivière Mistassini. Ainsi le paysage y est presque partout d'une grande beauté et d'un pittoresque accompli: ce qui, à vrai dire et à mon sens, est pas mal le cas de tous les paysages et de tous les points de vue de l'univers. Car, puisque je suis en veine de confidences, j'avouerai que généralement je trouve charmant tout endroit où il y a de la verdure, de l'eau, des rochers; enfin, pour tout dire en un mot, je ne connais pas au monde de lieu plus agréable que la planète où nous vivons...

Pour ce qui concerne plus particulièrement la Mistassini, ses rivages sont presque partout encore recouverts de la forêt vierge, ce qui fait que tout voyageur éprouve en passant par là les mêmes impressions que s'il était le premier à découvrir ce pays. Le sol est plat à perte de vue, perte de vue qui est même d'autant plus complète que la rivière s'est creusé un lit assez profond, et que l'on ne voit à peu près rien de la région que l'on traverse.

A certains endroits, la forêt a disparu et des champs cultivés la remplacent. L'on aperçoit alors, de distance en distance, le palais de l'un des rois de la création qui est venu se tailler un domaine dans ces lieux éloignés. Et à mesure que notre navire passe en vue de chacun de ces châteaux, qui ne sont encore qu'é-bauchés, nous en voyons sortir, l'un après l'autre, et le roi, et la reine, et les petits princes et les petites princesses, lesquels de loin cherchent à reconnaître qui nous sommes. L'émotion s'empare de nous à la vue de ces pionniers de la colonisation, de ces vrais Canadiens, qui continuent les traditions de nos ancêtres, de ces défricheurs qui triomphent de la forêt, de ces bienfaiteurs de la patrie qui font croître des millions de brins d'herbe où il n'en poussait pas un, et qui, de ces brins d'herbe, feront demain du bon beurre, de la viande succulente et du beau pain pour nous, et du riche fromage pour les Anglais d'Angleterre et les Ecossais d'Ecosse.

Après-demain, quelqu'un de ces petits princes, qui sont là nu-pieds, nu-tête, et barbouillés jusqu'aux oreilles de mélasse des Barbades, sera remarqué par le curé du village et par lui amené au collège : nous lui apprendrons les règles d'accord des participes, nous lui dirons comment il faut s'y prendre pour se tirer un peu d'affaire avec le *th* anglais, nous lui ferons faire des vers latins et des thèmes grecs, nous lui enseignerons à dresser des syllogismes invincibles ; surtout, nous lui ferons aimer Dieu, l'Eglise et la patrie. Et puis, dans quelques années, il y aura quelque part un journaliste puisssant, un éminent homme d'Etat ou un grand évêque, qui fera la gloire du Canada français et qui, par la plume, par la parole ou par les œuvres, s'emparera de l'âme du peuple et l'entraînera à de superbes destinées.

Voilà ce qu'il y a dans la belle cause de la colonisation. C'est pourquoi, lorsqu'on rencontre des colons, il faut en eux saluer, chapeau bas, la force présente de notre nationalité et l'assurance de notre avenir,—l'avenir de la France d'Amérique.

III

Le bassin de la Mistassini.—Idéal ermitage.—Chez les Trappistes. — Précis du voyage de retour.—Adieux touchants.—Tout le monde à la Trappe.

Cependant, à force de contourner des bancs de sable, de longer des rives bien boisées ou recouvertes de moissons dorées, la journée avance, notre bateau à vapeur aussi ; et je crois vraiment qu'il va falloir me résoudre, dès ce numéro de l'*Oiseau-Mouche*, à faire arriver mon lecteur au terme du trajet... Calmons pourtant notre impatience. Nous ne sommes pas pressés, ni lui, ni moi ; et nous n'arrêterons la machine de l'*Arthur* qu'après avoir épuisé le sujet. Comme si nous allions laisser de côté ce qu'il y a de plus beau dans la rivière Mistassini !

Eh bien, ce qu'il y a de plus beau dans la rivière Mistassini, c'est le grand bassin qui en termine la partie navigable.

Donc, vous apercevez à certain endroit une pointe de rochers et de terre, plus ou moins boisée, qui s'avance en travers de la rivière et l'obstrue complètement. Je vous demande comment nous allons faire pour aller plus loin! Déjà nous devisions de la possibilité qu'il y aurait de portager, c'est-à-dire de prendre l'*Arthur* sur nos épaules et de le transporter par-dessus cet obstacle, lorsque nous aperçûmes qu'il y avait à gauche un détroit en bonne et due forme, par lequel notre steamer passerait parfaitement. Et c'est en contournant le promontoire que nous saisîmes tout le pittoresque de la situation.

C'est d'abord une vraie presqu'île, qui l'est même à tel point qu'au printemps, lorsque les eaux sont hautes, elle devient une île véritable. Le bel endroit pour un politicien qui, sur ses vieux ans, voudrait

> Dans un fromage de Hollande
> Se retirer loin du tracas

et s'y faire ermite pour expier les crimes de sa vie passée (d'autant que les Trappistes sont là pour fournir tout l'excellent fromage, de Hollande ou d'ailleurs, qu'il faudrait) ! Le bel endroit pour un poète que les bruits du monde ont toujours empêché d'enfoncer ses chevilles avec toute la cadence qu'il voudrait ! Le bel endroit pour bien d'autres encore, dont l'énumération serait fastidieuse, desquels au reste pas un n'aura seulement l'idée d'y venir.

Toujours est-il qu'une fois le promontoire doublé, la rivière reprend sa largeur et forme là " un affourc d'eau bel et délectable pour mettre navires", comme disait le bon Jacques Cartier.

Et c'est maintenant, à mesure qu'on avance, que le spectacle est beau.

D'abord, tout ce bassin, c'est comme un lac superbe, aux proportions restreintes, mais par là même d'autant plus charmant. Car en fait de lacs, comme en fait de chiens—sauf le respect que je dois au public,—ce sont les plus petits qui sont les plus jolis. Allez donc, en effet, vous sentir épris de faire des vers à la vue du lac Supérieur, comme d'autre part—assurément—en présence d'un énorme molosse quelconque ! Du reste, quand je parle ici de petit lac, je n'entends pas que l'on croie qu'il s'agisse d'une simple mare, où de braves grenouilles se feraient la vie belle en cultivant la musique, la natation et autres beaux-arts.   Non; au contraire, ce bassin a peut-être un demi-mille ou un mille de longueur, sur une largeur de cinq, dix ou quinze arpents (mes souvenirs, déjà vieux de huit mois, sont sujets à perdre un peu la tramontane: je le reconnais avec la plus sincère des humilités).   Et puis ces eaux ne manquent pas de profondeur... Je n'en sais rien, sans doute, pour n'y avoir pas promené la sonde; mais je le pense.   Car de même que, lorsque l'on connaît deux angles d'un triangle, il est facile d'en inférer l'ouverture du troisième, de même il est naturel de conclure qu'un lac, long et large, ne doit pas manquer non plus de profondeur. Notre petit navire se faisaït sans doute le beau raisonnement que voilà.   Car, à peine se vit-il entré dans cet " affourc", qu'il changea tout à coup d'allure, et se mit à voler sur la surface tranquille de cette mer dormante.   Il fait si bon, quand on navigue, de se sentir de l'eau sous les pieds, je veux dire évidemment, pour le cas qui nous occupe, sous la quille !

Naturellement, tout autour de cette pièce d'eau, règne un encadrement de verdure qui charme la vue.   Mais il ne faut pas croire que cette verdoyante bordure, uniformément distribuée, provoque par sa monotonie l'ennui du spectateur.   C'est le cas de beaucoup de lacs dont l'on se rassasie vite pour cette cause, sans parler des légions de moustiques dont la familiarité ne tarde pas à vous y peser au delà de tout ce qui peut s'imaginer.   Non, ici, rien de tel.   Et il n'y manque pas de choses pour rompre toute possibilité de monotonie.   Car, par exemple, vous apercevez devant vous, dans un lointain modéré, une fort belle cataracte que fait la Mistassini en arrivant dans le bassin qui nous occupe.   Vers l'endroit même de cette chute, il y a un pont en bois, de proportions grandioses et de facture très remarquable, qui rappellera aux générations futures la bienveillance éclairée du gouvernement Taillon.—Le lecteur, étonné de me voir entrer ici dans le domaine de la politique, voudra bien observer qu'en un autre endroit de mon récit, s'il se continue, je célébrerai, à propos d'un autre pont qui se trouve ailleurs, mais sur une rivière aussi, je célébrerai, dis-je, la gloire du gouvernement libéral qui le fit construire.   Et, de la sorte, on verra se rétablir l'équilibre que je fais effort pour garder, dans ce travail, entre les deux partis qui font alternativement le bonheur de notre peuple.

Vous n'avez pas fini d'admirer la cataracte et son pont de bois, que vous voilà arrivé à l'estuaire d'un gros affluent de la Mistassini, qui se nomme " Mistassibi."   Et juste à l'angle septentrional formé par la réunion des deux rivières, repose paisiblement une jetée toute neuve qui proclame en son muet langage la munificence du gouvernement d'Ottawa.   Cette jetée, c'est le débarcadère de Mistassini.

Car, c'est facile à deviner, nous sommes enfin arrivés à Mistassini, le terme de notre voyage.   Nous l'avons bien gagné, après un trajet si long, que nous avons mis tant de pages à résumer pour nos lecteurs.

Nous débarquerons donc sans trop de regret.   Nous sommes sur le vaste domaine des révérends Pères Trappistes, dont la propriété est bornée sur un côté par la rivière Mistassini, sur un autre côté par la Mistassibi, et sur les deux autres par la forêt qui s'étend jusqu'au pôle Nord.

Le monastère se trouve à une distance assez longue du débarcadère, ce qui nous fournit l'occasion de traverser une partie de l'exploitation agricole des Trappistes.   Nous y voyons, sur les divers morceaux de terrain, la colonisation sous tous ses aspects: forêt à peine abattue, squelettes décharnés des arbres noircis par le feu, souches persistant sur un sol déjà cultivé, moissons se dorant aux rayons du soleil d'automne.   Bref, l'enthousiasme vous enlève malgré vous ; et l'on en profite pour dévorer, d'un pied léger, l'espace qu'il faut parcourir.

Voici le monastère, pauvre construction de bois, qui est, pour le moment, la Trappe de Mistassini, où nous sommes accueillis comme des frères.   C'est pour le coup que je me crois transporté en plein moyen âge à la vue de ces moines qui, les uns en robe blanche, les autres en robe brune, circulent, glissent de ci, de là, s'occupent des travaux domestiques, du soin des étables, de la beurrerie, de la scierie. Nouvel accès d'enthousiasme, que cette fois je ne pris pas la peine de retenir et qui me fit presque commettre des folies.

———

J'ouvre ici une parenthèse finale.

Littérairement parlant, je suis comme le mortel qu'un trépas hâtif enlève de cette vie, et dont les beaux projets s'évanouissent tristement. Car, c'est à peine si j'ai atteint jusqu'ici le tiers de mon récit de voyage. Et jamais je ne pourrai faire connaître les intéressants épisodes qu'il y a encore au bout de ma plume ! Description du monastère des Trappistes; descente de la rivière Mistassini (dont, en la montant, je n'ai fait qu'esquisser le tableau); renavigation sur le lac Saint-Jean (dont nous finîmes par épuiser toute la flotte); visite à la maison des bons Pères Oblats de la Pointe-Bleue (où je découvris enfin ma vocation, qui, j'en fais la confidence, est d'être " Oblat en retraite", étant donné que j'obtiendrais dispense des cinquante ans de noviciat qui paraissent requis); Roberval avant l'actuel éclairage électrique (faute duquel je faillis me rompre cou, bras et jambes); puis un trajet à travers trois ou quatre jeunes paroisses (avec un compagnon qui se crut strictement obligé de m'énumérer et de me nommer tous les occupants de toutes les maisons qui se rencontrèrent sur la route, et de me donner des détails généalogiques rétrospectifs jusqu'"au temps des Français" inclusivement),—pour finir par une traversée du lac Saint-Jean dans un frêle canot d'écorce (agrémentée de fortes vagues qui cent fois faillirent nous submerger, et de rochers à fleur d'eau qui cent fois menacèrent de déchirer les flancs de notre embarcation) : voilà, pour faire venir l'eau à la bouche des gens, tout ce que, sans compter d'autres choses aussi, j'avais encore à narrer au lecteur palpitant de l'intérêt le plus intense.

Eh bien, tout cela va rester dans les ombres de l'inconnu. Car la direction de l'*Oiseau-Mouche,* prétendant que l'actualité est la vie d'un journal et ne voulant pas permettre qu'un reporter raconte des choses déjà vieilles d'un an, m'ordonne de couper ici le fil de mon récit.—Je le coupe donc, en l'arrosant de mes larmes.

Car un écrivain ne s'entretient pas, dix mois durant, avec d'aussi aimables lecteurs sans qu'entre eux et lui ne se nouent les liens d'une douce amitié.

Au moment de les quitter, je les prie de me pardonner les ennuis que je leur ai causés, les impatiences dans lesquelles je les ai fait tomber, les inexactitudes que, suivant les privilèges du voyageur, je n'ai pas manqué de mêler à mon récit. De mon côté, je leur pardonne volontiers les critiques peu charitables dont ils m'ont peut-être abreuvé, sans compter la superbe moisson de pavots qu'ils se sont probablement permis de faire le long de mes alinéas.

Aussi bien, si nous avons de part et d'autre tous ces motifs de nous frapper la poitrine, nous ne saurions mieux faire, pour expier nos fautes, que de rester à l'endroit où nous sommes enfin parvenus: à " la Trappe " de Mistassini !

UN TOUR D'EUROPE EN 1900 (1)

I

LES TRIBULATIONS DU DÉPART

Comme quoi l'on a grand tort d'oublier son pardessus. — MONTRÉAL vaincu par une tempête de nord-est.—Arrêtés par la neige.—A NEW-YORK.—Vite!... Nos billets, s. v. p...—Espoir déçu.—L'avantage d'être client de la maison Cook.—A la course vers HOBOKEN.—Ça y est.—Départ.

Str *Kaiser Wilhelm* II. mars.

Nous avons enfin réussi à partir.   Mais cela n'a pas marché tout seul.

Ah! sans doute, il allait très bien, le train du C. P. R. qui nous prit à Québec le 27 février, pour nous livrer à Montréal le 28.

Ah! sans doute, il est toujours très agréable de passer un jour à Montréal, et d'y recevoir la visite des anciens élèves de Chicoutimi qui ont choisi de faire, dans la grande ville, l'apprentissage de la vie pratique.

Seulement, au lieu de passer un jour à Montréal, nous en avons passé deux, et c'est là ce qui nous a perdus.

Si nous avons séjourné à Montréal une journée de plus, c'est parce que j'avais innocemment oublié à Québec de prendre avec moi, au moment du départ, tel pardessus de voyage.   Dans la métropole commerciale, j'ai fait des efforts inouïs pour remplacer cette pièce d'habillement; j'ai essayé tous les spécimens du même gen-

---

(1) J'ai fait ce voyage d'Europe en compagnie de M. P.-H. Boily, négociant de Chicoutimi.—Ces lettres de voyage ont été publiées sur l'*Oiseau-Mouche*, moins les trois plus longues, qui sont inédites.

re de stocks énormes : je n'ai rien trouvé qui m'accommodât et me rendît simplement justice. Cela n'est pas flatteur pour les établissements de commerce de Montréal; hormis que ce soit moi pour qui ce ne soit pas flatteur et dont le physique désordonné déroute absolument l'expérience des siècles sur les mesures établies à travers les âges par les artistes de la coupe...

L'unique solution du problème, ce fut de faire venir de Québec le précieux vêtement, et de ne partir pour New-York que dans la soirée du 1er mars, au lieu de celle du 28 février. Cela nous valut, il est vrai, d'assister du second étage de l'édifice de la *Presse* à la bruyante démonstration que les étudiants de l'université McGill, mis en délire par la délivrance inespérée de Ladysmith, au Transvaal, firent à l'adresse des journaux français la *Patrie*, la *Presse* et le *Journal*. Mais, d'autre part, une effroyable tempête de nord-est, avec grande chute de neige, se déchaîna sur Montréal, ce jour du 1er mars, et bouleversa tout, hommes et choses, dans la grande ville. Toutefois, à 6½ heures du soir, nous nous apprêtâmes à nous rendre à la gare, le gérant de l'hôtel s'étant engagé à nous y faire conduire.

Par exemple, à cause de la tempête qu'il faisait, l'hôtel avait remisé sa voiture; et l'on envoya chercher un cocher à la station voisine... Seulement, les braves cochers, se souciant assez peu d'attendre la clientèle par un temps pareil, étaient tous rentrés chez eux... Mais on allait en être quitte pour se rendre à la gare en tramway. Seulement, le service des tramways, désorganisé par les montagnes de neige qui se formaient partout, avait cessé de fonctionner!...

Et, avec tout cela, le temps s'en allant tout de même, il ne nous restait plus que vingt minutes avant le départ du train. Et nous n'avions plus qu'à nous rendre à pied jusqu'à la gare, c'est-à-dire à faire un trajet d'un mille, à travers les bancs de neige et chargés de nos bagages... Par bonheur, M. Stocking, père, l'agent des Cook, &c., à Québec, et dont nous avions acheté tous nos billets de voyage, se trouvait à Montréal, et au même hôtel que nous.

Mis au courant de la situation où nous étions il s'y intéressa autant que possible, et poussa la bienveillance jusqu'à vouloir porter lui-même, avec un garçon de l'hôtel, nos divers colis jusqu'au train (1).

Et nous voilà partis par la tempête qui faisait rage, et vêtus en habits d'été... Car nous ne pouvions songer à débarquer à Naples, à la face du Vésuve, avec nos énormes casques en peau de loutre et nos larges capots de chat sauvage: le tableau aurait péché par excès de pittoresque.

Je laisse au lecteur qui me connaît le soin d'imaginer l'aise et le plaisir que j'avais à marcher à mi-jambe dans la neige et à pas accéléré... Bientôt à bout de force et de souffle, mon compagnon et moi, nous sautons sur un immense traîneau qui s'adonne à nous passer en route et qui va dans la même direction que nous. Puis, lorsqu'il nous semble à peu près rendu dans le voisinage de la gare Windsor, nous en descendons—ce qui signifie que nous nous en laissons tomber sur quelque montagne de neige qu'il traverse. Nous nous remettons sur pied autant que possible, et reprenons notre course, nous dirigeant un peu à l'aventure: car nous ne savions guère où nous étions ni où se trouvait la gare. Finalement et en suivant un gentleman qui " avait l'air " de vouloir partir lui aussi, nous arrivons à la gare et au train. Nous n'eûmes que le temps de monter dans la dernière voiture, lorsque le train se mit en marche... et nos bagages n'étaient pas arrivés! Aussi, un homme qui s'amusa joliment en apprenant que nous partions pour l'Europe, ce fut le douanier qui parcourut presque aussitôt tous les wagons, et à l'inspection de qui nous n'eûmes à présenter que nos petites sacoches.

Il y avait à peine une heure et demie que nous voguions vers la frontière des Etats-Unis, lorsque le train stoppa brusquement: la voie était bloquée par un train local parti dans l'après-midi et qui était venu s'arrêter sur une vraie montagne de neige. Par une imprévoyance que je signale à l'indignation du genre humain, et

______

(1) L'été suivant, lorsque, de retour à Québec, je voulus aller remercier M. Stocking de ses bons offices, j'appris avec tristesse qu'il venait de mourir.

ce train et le nôtre s'étaient mis en route, en une tempête pareille, sans être munis de charrue à neige ! Aussi, il fallut faire venir un de ces outils d'une distance de 150 milles pour nous dégager, et, en attendant, attendre...

Cette attente dura jusqu'au lendemain, 2 mars, à 11 heures de l'avant-midi. Entre temps, j'avais communiqué par le télégraphe avec M. Stocking, et obtenu l'assurance que nos bagages nous seraient expédiés à tel hôtel de New-York par le premier train.

Nous arrivâmes à New-York à 7 heures du matin, le 3 mars, c'est-à-dire avec un retard de vingt-quatre heures. Notre steamer devait prendre la mer à 11 heures seulement; mais il nous fallait auparavant aller recevoir nos billets de passage au bureau de la compagnie North German Lloyd, situé à une bonne distance de la gare. Le temps nous manquait tout à fait pour étudier la topographie de la ville immense et les systèmes de tramways souterrains, terrestres et aériens qui y voiturent les gens. Aussi, à grands frais, comme on peut l'imaginer, nous retînmes les services de l'un des petits messagers de l'hôtel où nous étions descendus. Cet "American Boy," très intelligent et très au fait de tout, nous entraînait d'une rue à l'autre, d'une voie de tramway à un train du chemin de fer élevé, et *vice versa*, au milieu du formidable mouvement de New-York, avec un tel " go ahead " que non seulement nous n'y comprenions rien, mais que nous y perdions presque le souffle. Je lui avais dit, au reste, que nous étions extrêmement pressés.

Enfin, nous sommes à l'édifice de la North German Lloyd, vers 8 heures et demie. Mais voilà bien une autre affaire! Les bureaux ne sont pas encore ouverts... Nous entendons aller et venir à l'intérieur; mais personne ne vient répondre aux coups redoublés dont nous ébranlons la porte. On va sûrement nous faire manquer le steamer ! Nous aurons huit jours à attendre le départ du vaisseau suivant ! Toute l'économie de notre voyage va être dérangée ! Etc.

Cette agonie dura bien une demi-heure. Enfin, l'heure réglementaire est arrivée, et l'on ouvre la porte. Nous nous précipitons à l'intérieur, et je supplie le premier fonctionnaire que je trouve de vouloir bien se hâter extraordinairement de nous donner nos billets de voyage: " Le steamer va partir à 11 heures, et nous avons bien peur de le manquer... —Vous ne le manquerez pas, car son départ est retardé jusqu'à 2 heures de l'après-midi ! " *Immense soupir de soulagement* (comme disait certain journal québecquois en annonçant le résultat des élections générales du Canada certaine année) !

Donc, quelle douce joie nous éprouvons ! Il devient absolument certain que nous allons pouvoir recouvrer nos bagages, mis à bord du train parti hier soir de Montréal. Ce train doit même être arrivé déjà à New-York. Allons tout de suite à la gare pour retirer nos valises et autres colis !

En pénétrant dans l'immense station de chemin de fer, nous voyons qu'il y a quelque chose d'écrit sur le tableau noir qui se trouve là... Nous y lisons ceci: " Train de Montréal en retard de 5 heures. Arrivera à 2 heures 20 minutes."

Voilà qui met le comble à nos infortunes diverses...

Et nous restons là, tout d'abord, cloués sur le sol, poussant, cette fois-ci, un " immense soupir de découragement."

Ainsi donc, nous avons mis des semaines à faire un choix judicieux des cent articles dont nous aurons besoin durant nos quatre mois de voyage: linge, objets de toilette, *Guides*, etc. Et non seulement il faut nous embarquer sans les avoir; mais sans doute il faut en faire le sacrifice complet, et se résigner à ne les ravoir jamais. Mon compagnon de voyage a même laissé, dans l'une de ses valises, une liasse de chèques, portant déjà une signature sur les deux qui sont requises pour les rendre négociables, de l'*American Express Company*.

Nous nous disons alors que si, l'avant-veille, à Montréal, nous avions mis une demi-minute de plus à nous rendre, de la façon que j'ai racontée, de l'hôtel à la gare, nous ne serions pas arrivés à New-York à temps pour prendre le steamer.

Quoi qu'il en soit, après un premier moment donné à la stupeur et au découragement, nous décidâmes de reprendre la lutte contre les circonstances, et de la pousser jusqu'au bout.

Le plan de campagne fut promptement établi, comme il fallait. Je dis à notre " American Boy " : " Conduisez-nous le plus vite possible et par le plus court chemin au bureau de la Compagnie Cook, tel numéro de telle rue ! "

C'est que je me rappelais avoir lu sur les prospectus des Cook —chez qui nous avions pris tous nos billets de passage, de Québec à Québec—qu'il est bien avantageux pour leurs clients de trouver dans toutes les villes importantes de l'univers des agences de la Compagnie, où ils peuvent s'adresser pour recevoir tous les services imaginables. Eh bien, dis-je à mon compagnon, nous allons voir cela ! C'est le moment, ou jamais.

J'expliquai, au chef du bureau Cook, de quoi il retournait, et ce que nous attendions de la Compagnie. Nos divers colis n'étant pas étiquetés à notre nom — les valises n'étaient pas même fermées à clef ,— nous les décrivîmes le mieux possible. On aurait donc à les retirer du chemin de fer, et à nous les expédier, par le steamer suivant de la North German Lloyd, à Gibraltar, où nous devions passer huit jours. L'agent des Cook & Son nous promit que tout cela se ferait exactement. Mais qu'en serait-il de l'exécution ? Nous le saurons dans quinze jours seulement.

Il nous restait encore une couple d'heures avant le moment fixé pour le départ du steamer des quais d'Hoboken, et c'était déjà bien court pour tout ce que nous avions à faire avant de mettre le pied sur le navire. Nos inquiétudes devenaient intenses! Néanmoins, je me rappelai avoir vu jadis dans Homère que je ne sais plus quelle déesse, en proie au chagrin le plus poignant, mangea cependant. Sans vouloir établir de comparaison entre une divinité de l'Olympe et deux pauvres mortels de Chicoutimi, nous fîmes comme la déesse et prîmes au restaurant quelque nourriture, malgré toutes nos épreuves.

Après ce " quick lunch " — institution qui existe dans les villes où les affaires laissent à peine le temps de souffler —, nous entrons à la façon d'un cyclone dans un magasin qui se trouva là et qui était justement de la sorte d'établissement où l'on vend de tout. Il fallait bien nous pourvoir des articles de lingerie, etc., dont nous aurons besoin durant deux semaines, jusqu'à la problématique réception de nos bagages.

Ensuite, nouvel et dernier appel à l'intelligence de l'"American Boy." Il nous remorque à grande vitesse par les modes variés de locomotion qui existent à New-York, jusqu'au vapeur qui fait la traversée de l'Hudson. Débarqués sur le quai d'Hoboken, nous constatons qu'il sera bientôt 2 heures; et comme il y a une distance assez notable à parcourir pour atteindre l'endroit où le *Kaiser Wilhelm II* est attaché, nous nous voyons obligés de prendre le pas de course. A 2 heures moins cinq minutes, nous mettions enfin le pied sur le vaisseau, faisions nos adieux à l'habile jeune homme qui nous avait guidés si bien toute la journée, et poussions — pour la seconde fois en ce jour mémorable — un " immense soupir de soulagement."

La foule est considérable sur le quai, et les mouchoirs s'agitent de terre et du bord. Pour nous, nous n'avions pas prévu qu'au moment de quitter le continent d'Amérique ce serait d'un petit Yankee que nous recevrions les derniers souhaits de bon voyage.

Sur le pont du steamer, une fanfare exécute des airs joyeux, pendant qu'on largue les amarres. Cette musique contribue un peu à remonter le moral : car, on peut très bien l'imaginer, ce n'est pas sans une très vive émotion que l'on entreprend pour la première fois la traversée de l'immense océan.

Le temps est beau et frais, lorsque nous quittons le port de New-York, ce 3 mars. Il y a sur les eaux, le long de la côte, une certaine quantité de glace en " frasil."

Et voilà comment s'est fait notre départ pour l'Europe ! Heureusement, cela ne se passe pas ordinairement d'aussi tragique façon.

Vite ! Fermons cette lettre pour la confier au pilote, qui va nous quitter en emportant nos dernières communications pour les gens d'Amérique.

II

COMMENT L'ON TRAVERSE L'OCEAN

Très occupé à ne rien faire.—*Age quod agis.*—Avec les Allemands.—Si nous les aimons les Anglais ! — De la musique, jour et nuit. — Nous l'avons vu, nous, le mont Pico !—GIBRALTAR.

En mer, 3-12 mars.

Que d'eau ! Que d'eau ! (1) Voilà huit cents lieues que nous en parcourons, et il en reste encore. Je comprends enfin le zèle des " prohibitionnistes." Quand il y a tant d'eau dans la nature, il est en effet bien absurde de se mettre en frais de composer d'autres boissons. Donc, vive l'eau pure — quand on n'a ni vin, ni moka, ni chocolat, etc., à se mettre au gosier.

Mark Twain, qui est un fameux blagueur, écrivit un jour, après un voyage fait à bord de l'un des vaisseaux de la North German Lloyd, que, s'il avait un livre à composer, son désir serait de venir s'installer, pour le faire, à bord de l'un des steamers de cette Compagnie. En voilà une bonne ! Car, pour être franc, nous sommes ici, du matin au soir, tellement occupés à flâner, qu'il ne resterait plus un moment pour le travail. Il est même étonnant que je parvienne à rédiger les quelques pages que voici. La seule explication possible, c'est que cela se fait sans travail. On comprendra, je pense, après lecture, qu'il en soit ainsi.

---

(1) Pour ne pas être accusé de plagiat, je me vois forcé de dire que j'ai appris seulement en 1905 que cette exclamation eut pour premier auteur le maréchal de MacMahon. En effet, ce grand homme, étant président de la République française, se rendit un jour à Lyon pour manifester la sympathie qu'il éprouvait en faveur des familles éprouvées par une inondation, et proféra les mots dont il s'agit à la vue des eaux épandues sur les terres. Il convient d'ajouter, par exemple, que les historiens soupçonnent fortement quelque reporter facétieux d'avoir inventé le récit de toutes pièces. Il ne m'appartient pas de dire à quel point l'exclamation qui commence cette lettre y gagne de valeur.

Le *Kaiser Wilhelm II*, qui nous voiture à travers l'Atlantique, est un grand vaisseau blanc, de je ne sais plus combien de milliers de tonneaux. C'est grâce à lui que j'arrive à faire 15 nœuds à l'heure — ce qui dépasse toutes mes prévisions. Ce navire est aménagé avec un luxe inouï. Les divers salons sont d'une richesse inconcevable. Mon compagnon et moi, nous estimons, par exemple, à au moins $2,000 le coût de la décoration du fumoir principal, qui n'a pourtant qu'une vingtaine de pieds carrés.

If faut voir l'ordre et la propreté qui règnent à bord ! Dès qu'un grain de poussière se dépose quelque part, une dizaine de matelots se précipitent pour l'enlever et le jeter à la mer... une meule au cou.

Je remarque surtout que l'on ne fait ici rien à moitié. On prend son temps pour tout, et l'on n'épargne aucun soin. Quand il s'agit d'attacher quelque objet, on n'y va pas de main morte. Le moindre hublot est retenu par trois écrous énormes. Aussi, quand viendra la tempête, tout sera prêt pour la résistance. Je laisse à chacun le soin de tirer de cette manière d'agir la morale qui lui sera le plus utile.

Par exemple, cela ne manque pas d'Allemands. De l'équipage, comme des trois ou quatre cents passagers que nous sommes, la majorité se compose largement de blonds enfants de la Germanie.

C'est la première fois de ma vie que je vois de près cette race allemande. Vous voulez que je dise mon sentiment sur elle? Parfaitement.

D'abord, bien entendu, en ma qualité de "Français" désireux de venger *nos* désastres de 1870, il n'est pas un de ces gros Allemands que je ne sois prêt à fustiger, à écraser, à égorger (on ne saurait imaginer à quel point tout cela est spéculatif, étant donné surtout que ces gros Allemands ne se prêteraient probablement pas à mon dessein).

Ayant ainsi rempli ce devoir patriotique, je dois dire que, d'autre part, je raffole des Allemands.   Au point de vue physique, ils sont généralement beaux, grands, forts.   Etant forts, ils sont doux et calmes.   J'ai eu des rapports fréquents, cette semaine, avec un bon nombre d'entre eux: et je n'ai pu qu'estimer davantage ce peuple de vaillants.   Vivent donc les Allemands,— à part, toujours, cette vengeance nationale que je brûle de satisfaire.

Vous savez s'il est facile de comprendre l'anglais d'un Yankee. Figurez-vous ce que c'est que de converser en anglais avec un Allemand.   J'ai eu souvent, ces jours-ci, l'occasion de subir ce supplice.   Quant aux gens du service, ils ont l'air à ne rien comprendre quand je leur parle l'anglais; c'est peut-être ma faute.

Nous découvrons à bord, tous les jours, soit quelque Français, soit quelque Anglais, Allemand ou Yankee qui parle plus ou moins le français.

*_**

— " Aimez-vous les Anglais, dans la province de Québec? me demanda hier un voisin du fumoir.

— Dites-moi d'abord, répondis-je, si vous êtes vous-même Anglais.

— Oh non, je ne suis pas Anglais, je suis Américain.

— Eh bien, je vous dirai que, dans la province de Québec, nous

. . . .

Par exemple, chose bien curieuse, ..."

Je regrette de ne vous communiquer qu'un aussi pâle aperçu de ma réponse.   Mais vous êtes actuellement, au Canada, dans une situation si sujette à caution, qu'il faut y aller très prudemment dans l'expression de ses idées.

*_**

La North German Lloyd n'épargne rien pour que ses passagers arrivent à destination en excellent état.   Outre les trois repas réglementaires, et dont le menu est superfin, on nous sert le café dès le petit matin; vers onze heures, on offre à chacun du bouillon et des sandwiches; à quatre heures de relevée, les garçons distribuent de la limonade et des gâteaux; enfin, à neuf heures du soir, du thé et des sandwiches. Voilà un régime auquel ne sauraient se plier des gens astreints au carême. Tout de même, les Trappistes sont moins exposés que nous au péché de gourmandise.

Je ne sais si l'on croit nécessaire de nous " adoucir les mœurs " avant de nous montrer en pays d'Europe. Toujours est-il qu'à bord on nous sature de musique. Cela commence dès le réveil, dont on donne le signal en promenant d'un bout à l'autre du vaisseau, sur un instrument qui a bien le son d'un accordéon, l'air de notre cantique *Nouvelle agréable*. En voilà une idée!—Chaque repas est annoncé par une double sonnerie de clairon, sur un rythme fort engageant. Vers onze heures, c'est un concert de la fanfare du bord. Au dîner, nouveau concert, donné par un orchestre spécial. Enfin parfois, dans la soirée, fanfare et orchestre se réunissent pour un nouveau concert. Tous ces musiciens paraissent des gens du métier et très entendus ; ils nous font de la musique délicieuse. Et, pour un peu, nous verrions avec regret s'approcher la fin de cette navigation fortunée.

Car, à part un jour où la mer s'est un peu excitée sous le fouet d'un aquilon tapageur, la traversée a été vraiment belle. Le lendemain de notre départ, nous atteignions le Gulf Stream, et dès lors la température a été douce. Ciel bleu, mer bleue, presque tout le temps.

Le 9 mars, nous passons à travers les Açores. Toute l'après-midi, nous avons côtoyé les grandes îles Fayal, Pico et San Jorge, couvertes de champs en culture, d'habitations proprettes et de jolies églises. Nous avons eu la chance, assez rare, paraît-il, de voir le mont Pico, le point le plus élevé de l'archipel, émergeant au-dessus des nuages à plus de 7,600 pieds d'élévation, aux flancs recouverts de glaciers brillant au soleil.

Nous serons à Gibraltar lundi soir, le 12 mars. Quelle joie de nous retrouver encore une fois abrités par notre glorieux drapeau britannique !

En attendant, je trouve curieux de constater qu'au moment où je finis cette lettre, il est ici cinq heures et demie du soir, et que vous n'êtes encore, au Canada, qu'à deux heures de l'après-midi. Quand on pense qu'il y a des gens assez forts en mathématiques et en astronomie pour reconnaître sûrement, avec ces seules données, à quel point précis nous sommes de la croûte terrestre,—une croûte singulièrement molle pour l'instant, et où notre grand navire se livre à des exercices d'équilibre fort périlleux pour les cœurs qui n'ont pas encore... le pied beaucoup marin.

III

IMPRESSIONS D'ESPAGNE ET DE MAROC

A quoi ressemble le rocher de Gibraltar.—Visions de l'ancien Québec.—A LINEA. —Les fameuses galeries remplies de canons.—A TANGER.—Ma seconde séance d'équitation.—A travers l'Andalousie.—A GRENADE.—L'Alhambra. —Chez les Gitanos.—RONDA.—A bord du Str *Werra.*—Touchante entrevue avec nos valises.

Str *Werra*, 22 mars.

En effet, nous sommes bien arrivés en face de Gibraltar le 12 mars au soir, vers 6 heures.

Quelle singulière chose ! Le pays est plat partout, et voilà que s'en échappe seulement cette monstrueuse protubérance qui est le mont Gibraltar. La place était bonne pour surveiller le détroit et l'extrémité de la peninsule ibérique. Aussi, les Anglais n'ont pas manqué de la prendre et de la garder.

Mais voici bien une chose non moins singulière et qu'aucun voyageur, je crois, n'a encore signalée. Imaginez que, du large, c'est-à-dire à deux ou trois milles de terre, le rocher de Gibraltar est tout simplement la reproduction des caps Eternité et Trinité de notre rivière Saguenay; c'est même élévation et même forme. Sur la droite, la surface est coupée perpendiculairement: comme au cap Eternité; sur la gauche, les trois échelons se détachent sur l'horizon, comme au cap Trinité, mais plus allongés.

Vers la partie supérieure du rocher, deux ou trois rangées d'ouvertures percées dans le roc courent en lignes parallèles: ce sont les embrasures des canons des fameuses galeries creusées dans la pierre. Cet aspect vous glace tout de suite le sang dans les veines.

A quelque hauteur, on aperçoit une vieille forteresse, avec une muraille qui descend en zigzag jusqu'à la mer. C'est là un souvenir de la domination des Maures sur le pays.

Par exemple, j'ai eu beau me frotter les yeux, je n'ai pu apercevoir à aucun moment la fumée des grands feux de ces forges établies dans les entrailles de la montagne, et où les satanistes fabriquent, au dire de Léo Taxil, les triangles et autres outils maçonniques. Disons, si vous voulez, qu'en ces forges on travaille les métaux aux feux électriques.

Enfin, divers ouvrages de fortification existent un peu partout, et rendent la place véritablement formidable. Il est vrai que des écrivains ont prétendu qu'à la première décharge des batteries, tout s'écroulerait. Mais, en cas que cela n'arrive pas ainsi, nous avons décidé, mon compagnon et moi, d'y aller en douceur et de ne pas nous départir de l'attitude la plus correcte, au point de vue international, durant notre séjour sous les canons de Gibraltar.

De fait, il y a peu de villes, sans doute, qui aient autant que

6

Gibraltar l'aspect militaire. Ce n'est partout que casernes, magasins de guerre, arsenaux et poudrières, pendant que dans la rade se balancent les cuirassés et les croiseurs. A tout instant, les échos nous apportent le son du clairon, ou de la fanfare d'un régiment qui passe dans la rue ou fait l'exercice dans la plaine voisine. Tout cela me rappelait bien un peu ce qu'était l'ancien Québec, du temps que les troupes anglaises y tenaient garnison.

La ville, peu considérable, est proprement tenue. Les rues y sont pavées soit en asphalte, soit en blocs de bois. Il y a de beaux parcs et jardins publics, où je contemple des aloès, des cactus, des acacias, des callas croissant en pleine terre.

On rencontre fréquemment des Arabes ou Marocains, couverts de leur grand manteau à capuchon, noir ou brun, et chaussés de pantouffles jaunes.

On entend souvent parler espagnol dans la rue et dans les magasins. Et, à ce propos, signalons que les Espagnols d'Espagne ne peuvent séjourner dans la ville que de 6 heures du matin à 6 heures du soir.

L'un des dimanches que nous fûmes là, j'allai célébrer la sainte messe à la cathédrale, édifice ancien et sombre. Je ne fus pas peu surpris d'y rencontrer, à la sacristie, l'abbé A. Defoy, prêtre de Québec, qui venait de faire son tour d'Espagne. L'après-midi, nous nous rendîmes à pied visiter la petite ville espagnole Linea, séparée du territoire de Gibraltar par un terrain neutre de quelques arpents. Il nous fallut, en y arrivant, subir l'inspection de la douane espagnole; au retour ce fut la douane britannique à qui nous eûmes à faire face. Or, à Linea, tout était en mouvement, à cause d'une course de taureaux dont on devait donner le spectacle vers le soir. L'arène est un édifice circulaire, en pierre, dont le mur d'enceinte a bien une trentaine de pieds de hauteur. Nous y voyons entrer toute une multitude, où il y avait jusqu'à de tout petits enfants. Et que de gamins nous supplièrent de leur donner des sous pour s'acheter des billets d'entrée! Et que de mendiants qui nous demandèrent l'aumône !

A Gibraltar, nous avons bien failli avoir permission de visiter en leur entier les fameuses galeries creusées dans le rocher et garnies de canons. Mon compagnon de voyage s'étant avisé de demander, à un fonctionnaire quelconque, cette permission extraordinaire, fut renvoyé d'un bureau à l'autre et finit par se trouver en face du gouverneur de la place. Celui-ci déclara qu'on ne donne pas cette sorte de permission; mais que, pourtant, si nous avions nos passe-ports (restés en Amérique, avec nos bagages), il nous l'accorderait probablement, tant il serait heureux de faire plaisir à des Canadiens-Français de Québec. Bref, séduit par la mine respectable du pétitionnaire, il fut tout de même tenté de se rendre à sa demande... Il triompha tout de même de la tentation, et je l'en félicite. Car nous aurions bien pu être des espions, après tout, même avec notre air honnête; et cette histoire de passeports qui s'en venaient tout seuls de New-York, c'était plus ou moins vraisemblable.

Nous n'avons donc visité que la partie des galeries que tout le monde peut parcourir. Ces souterrains, que l'on atteint par une ascension assez longue, ont une douzaine de pieds de hauteur. Ils sont fort humides, et je n'en conseillerais pas le séjour aux gens portés à la bronchite. Un soldat nous guide là-dedans, et fait preuve d'une discrétion admirable. On dirait qu'il ignore tout de la forteresse; il ne sait même pas quelle est la hauteur du rocher au-dessus de la plaine. Par les embrasures pratiquées dans la paroi du roc, on aperçoit le pays d'alentour. Du côté de l'ouest, en particulier, la vue est admirable, s'étendant sur la côte d'Es-pagne, sur le détroit, et jusqu'à la côte d'Afrique.

Quand nous avions décidé de rester à Gibraltar d'un steamer à l'autre, c'est-à-dire à peu près huit jours, nous ne nous proposions certes pas de passer une semaine à circuler dans les rues de cette petite ville. Mais il était entendu que le 13 mars, à 7 heures du matin, nous profiterions d'une excursion qui se fait une ou deux fois la semaine, qui dure quatre ou cinq jours, et qui comprend les points d'arrêt que voici : Tanger, au Maroc, et, en Espagne, Cadix, Séville et Grenade. Ce programme était le plus alléchant du monde ! Seulement— de même que l'excellente jument de Roland avait, parmi tant de qualités, l'énorme défaut de n'être plus vivante — il était impossible à réaliser.

Nous arrivâmes bien à Gibraltar le 12 mars au soir, à temps pour l'excursion. Mais le débarquement fut si long à se faire, que nous ne mîmes pied à terre qu'à 6½ heures, c'est-à-dire lorsque le bureau où se vendent les billets est déjà fermé. Et pourquoi fallut-il tant de temps pour débarquer? Parce qu'il n'y a pas de quai ou jetée où le vaisseau pût venir accoster, et qu'il fallut se rendre au rivage — quel beau clair de lune il faisait! — sur une sorte de chaland. Chinois, Romains, Maures, Espagnols, et autres peuples qui avez possédé ce pays depuis tant de siècles, vous n'auriez pas pu en faire un, un quai, pour accommoder les stea-mers ? Quant aux Anglais, gloire à eux ! Ils sont actuellement à construire une longue jetée qui fera le bonheur des voyageurs futurs.

Ne pouvant donc plus songer à cette longue excursion par mer et par terre, nous avons tâché de la remplacer le plus possible.

C'est ainsi que tel jour, et en compagnie de deux respectables Américains, d'Aurora, Ill., qui avaient traversé avec nous depuis New-York, nous nous embarquions sur le *Gibel-Tarik*, pour aller faire un petit tour à Tanger, Maroc.

Un tout petit vapeur, ce *Gibel-Tarik*, et encombré de passagers et de colis. Nous avons peine à y trouver place. Avant de tra-verser le détroit, on commence par côtoyer l'Espagne, et l'on a une bonne vue de Tarifa, qui paraît une agréable ville, entourée de murailles. Le vent d'est souffle avec force et la mer est démontée. Notre *Gibel-Tarik* se faufile comme il peut à travers les énormes vagues. Tout le trajet dure trois heures.

Vu du large, l'aspect de Tanger, dominé par ses minarets, est ravissant. On dirait que la ville est bâtie en marbre blanc. Et à mesure qu'on approche de terre, il en vient des senteurs parfumées qui nous ravissent. Mais tout cela change beaucoup quand on pénètre dans la ville ! Quelle sale ville ! Quelle population déguenillée ! Vieilles murailles, rues étroites et tortueuses !

Toutes les races d'Afrique se coudoient ici : Maures, Kabyles, Juifs, Syriens, nègres, et les costumes varient à l'infini. Tout cela, et des mules et des ânes de tout poil, remplit les rues d'un tumulte inexprimable.

Ce qu'il y a de délicieux ici, c'est la plage admirable, c'est le ciel, c'est la lumière, c'est la végétation, les palmiers, les rosiers pleins de roses, les orangers chargés de fruits d'or. Sur le toit plat de l'hôtel, nous montons, le soir — après une partie de whist avec nos deux Yankees, et contemplons sans nous rassasier la belle nuit douce, la lune qui trace sur la mer sa longue traînée d'argent, les étoiles qui scintillent là-haut avec un éclat dont on n'a pas l'idée dans nos climats du nord...

Ah ! Il n'y a pas de tramway ici ! Il n'y a pas de coupés ! Il n'y a pas de " calèches " ! Les rues sont pavées de cailloux, et l'on ne saurait y circuler en voiture. Aussi nous fallut-il monter sur des mules pour visiter la ville et ses environs. Cette promenade, qui dura deux heures, fut ma seconde " performance " d'équitation. La première avait eu lieu aux Antilles ; la troisième aura lieu je ne sais où, peut-être en Patagonie. Je me sentais, cette fois encore, si peu solide sur mes étriers, que j'exigeai que l'excursion se fît rigoureusement au pas, et même que le petit Marocain qui me servait d'écuyer eût constamment la main à la bride de ma monture — de crainte qu'elle ne prît l'épouvante et m'entraînât jusqu'au Sahara : comme il arriva, dit-on, il y a vingt-cinq ans, à un vieux naturaliste français qui, en promenade dans le nord de l'Afrique, ayant aperçu un chameau accroupi près d'une tente, et s'étant assis dessus pour voir comment cela faisait, vit avec terreur l'animal se lever brusquement et s'élancer dans la direction du désert, d'où ni l'un ni l'autre, d'après les dernières nouvelles, ne sont encore revenus... Nous visitâmes donc de la sorte les principales rues de là ville, le marché tout plein de choses extraordinaires; nous passâmes près d'une grande caravane de chameaux, près de la prison, près de l'ancien palais des Sultans.   Sous le portique de ce dernier édifice, la justice se rend en plein air, et nous y fûmes témoins d'un procès sommaire d'où l'accusé, à force de se débattre, réussit à se tirer à son avantage... En revenant, mes compagnons, se sentant bien en selle et manquant à la foi des engagements les plus sacrés, mirent leurs montures au galop, et je restai en arrière, allant toujours au pas, en compagnie de mon petit Marocain, et sans cesse redoutant de me voir enlever pour être réduit en esclavage ou incorporé dans les troupes du Sultan...

L'église catholique de Tanger est desservie par une dizaine de religieux Franciscains.   Je fus charmé de voir la dévotion à saint Antoine de Padoue rendue jusque-là... Quel bonheur c'est donc pour nous, catholiques, de trouver dans tous les pays de l'univers cette uniformité de croyances et de pratiques religieuses!... Mais ce qui me parut bien curieux, ce fut de voir les statues de l'Enfant Jésus et du Saint lui-même revêtues d'habits en étoffe véritable; on me dit que c'est la coutume espagnole.—Comme on était à peindre l'église à fresque, je ne pus y célébrer la messe, et je dus aller pour cet objet à la chapelle de la légation d'Espagne.

Nous nous embarquâmes, pour revenir à Gibraltar, par une mer très houleuse.   Sur le bateau, un encombrement à ne plus savoir où se mettre.   Il y a là des bovidés, qui n'ont pas l'air beaucoup émus de quitter l'Afrique pour l'Europe.   Voici un amas de longs cylindres formés de roseaux entrelacés: ce sont des cages à volailles! il y a là-dedans des coqs qui poussent l'inconscience jusqu'au point de chanter... Quant au genre humain, il a, au milieu de tout cela, des représentants de beaucoup de nations, accoutrés de beaucoup de façons.

Une chose qui n'est pas banale, c'est de pouvoir, dans le détroit de Gibraltar, contempler le continent africain, à sa droite, et l'européen à sa gauche.

[*]

Le 15 mars, à 5 heures du matin, nous nous mettions en route pour Grenade. Par exemple, nous trouvâmes la porte de la ville de Gibraltar encore fermée... Enfin, voici le tourne-clefs qui arrive escorté par deux soldats portant fusil et baïonnette, et qui nous rend la liberté de partir.

A 6 heures, nous sommes à bord du paquebot espagnol *Margarita*. Une demi-heure plus tard, nous débarquons à Algésiras, ville assez considérable et aux maisons de couleurs claires.

Nous voyageons d'abord sur l'"Algesiras & Bobadilla Gibraltar Ry.", puis, en partant de Bobadilla, sur l'"Andaluces Railway Co." Nous avons pour compagnons nos deux Américains de l'Illinois. Seulement, il est entendu qu'en Espagne ils se donneront pour des Anglais d'Angleterre, à cause des souvenirs trop récents encore de la guerre hispano-américaine. Pour nous, sans que nous nous en mêlions, on nous prend partout pour des Français authentiques.

Cette journée, où nous avons parcouru l'Andalousie, la plus belle partie de l'Espagne, nous a intéressés au plus haut point. Tout est si différent des choses et des coutumes d'Amérique.

A chaque gare, se tient un gendarme armé d'une carabine, et couvert souvent du fameux manteau espagnol. Les locomotives n'ont pas de cloche. Pour annoncer le départ des trains, on joue du sifflet à vapeur, et le chef de gare agite une clochette. Chaque " traverse de chemin de fer", comme nous disons au Canada, est fermée par une chaîne, et gardée par une femme portant un court bâton qu'elle tient levé durant le passage du train. Lorsque le train s'arrête aux stations, souvent quelque petite enfant vient de wagon en wagon offrir aux voyageurs des tasses de lait en criant d'un ton pitoyable: " Lé-tché! Lé-tché! " La salle d'attente, aux gares, a pour étiquette: *Sala de espera*. Cet " espera " a de la parenté avec le sens que nous donnons parfois, dans le parler canadien-français, au verbe " espérer."

Tout ce pays est très pittoresque. Il y a partout des montagnes, souvent très hautes et dénudées, des petites villes, des hameaux.   Sur les hauteurs, on voit des ruines de constructions antiques.

Les céréales sont déjà levées.   Les champs cultivés ne sont pas séparés par des clôtures, comme chez nous.

A tout instant, on traverse des plaines ou des coteaux couverts d'oliviers... Ailleurs, ce sont des troupeaux de chèvres brunes ou de blancs moutons, qui paissent sous la direction de petits pâtres... Tout cela me jette, bien entendu, dans les transports les plus inouïs de la poésie la plus lyrique.   Voilà cinquante ans que je lis cela dans les livres:... collines plantées d'oliviers... bergers qui mènent les troupeaux dans les gras pâturages... Et je vois enfin ces spectacles dont j'ai tant rêvé !

Une autre chose que je n'ai jamais vue, ce sont des wagons de chemins de fer chargés de planches de liège; ce sont des chênes-liège, dont le tronc, jusqu'à une certaine hauteur, a été dépouillé de la précieuse écorce.   J'ai pu faire connaissance, aujourd'hui, avec ces objets nouveaux.

Parfois, dans la campagne, on voit un enclos carré, entouré d'un mur de pierre, et où sont réunies la maison de ferme ou le château, et toutes les dépendances ordinaires.

Enfin, à 6 heures du soir, voici Grenade, et tout près la Sierra Nevada, au sommet toujours couvert de neige.   Toute la campagne d'alentour est cultivée avec grand soin.

En nous rendant au " Gran Hotel Washington Irving", nous passons devant une statue de la Sainte Vierge, placée sur la façade d'une maison et entourée de lampes allumées. · Les rues sont éclairées au gaz, avec becs Auer.

L'hôtel est tout près de l'Alhambra, et, dès ce même soir, au clair de la lune, nous faisons une promenade autour des murailles du fameux palais.   Le lendemain matin, nous avons passé trois heures, sous la conduite d'un guide, à parcourir ces ruines grandioses.

Voir l'Alhambra !   C'est encore l'un des rêves de ma vie qui se réalise!

Le fameux palais bâti par les Maures couvre une hauteur d'environ un demi-mille carré, et domine tout le pays d'alentour. Les siècles ont déjà rongé beaucoup de sculptures fouillées dans le marbre, et l'on a dû en nombre d'endroits faire des restaurations. Les couleurs et les dorures sont presque entièrement effacées. Mais des reconstitutions en miniature, exécutées par des artistes, sont là pour nous donner une idée de la richesse et de la pompe inouïe de ces salles, de ces voûtes, de ces galeries merveilleuses.

Nous visitons l'immense et riche cathédrale pendant que les chanoines chantent l'office à la lumière des bougies. Dans la crypte, entre autres tombeaux, nous voyons ceux de Ferdinand et d'Isabelle, les illustres souverains dont le nom est associé dans l'histoire à celui de Christophe Colomb.

Un peu en dehors de la ville, et sous la garde d'un gendarme, nous allons au quartier des *gitanos*. Nous entrons dans l'un des logis de ces pauvres gens, creusé dans la montagne et divisé en trois pièces souterraines. Tout ce monde nous demande des sous. Quand nous partons de là, une petite enfant de six ou sept ans, à la mine éveillée, se met à courir après notre voiture, implorant encore de l'argent. Nous lui jetons quelques menues pièces de monnaie, et longtemps encore elle court en nous envoyant des baisers du bout des doigts, et en criant: " Gra-tsia ! (*gracia*, merci) Good Bye ! Good morning ! "

L'aspect de Grenade ne nous a pas prévenus beaucoup en faveur des grandes villes d'Europe. Ces toits couverts de tuiles noircies par le temps, ce n'est pas d'un aspect beaucoup réjouissant. La plupart des rues sont très étroites, et les maisons à la moderne y sont rares. Presque toutes les constructions paraissent plutôt vieillies par les siècles. Les fenêtres du premier étage des habitations sont munies d'un grillage de fer; aux étages supérieurs, il y a fréquemment aux fenêtres des balcons pleins de fleurs. On rencontre beaucoup d'hommes enveloppés du manteau bordé de vert ou de bleu.

Durant notre séjour à Grenade, la météorologie ne s'est guère préoccupée de nous être agréable. La pluie n'a presque pas cessé de tomber, et nous avons grelotté tout le temps depuis que nous avons quitté Gibraltar.

Le voyage de retour prit encore toute une journée. Il nous fut agréable, durant ce trajet, d'occuper un compartiment de wagon en compagnie du R. P. Dehon, supérieur des Prêtres du Cœur de Jésus. Ce religieux distingué et très connu prit grand intérêt aux détails que nous lui donnâmes sur le Canada, où il compte un ami dont il a grand souvenir, en la personne de Mgr Bégin, archevêque de Québec.

De 3 à 5 heures de l'après-midi, nous arrêtons à Ronda, petite ville très curieuse, où jadis les Phéniciens, les Romains et les Maures ont fait de l'histoire chacun à leur façon. L'église y est vieille et sombre. A quelque distance est une arène pour les combats de taureaux. A certain endroit, se trouve un petit pont en maçonnerie, qui paraît dater de beaucoup de siècles, et qui traverse un précipice qui a bien trois ou quatre cents pieds de profondeur.

C'est par la pluie battante que nous avons visité Ronda, et en pataugeant dans la boue et les flaques d'eau, chaussés à la mode des Européens—nos " claques " en caoutchouc se trouvant quelque part sur l'Atlantique, avec nos bagages. Aussi, par cette température glaciale, nous étions absolument transis de froid, lorsque le train vint nous prendre; et nous accueillîmes avec un enthousiasme indicible les cylindres de fer remplis d'eau bouillante que l'on apporta dans le compartiment où nous étions entrés. Car, ce système de chaufferettes, c'est tout ce que l'on a encore pu inventer, en Europe, pour chauffer les voitures de chemin de fer. Sur ce point comme sur bien d'autres, que ces pauvres Européens doivent se trouver heureux, quand ils viennent se promener en Amérique !

Cependant, le 19 mars, le steamer *Werra* sur lequel nous devions nous rendre en Italie, était signalé je ne sais où, et il jeta l'ancre de bonne heure, le matin suivant, en face de Gibraltar.

La grande question pour nous, c'était de savoir si nos malles étaient à bord; et si elles s'y trouvaient, il fallait empêcher qu'on ne les débarquât. Car il n'aurait plus manqué que cela, de voir nos bagages rester à Gibraltar pendant que nous nous en éloignerions. Cela, assurément, aurait très bien couronné l'aventure et donnerait du piquant à la narration...

Nous avions donc fait part de nos anxiétés à l'agent de la Compagnie de la North German Lloyd, et l'avions dûment supplié d'avoir pitié de deux pauvres Canadiens isolés sur une terre étrangère... Il fut entendu que cet officier, qui devait se rendre à bord du *Werra* dès qu'il aurait jeté l'ancre, verserait l'eau froide qu'il faudrait sur le zèle des hommes du steamer, et ferait donc en sorte que l'on gardât à bord les colis en question—s'ils s'y trouvaient.

Nous ne fûmes pas lents nous-mêmes à nous rendre au port dès le matin... Voici enfin le canot de l'agent qui revient du steamer; et, en mettant pied à terre, il nous annonce que nos bagages sont bien à bord... Pour la deuxième fois en ce voyage, nous poussâmes alors un " immense soupir de soulagement", et nous écriâmes, comme la petite gitanella de Grenade: " Gracia! Good Bye ! Good morning ! "

Bientôt nous étions à bord du steamer, et avions une entrevue fort émouvante avec nos colis, lesquels, par les soins des agences new-yorkaises des Cook et de la North German Lloyd, nous arrivaient correctement ficelés et étiquetés. Mais le plus extraordinaire, c'est que rien n'y manquait ni même n'avait été dérangé, bien qu'ils ne fussent pas fermés à clef.

En somme, ce n'est pas si difficile, d'aller en Europe ! Voici bien quatre ou cinq valises qui sont venues toutes seules, sans tickets de passage, presque ouvertes, sans adresses écrites, de Montréal à Gibraltar !

Et le *Werra* partit bientôt à destination de Naples. En contournant Gibraltar, nous constatâmes que le rocher est moins abrupt du côté de l'est et s'y abaisse graduellement. Par exemple, ici aussi, ce n'est partout que murailles et bastions.

Il y a près de trois jours de navigation entre Gibraltar et Naples. Hier, nous avons aperçu les îles Baléares. Cette après-midi, nous avons longtemps côtoyé la Sardaigne.

Demain matin, nous arriverons à Naples, vingt jours après notre départ de New-York.

———

IV

" *O Dolce Napoli !* "

De la musique partout.— Petites importunités.— L'hiver canadien fait sa villégiature à *Naples.*—Les joies de la douane.—Il fait bon vivre à Naples.—La Grotte bleue.

Naples, 26 mars.

Au moment où j'écris, moment beaucoup plus rapproché de minuit que de midi, j'entends un flûtiste qui d'un balcon voisin égrène à tous les vents de suaves mélodies.

Il y a quelques jours, à peine le paquebot sur lequel nous arrivions eut-il jeté l'ancre dans cette merveilleuse baie de Naples, qu'il fut entouré d'une troupe d'embarcations légères. Dans ces barques qui dansaient au gré du flot, sans doute il y avait les courriers de divers hôtels; sans doute il y avait des curieux et des curieuses en quête de nouveauté; mais l'un de ces canots portait des joueurs de guitares et de mandolines, qui déjà nous donnaient un joli concert de bienvenue. Et dans le petit vapeur qui nous conduisit au quai, une chanteuse napolitaine et des instrumentistes napolitains nous firent encore une sérénade d'agréable musique.— Vous entendez bien que rien de cela ne finit sans qu'on ait passé la sébile; mais c'est tout de même, chaque fois, un beau quart d'heure pour un sou.

Nous traversons Portici, en retour pour le Vésuve. Voilà des musiciens qui se mettent à escorter le carrosse à trois chevaux que nous devions à la munificence de la Cie Thos Cook & Son. Plus loin, c'est une gentille enfant de cinq ou six ans, qui court à côté de la voiture en chantant sa petite chanson.

Le soir, à l'hôtel, c'est une troupe de mariniers musiciens, qui, deux heures durant, nous récrée par ses danses originales, ses chœurs et ses morceaux de musique.

" O Dolce Napoli! "

La Naples des cochers et des camelots est beaucoup moins intéressante. Pour peu que vous n'ayez pas toujours les yeux modestement baissés et que vous vous permettiez de regarder à droite et à gauche, il est sûr qu'un cocher vous arrivera de quelque part, et malgré vos négations empressées, vous réitérera ses offres de service tout en vous accompagnant avec sa voiture. Ou bien quelqu'un vous pressera d'acheter le bouquet de fleurs, la paire de lunettes, la canne ou les oranges qu'il vous montre. Tout le monde vous suit avec persistance, malgré les refus énergiquement accentués qu'il reçoit; quand on vous quitte enfin, c'est pour donner la place à d'autres, qui recommencent la chanson. Tant pis, si vous en devenez fou !

Le climat de Naples, en cette fin de mars, est terrible pour un Canadien. Pour moi, je grelotte constamment et consciencieusement depuis que je suis en Europe. Où est-il donc, ce Gulf Stream qui, disait-on, tempère délicieusement le climat du vieux continent? Et l'on appelle cela des pays chauds?—Tout de même, il y a aux orangers des oranges, aux citronniers des citrons; et les amandiers sont fleuris; et les papillons de nuit voltigent autour de la fenêtre illuminée. Puis, quand il fait soleil, c'est pour tout de bon, et il n'y a pas de " durs à cuire " qui y tiennent. Mais il ne fait pas toujours soleil; et alors on grelotte, comme je fais. On dit, il est vrai, que cette température est absolument exceptionnelle, à cette saison; je veux bien le croire; mais cela ne console qu'à moitié les gens qui ont froid.

Jusqu'au Vésuve qui oublie de lancer des flammes, de ce temps-ci, et a peine à s'empêcher de geler lui-même de fond en comble. Quand nous en descendîmes, l'autre jour, nos habits étaient couverts de givre, ce qui veut dire que nous n'y avons pas rôti.

Une autre chose qui n'est guère amusante à Naples, quand on est fumeur, c'est l'arrêt au bureau de la douane. Je connais un Canadien qui en a fait l'expérience, il y a quatre jours. Ce brave homme, en réponse à l'officier qui lui demandait s'il avait quelque chose à déclarer, lui dit bonnement qu'il n'avait dans sa valise que vingt-cinq cigares et 4/6 de livre de tabac. Il se figurait qu'on allait répliquer : " Très bien, monsieur. Passez." Au lieu de cette solution toute simple, l'affaire prit aussitôt une allure effroyable. Il fallut extraire du colis ces objets compromettants, les porter au bureau de perception des droits, où le fonctionnaire les dénombra, les pesa, et se livra à des calculs menaçants. A la fin, il y eut à payer $1.50 pour des cigares qui coûtaient 50 cts, et $1.00 pour une valeur d'environ 12 cts de tabac " Brown Shag."—Ce Canadien-là dit qu'on ne le prendra plus de sitôt, et j'approuve beaucoup la résolution qu'il a prise.

Malgré tous ces désagréments et d'autres encore, Naples est une ville qu'on aime dès qu'on la voit. Sa population est d'humeur si gaie; ses voies publiques sont si animées; ses monuments sont si nombreux et si beaux; mais surtout cette baie qu'elle entoure à moitié est si merveilleusement belle ! J'ai vu, hier, son grand parc rempli d'une foule en joie, qui circulait à travers les plates-bandes fleuries, écoutant les accords d'une musique militaire de premier ordre; un chaud soleil tempérait la brise fraîche et parfumée de senteurs marines qui venaient des eaux bleues de la baie; et je trouvais qu'il faisait bon vivre ici.

Au milieu de cette foule, il y avait des groupes de jeunes collégiens, revêtus d'uniformes variés et vraiment fort gentils. De ces petits Italiens, ma pensée longuement s'est reportée sur les non moins gentils écoliers du Canada, qui là-bas font hardiment chaque jour, leurs dix heures de langues mortes ou vivantes.

C'est bien peu que quatre jours pour visiter Naples et ses environs. Il y faudrait rester des semaines, sinon des mois.

Le musée de Naples, tout rempli d'antiquités égyptiennes, pompéiennes, etc.; cet incomparable Aquarium où l'on voit de si près les formes les plus étranges de la faune marine; les ruines de Pompéï, de l'intérêt le plus intense pour celui qui ne connaît encore les anciens Romains que par leurs écrivains; l'ascension du Vésuve; l'excursion à l'île de Caprée: voilà, entre autres sujets d'études, de puissants motifs de s'attarder à Naples.

J'arrive justement de cette délicieuse excursion à Caprée, et je voudrais avoir le temps et l'espace nécessaires pour raconter l'émotionnante visite de la grotte bleue. La mer était mauvaise aujourd'hui, et rendait bien difficile le passage d'un canot à travers l'étroite entrée de la grotte. Je n'ai pas voulu toutefois manquer l'occasion de voir cette merveille de la nature. Mais je puis dire que jamais je ne me suis cru si près de l'éternité qu'au moment où notre barque s'engageait dans le terrible couloir. Je ne dis rien du bain froid que la vague en furie est venue nous apporter sur le fond même du canot où nous étions couchés. Voilà une méthode hygiénique dont je ne garde pas bon souvenir! Au reste, d'autres touristes ont été encore plus maltraités que nous. Il faut avoir bonne confiance dans l'habileté des mariniers qui conduisent les embarcations, pour oser affronter de pareilles situations.

**

Vedere Napoli e poi muori.   Lorsque toutefois l'on survit, il ne reste plus qu'à s'en aller.   C'est ce que nous ferons demain matin, en prenant le train de Rome.   Disons: *Vedere Roma e poi vivere,* surtout en cette année sainte du Jubilé.

V

SUR LES BORDS DU TIBRE

A Rome.— On gèle toujours, et il pleut toujours.— Navigation sur la voie Appienne.—Les œuvres des Anciens.—Ce qu'est Rome pour le catholique, pour le prêtre.—Au Collège Canadien.—La musique à Rome.

Rome, le 11 avril.

Un citoyen de l'Amérique du Nord, qui se trouve en un petit nombre de jours transporté dans ces villes d'Italie, est quelque temps à se remettre de l'ahurissement qu'il éprouve.   Tout est ici si différent de ce qu'il a accoutumé de voir, et le nouveau genre de vie qu'il lui faut adopter tranche tellement avec ses habitudes ! A la fin, on se fait à tout cela jusqu'à un certain point; mais il faudrait un long temps, je pense, pour s'y acclimater tout à fait.

Pour moi, je sens que je ne m'y acclimaterai pas du tout, durant ces quelques semaines où je parcours rapidement le royaume d'Italie.   Même, si je voulais laisser aller mes pensées la bride sur le cou, j'en arriverais probablement jusqu'à proposer qu'on élève des statues à nos ancêtres, qui ont eu le bon esprit de quitter la vieille Europe pour aller résider au Nouveau-Monde.   C'est à eux, par exemple, mes chers compatriotes, que vous devez, ce printemps, de ne pas souffrir du froid comme on fait en Europe depuis des semaines.

Si j'ai bon souvenir, je me plaignais, dans ma dernière lettre, de la température glaciale qu'il faisait à Naples, il y a deux semaines. Eh ! bien, à Rome, c'est autre chose.   D'abord, en effet, il y fait au moins aussi froid; et, de plus, il y pleut tous les jours, et

même plusieurs fois par jour. C'est donc ici le paradis des marchands de parapluies: car personne n'oserait sortir, pour la moindre
course, sans emporter son parapluie. Quand même il fait beau
soleil, ce qui arrive encore quelquefois, on ne s'y fie pas, et l'on a
raison. Car, au moment où l'on y pense le moins, un orage vous
arrive sur la tête. Et les Allemands, les Belges, les Russes, voire
les Canadiens, qui sont venus se chauffer et s'égayer sous le beau
ciel de l'Italie ! En voilà une légende, le " beau ciel de l'Italie."

Les Romains se désolent, se soufflent dans les doigts, et portent
des parapluies comme les autres. Ils assurent que tout cela est
particulier à cette année, et que jamais ils n'ont vu à cette saison
pareille température. Je suis enclin à les croire; car je ne me
rappelle pas que Cicéron, Horace, ou Tacite se plaignent, en un
seul endroit de leurs œuvres, de ne pouvoir mettre le nez à la porte
sans un parapluie pour l'abriter.

***

Toujours est-il que, l'autre jour, le Tibre — aux flots d'or —
n'y tint plus, à la suite d'un orage qui avait duré dix heures. Il
sortit tout bonnement de son lit, pour chercher un abri quelque
part et se sécher un peu. S'épandant sur ses rives, il laissait errer
au loin ses flots d'or (lesquels, en vile prose, ne sont que de la boue).
Que de pauvres insectes, surpris par l'inondation, trouvèrent dans
l'onde perfide une mort prématurée ! Pour moi, l'événement me
procura le plaisir d'une navigation fort pittoresque, en voiture de
place, sur les flots d'or qui couvraient une quinzaine d'arpents de
la route de Saint-Paul-hors-les-murs. Le tramway n'osant s'aventurer à travers cet océan en miniature, les cochers ne manquaient
pas de profiter de l'aubaine. Etes-vous curieux de savoir pourquoi
je tenais à me rendre à la basilique en de pareilles circonstances?
C'était pour y faire ma dernière visite du Jubilé: je ne pouvais la
remettre à plus tard, sans avoir à recommencer les visites que
j'avais faites ce jour-là aux trois autres grandes basiliques.

7

— Vous êtes Romain? disais-je à un voisin de tramway qui m'avait adressé la parole en français.

— Oui, monsieur.

— Un descendant de Romulus ?

— Vous dites.... ?

— Un descendant du fondateur de Rome ?

— Ah ! de Ro'mulus !

C'est ainsi que, même en parlant français, ces Italiens ne vous comprennent pas si vous commettez le moindre forfait contre les principes sacrés de l'accentuation.

Mais je pardonne aux Romains ces exigences, à cause de leurs excellentes qualités. Car nous les trouvons aimables et obligeants. Ils sont généralement mieux mis que les Napolitains. Surtout nous n'avons pas ici, comme à Naples, un cortège de mendiants et de cochers pour nous accompagner en tout temps et en tout lieu.

Rome est une belle ville, même au sens moderne du mot. Ses rues, presque toutes pavées de pierre, sont entretenues dans un parfait état de propreté. Grâce aux sept collines que l'on sait, un grand nombre des rues sont en pente plus ou moins accentuée; et il en résulte que, même après un mois de pluies quotidiennes, l'eau ne séjourne nulle part. Aussi, dès qu'un rayon de soleil parvient à percer la nue, les pavés et les trottoirs, également en pierre, sèchent en un instant. Il arrive bien aussi parfois que les nuages disparaissent durant quelques heures: on jouit alors momentanément du soleil et du ciel de l'Italie, et l'on constate que l'on a raison de les vanter.—Aujourd'hui même, nous avons eu, enfin, tout un jour de beau temps. Température délicieuse, je vous assure !

J'avais lu beaucoup de descriptions de Rome; beaucoup de voyageurs m'avaient parlé de Rome. Cela ne m'a pas empêché d'éprouver bien des surprises en voyant les choses par moi-même. Par exemple, je n'imaginais pas qu'il s'y trouvât autant de restes, et si considérables, des anciennes constructions romaines. Je ne m'attendais pas à voir sur les places publiques et dans les musées, en excellent état de conservation, autant d'œuvres artistiques des anciens. Et surtout, malgré ce que m'avaient appris les gravures, j'étais loin de penser que les architectes et les statuaires de l'antiquité avaient produit des œuvres d'une pareille perfection. Fait-on mieux parler aujourd'hui la pierre et le marbre? Je ne le pense pas.

Le séjour à Rome est un enchantement continuel pour l'artiste et pour l'archéologue. Quant au chrétien, il éprouve ici des émotions qu'il ne ressent avec une égale intensité en aucun lieu du monde.

Si l'on a pu dire que tout homme a deux patries, la sienne et la France, on peut établir avec beaucoup plus de raison l'axiome que tout catholique a deux patries: la sienne et Rome. La Ville Eternelle n'a pas cessé en effet, depuis le commencement, d'être la capitale de l'Eglise. Nulle part, comme ici, le sang chrétien n'a coulé durant des siècles pour l'affirmation de la vérité. Que de reliques saintes des confesseurs de la foi l'on rencontre ici à chaque pas ! Que de souvenirs impressionnants parlent au cœur, de tous les côtés de cette ville antique ! En aucun lieu de l'univers l'art chrétien ne s'est manifesté, comme ici, avec autant de splendeur et presque de profusion; mais personne n'en est surpris: il en devait être ainsi à Rome. La reine et la mère de toutes les Eglises particulières doit être la plus belle et la plus richement ornée. Enfin, quel bonheur inoubliable pour le catholique, d'y pouvoir contempler les traits de l'auguste Vieillard du Vatican, et de recevoir la bénédiction du Vicaire de Jésus-Christ !

Le prêtre canadien a, de plus, la joie de trouver à Rome un petit coin de son cher Canada dans ce beau Collège Canadien, que nous devons à la munificence de la Compagnie de Saint-Sulpice. Après avoir, des semaines et des mois durant, séjourné dans les hôtels, où l'on se sent toujours si étranger, il fait bon de tomber ici au milieu de quarante ou cinquante ecclésiastiques de son pays, d'y retrouver les usages et le langage de chez nous, d'y vivre enfin, à la façon canadienne, parmi des frères.

Le catholique est donc comme chez soi, à Rome; le Canadien est comme chez soi au Collège canadien.

Aussi, malgré le peu de temps que j'ai passé à Rome, de forts liens m'y attachent déjà. Je m'en éloignerai demain, mais avec chagrin et regret, et non sans l'espoir ou du moins le souhait très vif d'y revenir un jour.

Il m'a été donné d'entendre de belle musique à Rome : musique religieuse dans les basiliques de Saint-Pierre et de Sainte-Marie-Majeure, le *Stabat Mater* de Rossini dans un théâtre, concerts de musique militaire au Pincio. Il faut voir avec quelle attention les Italiens écoutent la musique !

....Je renvoie à quelque lettre future la description des 400 églises de Rome....

VI

LE LONG DE LA CORNICHE

Réconciliation avec le ciel d'Italie.—Où l'on dit leur fait aux cochers, aux chevaux et aux ânes.—Le long de la Côte d'azur.—Au petit séminaire de NICE.—Vive la France!

Il y a des accommodements avec le ciel — surtout avec le ciel de l'Italie. Car nous sommes tout à fait réconciliés. Cela me fait grand plaisir : il est si fâcheux de se quitter en pensant que l'on est brouillé pour la vie. Durant ces deux dernières semaines, l'Italie est donc redevenue elle-même, c'est-à-dire un pays dont le climat est délicieux. Un firmament sans nuages, un soleil toujours de bonne humeur, une température tiède : voilà les jouissances climatologiques qu'il m'a été donné de goûter depuis quinze jours. Je déclare donc, nonobstant mes jugements antérieurs, que l'Italie est une contrée charmante. Je ne suis pas moins épris de la population qui l'habite. Moi qui pensais que les Canadiens-Français sont les gens les plus polis de l'univers ! Voit-on souvent chez nous les conducteurs de tramways saluer aimablement, quand ils descendent de la voiture, leurs hôtes d'un moment ? Il est vrai qu'au Canada tous les conducteurs de tramways ne sont pas des Canadiens-Français.—Des cochers italiens, par exemple, j'emporte mauvais souvenir. Ces personnages ont la désagréable habitude de faire claquer à tout instant leur long fouet avec un bruit terrible ; et, au moment où vous y pensez le moins, vous sursautez en entendant tout près de vous l'une de ces détonations épouvantables. Tout cela, sans doute, n'est que pour la galerie, et les équipages n'y brûlent pas plus le pavé, qui est ici de pierre, que dans les autres pays : car ces bonnes bêtes de chevaux ou bien sont à cet égard de connivence avec les automédons, ou du moins se sont aperçus tout seuls de ce qu'il en retourne. Car vous entendez bien qu'ils n'auraient plus depuis longtemps ni poils ni cuir sur les flancs s'ils servaient eux-mêmes, pratiquement, de cible à ces armes stridentes.

Pour en finir avec ces lamentations qu'aucun voyageur, retour d'Italie, n'a encore osé faire entendre, je dirai aussi leur fait aux ânes de ce pays enchanteur. Est-il tolérable, voyons !—j'en appelle à tous les assoiffés d'idéal—que, sous le beau ciel de l'Italie, l'on soit éveillé, au point du jour, par la déplorable mélopée d'une bête aussi rustique ! Ou bien, comme il m'advint l'autre jour à Gênes, vous vous promenez avec délices en admirant les points de vue les plus incomparables, et tout à coup, en plein boulevard, sous les marronniers chargés de fleurs, vous entendez le refrain inexprimablement laid de maître Aliboron. Cela vous gâte votre soirée.

Il y a longtemps, si cela se passait aux Etats-Unis, que les Américains eussent remédié de quelque façon à un tel désordre.

Mais j'emporte aussi de l'Italie bien d'autres souvenirs qui ne me font pas regretter d'y avoir un peu séjourné. Les belles plaines de la Lombardie, bordées de montagnes pittoresques, couvertes de villes et de hameaux florissants, tant de monuments répandus partout comme à profusion: voilà qui appellerait d'interminables descriptions, si les bibliothèques n'étaient déjà remplies d'ouvrages qui leur sont consacrés. Il y a belle lurette que tous ces sujets ne sont plus nouveaux, ni pour l'écrivain, ni pour le lecteur.

Ce pays est si beau, qu'il n'est pas jusqu'au chemin qui y conduit ou qui en ramène, qui ne l'emporte sur les autres voies. Quelle avenue splendide, en effet, que cette route de la Corniche qui, de Gênes à Marseille, vous promène tout le long du contour d'un golfe ensoleillé où l'azur des eaux se confond presque avec l'azur des cieux!

Il y a pourtant des ombres au tableau. C'est par exemple cette ennuyeuse visite de la douane, à la frontière française. On a beau n'avoir dans ses bagages ni cigares, ni cigarettes; on a beau n'avoir qu'à se louer de la civilité des fonctionnaires français; cette formalité n'en est pas moins désagréable. J'attends que l'un de ces quatre matins l'empereur de Russie convoquera, à La Haye ou ailleurs, à Chicoutimi peut-être, quelque conférence internationale qui aura la mission de supprimer cet obstacle dernier — c'est sûr — à la complète fraternité des peuples.

C'est, encore, cette multitude de noirs tunnels qui, surtout jurqu'à Nice, vous enlèvent à tout instant le merveilleux spectacle du ciel bleu et de la mer azurée. Durant ces trajets souterrains, l'on n'a pour toute distraction que la pensée des énormes dépenses qu'a dû coûter la construction de cette voie ferrée. Et je songeais, moi, aux innombrables demandes de subsides que notre compagnie du chemin de fer du Lac Saint-Jean aurait adressées à tous les gouvernements du monde, si elle avait eu à établir une ligne de cette sorte.

Les joyaux de ce diadème que revêt ici la Méditerranée, ce sont Monte-Carlo, Nice, Cannes. Rien n'égale la somptuosité des hôtels et des villas que l'on y voit partout, mais surtout à Monte-Carlo ; les avenues et les jardins y sont aussi d'une beauté qu'on ne rencontre pas ailleurs. C'est, hélas ! le décor du temple que l'on a élevé, en cet endroit, au démon du jeu.

Nice et Cannes sont renommées pour la douceur de leur climat, la beauté de leur situation, le nombre et la richesse de leurs villas, La première est plus bruyante ; la seconde est plus calme et convient davantage aux malades. Mais la nature de la plage, à Nice surtout, fait que ces villes ne ressemblent pas beaucoup à nos places d'eau américaines, où la question des bains de mer prime toutes les autres.

L'un des meilleurs souvenirs que je garderai de mon passage par la Corniche, c'est la courte visite que j'ai pu faire au petit séminaire de Nice, avec qui nous entretenions déjà d'agréables relations par l'échange de nos revues collégiales. Sur la simple annonce, lue dans l'*Oiseau-Mouche*, de mon départ pour ce tour d'Europe, le R. P. Supérieur " m'attendait." Aussi, je ne saurais dire avec quelle entière cordialité je me suis vu accueillir dans cette institution sœur. Qu'il me suffise de dire que j'ai retrouvé là les traditions d'hospitalité qui règnent dans tous nos collèges canadiens et dont j'ai bénéficié moi-même de la part du plus grand nombre.

Le petit séminaire de Nice, dirigé par les Lazaristes (1), compte un personnel de 40 professeurs et 300 élèves. Il ressemble beaucoup, par son aménagement, à nos collèges canadiens. Les dortoirs,

---

(1) Qui avait pu soupçonner, en ce mois d'avril 1900, qu'à peine deux années plus tard ces religieux auraient été chassés, par le gouvernement de la France, de leur beau séminaire de Nice !

les réfectoires et surtout la chapelle sont les pièces que j'ai admirées davantage.—Le salon du R. P. Supérieur est encombré de cartons d'insectes et d'autres collections d'histoire naturelle. Vous imaginez bien que j'ai été intéressé sur toute la ligne.

Mais je n'ai encore rien dit du site idéal des bâtiments du collège. De ce côté, je crois que cette maison l'emporte facilement sur tous les collèges du monde. Bâti un peu à l'écart de la ville, le collège s'élève sur le penchart de la montagne, au milieu des palmiers et autres beaux arbres de ce pays, et domine au loin le port de Nice et les flots bleus de la Méditerranée. On vit là, toute l'année, dans ce climat délicieux, parmi les verdures, l'éclat des fleurs, le chant des oiseaux, les brises embaumées, dans le soleil et l'azur. Je n'en dis pas davantage, pour ne pas rendre trop rêveurs les écoliers d'ailleurs qui liront ces lignes.

Cependant, l'étude du soir est terminée, et cela me vaut de revenir à la ville en compagnie de tout un contingent de demi-pensionnaires niçois qui retournent dans leurs familles.

En le quittant, j'ai dit au Père Supérieur que nous le recevrions de notre mieux quand il viendra à Chicoutimi.

Je suis donc arrivé dans ce beau pays de France, où tous les Canadiens-Français rêvent de venir une fois en leur vie ! Et qu'il est agréable d'en commencer la visite par cette admirable région de la Provence où le soleil est si bon, la végétation si vigoureuse, le sol si fécond, et les cœurs si chauds, et le parler si sonore !

Dans les rues de Nice et de Cannes, j'ai lu en divers endroits ces mots: " Arrêt du tramway." Eh! bien, j'aime mieux cela que cette étiquette que nos Anglais de Québec ont placée quelque part à Saint-Roch: " Chars arrêtent ici." De même, je préfère les " En voiture, s'il vous plaît '' que l'on entend ici, à toutes les gares, aux barbares '' All aboard '' des conducteurs de chemins de fer d'Amérique.

Eh ! oui.   Vive la France ! à tant de points de vue.

————

VII

AU PAYS DE '' PRIMEVERES ''

A Paris.—Le parler de France.—Chez M. Fabre ; au Crédit Lyonnais —A l'Exposition.—Dans les rues de Paris.—Ecole Saint-Joseph des Tuileries.

Paris, le 12 mai.

Depuis quinze jours, j'ai parcouru le midi et l'ouest de la France.   Quel beau pays et quel beau soleil !   A mesure que le voyage se poursuivait vers le nord, et particulièrement en Touraine, je trouvais que les habitations des campagnes ressemblaient davantage à celles de nos cultivateurs canadiens.   J'y voyais jusqu'à nos grosses cheminées.   Mon émotion aurait tourné en attendrissement, si j'avais aperçu, à la limite des pièces de terrain, les fortes clôtures de cèdre qui donnent un aspect si particulier aux champs cultivés de la vallée du Saint-Laurent.

A mesure aussi que nous montions vers le nord, le parler de France devenait plus net et plus pur.   Je ne me lasse point d'entendre ce beau langage si précis, si clair et si correct: voilà la vraie langue française.   Je dois dire pourtant que les Français paraissent trouver un charme égal à la façon dont parlent les Canadiens.   Je crois bien, en effet, que si nous pouvions arriver à nous soumettre aux lois de la grammaire, nous serions près de parler excellemment le français.   Ici, même les jeunes enfants parlent plus correctement que la moyenne des gens instruits de chez nous.

*_**

Les Canadiens de passage à Paris ne manquent pas d'aller s'inscrire au Commissariat du Canada. Tous y sont accueillis avec la plus grande cordialité par l'honorable M. Fabre, Commissaire du Canada, et je pense qu'au fond ces procédés obligeants expliquent beaucoup l'empressement de nos compatriotes. Aussi bien, il y a plaisir à se retrouver, durant une demi-heure, à l'ombre du drapeau de son pays. Il n'y manqua même rien à mon bonheur, puisque, dans la salle de lecture du Commissariat, organisée à l'intention des Canadiens, je vis l'*Oiseau-Mouche* tenir sa petite place au milieu des grands journaux du Canada.

Un autre endroit de Paris où l'on peut avoir aussi des nouvelles du Canada, c'est le bureau principal du Crédit Lyonnais : les principaux journaux de l'univers y sont à la disposition des clients de la maison. C'est ainsi que, dans les splendides salons de cette banque, j'ai trouvé la *Presse* et la *Patrie* de Montréal. Pour jouir de cet ineffable bonheur de lire ici la *Presse* et la *Patrie,* il n'est pas absolument nécessaire d'avoir à son crédit, dans les livres de l'institution, des centaines de milliers de francs. Il suffit que, comme moi, l'on accompagne un ami porteur d'une lettre de crédit sur la banque. C'est beaucoup plus facile que d'avoir soi-même le Crédit Lyonnais pour débiteur.

J'ai voulu faire encore davantage acte de bon Canadien. Et malgré les orages et la boue, j'ai tenté aujourd'hui de faire visite à la section canadienne du pavillon britannique, à l'Exposition. Mais j'en ai été pour mes frais de navigation à travers les voies inondées. Car le palais de l'Empire britannique n'est pas plus ouvert au public que la plupart des palais des autres nations. Il est donc bien vrai, ainsi que les journaux le proclament tous les jours, que l'Exposition n'est pas prête. Non seulement l'installation n'est pas terminée dans le plus grand nombre des palais; mais il s'en faut que les palais eux-mêmes soient tous terminés, du moins à l'intérieur. Il semble qu'il faudra encore un mois pour que l'Exposition soit un peu complète. Un pareil état de choses est d'un ridicule parfait. C'est aussi un ennui considérable pour les étrangers qui, voyant que l'on ouvrait officiellement l'Exposition le 14 avril, ne se doutaient pas qu'ils la trouveraient aux trois quarts fermée un mois après. Dans ma sympathie pour leur déconvenue, je leur conseille de faire, en attendant que l'Exposition soit prête, un petit tour en Suisse et en Allemagne. Voilà un conseil dont je vais tout le premier tirer profit.

Malgré tout, et bien que, de ce temps-ci, il pleuve tous les jours, cent mille personnes vont quotidiennement visiter l'Exposition. C'est qu'il y a déjà beaucoup à voir. Pour ne rien dire des installations qui sont terminées, il y a les palais des diverses nations dont on ne se lasse pas d'admirer la richesse de décoration, l'originalité d'architecture et la variété de conception. Quelque opinion que l'on ait de l'opportunité et de l'utilité de ces grandes foires industrielles et artistiques, il faut reconnaître que l'Exposition de 1900 sera belle à voir et intéressante à étudier.

Au reste, les étrangers qui sont venus trop tôt et qui n'ont pas le temps d'attendre l'ouverture réelle de l'Exposition, sont déjà dédommagés de leur peine. Car ils ont toujours bien Paris à voir! Bien qu'il y ait encore, sur ce globe terrestre, beaucoup de villes que je n'ai pas vues, je crois facilement que l'on a raison de dire que Paris est la plus belle ville du monde. Je demande qu'on n'exige pas que je le démontre; car le temps et l'espace me font également défaut.—New-York est justement fier de son Broadway. Eh! bien, tous les grands boulevards de Paris sont autant de Broadways. Un Chicoutimien a beau avoir été préparé aux grandes choses par la fièvre industrielle et commerciale qui anime la ville qu'il habite, sa stupéfaction est grande quand il tombe, un beau jour, en plein Paris. Il va même, en très peu de temps, jusqu'à trouver que la chose la plus difficile qu'il y ait au monde, ce n'est pas de vaincre des Boers, ni, pour un journal, de faire payer ses abonnements: c'est de traverser un boulevard de Paris vers les cinq heures de relevée. Supposez quatre rangs de voitures qui vont dans un sens, quatre rangs de voitures qui vont dans l'autre, et, parmi tout cela, des quantités de tramways, d'omnibus, d'automobiles et de bicycles; ajoutez le bruit de tous ces véhicules sur les pavés de pierre. C'est à dire son acte de contrition, ou du moins, à faire assurer sa vie, avant de se risquer sur la chaussée ! Si vous avez des yeux qui louchent, bénissez votre sort. Car il faut vraiment voir en même temps de gauche et de droite pour avoir quelque chance de succès en une pareille entreprise.

Pour en finir avec cette étude philosophique sur les voies de Paris, je dirai que j'ai lu sur les journaux qu'il est désormais interdit, de par les règlements d'hygiène, de cracher dans les rues de Paris. Il y a déjà, en France, les tramways et les voitures de chemin de fer où existe semblable défense. Voilà qui est commode ! Il n'y a plus qu'à cracher en l'air, en attendant que les hygiénistes provoquent aussi des réglementations de ce côté.

Il y a encore, en fait de restriction de la liberté des gens, cette allure modérée que l'on impose à la marche des automobiles. Mais je ne ressens pas beaucoup d'émotion de ce règlement de la police de la ville. Car, sans compter que je ne suis pas un automobile, dans le sens ordinaire du mot, il y a longtemps que j'ai pour habitude de ne faire à l'heure qu'un nombre très modeste de kilomètres.

Dans ma dernière lettre, je racontais l'agréable visite que j'ai faite au Petit Séminaire de Nice. Aujourd'hui, j'ai le plaisir de vous dire un mot de celle que j'ai pu faire aussi à l'Ecole Saint-Joseph des Tuileries, bien connue chez nous par l'aimable confrère de notre *Oiseau-Mouche*, qui porte le nom si joli de *Primevères*. Cette institution, qui ressemble à nos collèges mixtes par sa division en classes commerciales et en cours classique, est située dans le plus beau quartier de Paris, tout près du grand jardin des Tuileries, qui sert même de cour de récréation à ses élèves. Imaginez si j'y fus bien reçu! A la présentation de ma carte de visite, M. le Supérieur tira de sa poche le dernier numéro de l'*Oiseau-Mouche*. C'est dire que la connaissance fut vite faite. M. l'abbé Richard, qui vient justement de recevoir les palmes d'Officier d'Académie, est le fondateur de ce collège qu'il dirige avec beaucoup d'intelligence et de succès, puisque, au bout de cinq ans d'existence, la maison est déjà en pleine prospérité, et compte 180 élèves inscrits. Les élèves de l'Ecole, tous externes, portent un costume fort coquet.

J'ai parlé précédemment, il me semble, de la politesse des Romains. Que n'y aurait-il pas à dire de celle des Parisiens? Cela étant déjà bien connu, n'en disons rien, et partons pour le Bois de Boulogne, ou pour le Jardin des Plantes, ou pour le sommet de la Tour Eiffel.

VIII

NAVIGATION D'EAU DOUCE

EN SUISSE.—Nouvelle théorie ethnographique.—Sur le lac des Quatre-Cantons. —Le joli mois de mai.—Sur le lac de Genève.—Un entomologiste de dix ans.—Le Rhin *vs* le Saguenay.—A COLOGNE.

Cologne, 22 mai.

Lorsque les âges géologiques, j'entends ceux d'autrefois, eurent pris fin, il se trouva qu'il y avait en Europe un petit pays dont la surface toute bouleversée pouvait passer pour impropre à quoi que ce fût. Le globe terrestre, d'ailleurs, offrait partout d'assez beaux espaces de terrain pour qu'on négligeât ce coin de terre disgracié.

D'autre part, des gens très sages se rencontrèrent, qui prévirent qu'un jour il existerait des Anglais et des Américains, lesquels auraient besoin chaque année de gravir des monts escarpés, de contempler d'étranges levers de soleil et de manger d'un fromage alpestre; tout cela en semant l'or à pleines mains, et à seule fin de reposer leurs nerfs et leur estomac fatigués — respectivement — du bruit des mécanismes toujours en mouvement et de l'ingurgitation continue des rosbifs saignants. On donna au pays réunissant toutes ces conditions-là le nom de Suisse, nom qui vaut bien n'importe quel autre. Il fut habité, comme bien l'on pense, par des Suisses. Les livres et les journaux proclamèrent qu'il n'y a rien de comparable à cette région pittoresque; et c'est ainsi qu'il devint de mode de faire son tour de Suisse. Une fois le mouvement créé, il n'y avait plus qu'à l'entretenir, chose la plus facile du monde.

Voilà les étranges théories ethnographiques qui me trottaient par la tête durant la plus grande partie de mon séjour en Suisse Il faut dire, aussi, que le ciel était presque toujours couvert, et l'atmosphère remplie de brouillards. On ne pouvait apercevoir que la base des montagnes, et encore à une faible distance. C'est à peine si j'ai pu entrevoir le mont Blanc, dans une éclaircie des nuages, en partant de Genève. J'allais avoir une jolie mine, lorsque je dirais à mes compatriotes d'Amérique que je n'ai pas vu le mont Blanc ! Mais enfin ce désastre m'est épargné. J'ai vu, ou presque vu, le mont Blanc. Du moins, il est sûr que j'ai regardé avec persistance dans la vraie direction où il s'élève. C'est bien déjà quelque chose, quoique l'on puisse, même en Amérique, se livrer à cette attrayante occupation, pour peu que l'on soit capable de s'orienter convenablement.

Mon excursion touchait à sa fin, et j'allais partir de Suisse sans avoir éprouvé le moindre enthousiasme pour cette nature si grandiose, au dire des voyageurs. Mais voilà qu'à ma dernière étape en ce pays, les voiles sont tombés, et j'ai compris que l'on admire la Suisse.

Comme j'arrivais à Lucerne, le bon soleil s'est mis à briller pour tout de bon, et a vite dissipé nuages et brouillards. J'en ai profité pour faire la traversée du merveilleux lac des Quatre-Cantons. Et c'est là que la Suisse m'est enfin apparue telle qu'elle est, et que j'ai compris combien j'avais perdu, les jours précédents, par le fait du mauvais état de l'atmosphère. Au reste, quand même il n'y aurait de remarquable, en Suisse, que les paysages incomparables de ce beau lac, je dirais encore aux habitants de tous les continents: Si vous n'avez pas fait l'excursion du lac des Quatre-Cantons, vous n'avez rien vu !

Sous les chauds rayons du soleil, voguer à bord d'un vapeur élégamment aménagé, sur la surface polie d'un grand lac dont les reflets vert-tendre s'harmonisent avec son encadrement de verdure: c'est déjà fort agréable, l'on en conviendra. Mais ce cadre de verdure, ce n'est pas ici la rive modeste que l'on rencontre d'habitude au bord des lacs: ce sont, tout le temps, des pentes abruptes, parsemées de jolis hameaux, qui se terminent par des amoncellements de montagnes de six, huit ou dix mille pieds de hauteur. Donnez à ces montagnes les formes les plus capricieuses; de leurs flancs couverts de champs en culture et de forêts, faites s'élancer vers la nue des pics dénudés, sur lesquels vous jetterez des masses de neige éclatante succédant aux bases verdoyantes. Et, à travers ce décor splendide, faites jouer les derniers rayons du soleil couchant. Voilà une idée encore très imparfaite des spectacles dont on jouit dans une excursion de quelques heures sur le lac des Quatre-Cantons. Pour moi, après avoir parcouru déjà un bon nombre de pays, je n'ai rien vu nulle part qui approche, en fait de pittoresque, de ces paysages de Suisse. Les Anglo-Saxons, d'Europe et d'Amérique, n'ont donc pas si mauvais goût de se plaire à ces spectacles grandioses.

Pour l'instant, il n'y a en Suisse que peu de touristes. La température y est encore trop fraîche pour accommoder les étrangers, fussent-ils les habitants des pays froids. Chose curieuse !

En ce moment, on coupe les foins; les pommiers, les lilas, les marronniers ont revêtu leurs plus belles parures; les jardins sont partout remplis de fleurs; et cependant la température est plutôt froide, dès que l'on quitte les rayons du soleil. Et cela dans la seconde quinzaine de mai. Au mois de mai de France et de Suisse, je crois donc qu'il faut préférer notre mois de mai de la province de Québec, quand il n'est pas trop gâté par le vent de nord-est (qui a pour mission, comme on sait, d'empêcher les Québecquois de trop s'attacher à la vie présente).

Une autre navigation très agréable, c'est l'excursion qu'il m'a été donné de faire, l'autre jour, sur le lac de Genève. L'air sans doute manquait beaucoup de transparence; nous aurions dit, chez nous, que le temps était enfumé et qu'il devait y avoir " du feu dans les bois." Ici, il n'y avait de feu qu'au bout de nos cigares, ce qui n'était ni périlleux ni inaccoutumé. Et le petit steamer allait gaiement, d'une rive à l'autre du lac charmant, par un beau soleil et sur une onde d'un beau vert. Cela dura ainsi quatre heures, pour l'aller et le retour; notre escale la plus éloignée avait eu lieu à Nyon. Nombreux passagers et passagères de toute nation. J'y ai même fait la rencontre d'un naturaliste, qui est bien âgé de dix ans ! Ce " confrère ", un petit Genevois, s'en allait seul, muni d'un filet et d'une boîte, faire sa première chasse entomologique dans l'une des campagnes des environs. Cela me rappelle que revenant, il y a deux semaines, de Neuilly à Paris, j'avais pour voisins sur le pont du bateau deux petits Parisiens qui venaient de passer leur après-midi à herboriser au bois de Boulogne, et dont les cartons étaient chargés de leur butin botanique. Il faut avouer que, chez nous, on ne commence pas de si bonne heure à faire de l'histoire naturelle.

Pour ne pas finir par la Seine ma promenade sur le lac de Genève, j'ajoute que, si le lac est fort long, il est assez étroit, et bordé sur ses deux rives d'admirables campagnes, où les plus jolis villages se succèdent au milieu de champs en culture et de forêts de beaux arbres. Quand le temps est clair et que l'on peut apercevoir les montagnes qui à courte distance limitent la plaine, le spectacle doit être encore bien plus ravissant.

Malgré tout, je ne suis pas prêt à dire que nous n'avons pas en Amérique d'aussi beaux paysages que ceux d'Europe. Je ne ferais exception que pour ceux du lac des Quatre-Cantons, auxquels je ne trouve rien à comparer dans nos pays.

En Italie, et même en France, la beauté des campagnes est souvent amoindrie par l'aspect misérable des habitations. J'ai trouvé qu'en Suisse les maisons des cultivateurs sont en général plus proprettes, et accusent, au moins extérieurement, plus d'aisance.

Cette question des chaumières et des chalets mise à part, il faut voir ce que les campagnes d'Europe gagnent de beauté à n'être pas divisées et subdivisées, comme les nôtres, par de massives clôtures dont la construction n'a été gênée par aucune préoccupation artistique. Ici, la campagne a l'aspect d'un tapis continu, qui n'est diversifié que par les nuances de couleur que présentent entre elles les diverses sortes de culture.—Songez aux beaux champs de bataille tout préparés qu'il y a là, sans autres obstacles que les accidents du terrain, pour le choc des armées! Allez donc faire la guerre, dans notre pays, lorsqu'il y a des sortes de retranchements à tous les cent pas! Aussi, chez nous, quand il y a apparence de quelque conflit, plutôt que de " déclore," on se réunit ici ou là en conférence internationale, et l'on convient de laisser en paix les gens et les " piquets de clôture."

8

J'ai terminé aujourd'hui, de façon splendide, mes expéditions navales au centre de l'Europe, par le trajet en bateau à vapeur, sur le Rhin, de Mayence à Cologne. En son genre, cette navigation n'est pas moins charmante que les deux autres dont je viens de parler.

J'étais curieux de faire connaissance avec le Rhin, que j'ai quelquefois entendu comparer avec notre rivière Saguenay. Eh bien, soit! Que l'on compare à ce fleuve notre rivière, *si parva licet componere magnis*. D'abord, pour le volume des eaux, il n'y a pas entre eux de comparaison possible. Même à Cologne, c'est-à-dire à dix heures de bateau à vapeur plus bas que Mayence, le Rhin est encore de moitié moins large que le Saguenay en face de Chicoutimi.

Au milieu du parcours de Mayence à Cologne, durant quelques heures les rives du grand fleuve allemand deviennent assez pitto-resques. Elles atteignent une hauteur de plusieurs centaines de pieds, s'élevant en pentes plus ou moins abruptes, et presque partout admirablement boisées. Mais qu'il y a loin de l'aspect agréable, assurément, qu'offre alors le Rhin, à la sauvage et majestueuse grandeur que présente, sur presque tout son parcours, notre sombre Saguenay.

Par exemple, s'il n'est plus question des beautés naturelles respectives des deux cours d'eau, le Rhin reprend avantage sur le Saguenay. Les vignobles qui recouvrent les bords du Rhin l'em-portent facilement sur les épinettes souffreteuses qui sont parvenues à s'accrocher aux murailles presque partout dénudées de la rivière Saguenay, et surtout sur les champs de " bluets " qui s'étendent sur le faîte des montagnes qui l'encadrent. On ne voit pas à tous les kilomètres le long de la rivière Saguenay, comme sur le Rhin, des villes et des villages élégamment bâtis, ni surtout, à la crête des montagnes, toute une série de châteaux avec tourelles et murs crénelés. En résumé, comme œuvre grandiose de la nature, le Saguenay est cent fois supérieur au Rhin, qui, de son côté l'emporte facilement sur celui-là comme œuvre naturelle embellie par la main des hommes. Ce trajet par bateau, de Mayence à Cologne, est donc l'une des plus agréables excursions que l'on puisse faire, durant un tour d'Europe.

****

Je n'ai vu encore de Cologne que la gare du chemin de fer et la cathédrale. Cette gare, qui est très vaste, est la plus belle de toutes celles que j'ai vues en Europe et en Amérique. Quant à la cathédrale, elle vaut qu'on la mette, en qualité d'œuvre artistique, sur le même pied que Saint-Pierre de Rome et le Dôme de Milan. Mais étant du même style architectural que celui-ci, elle peut plus justement se comparer avec lui. Je ne saurais mieux exprimer l'impression que m'a fait éprouver l'étude de ces deux chefs d'œuvre de l'art gothique qu'en disant que, si la cathédrale de Milan me paraît l'emporter par la grâce et l'élégance, celle de Cologne me semble plus grandiose et plus majestueuse.

IX

EN S'EN REVENANT

En Belgique.—Douane et octroi.—Par train rapide.—Un meeting de la *Patrie française*, à PARIS.—Aux bureaux et ateliers de la Bonne Presse.—Dans une ferme normande, près de ROUEN.—Chez les Hospitalières de Dieppe, —A LONDRES.—Les chevaux de la Reine.—A l'observatoire de Greenwich.—Une connaissance d'Amérique.—Des Canadiens ! Mon compagnon de voyage perdu et retrouvé.—Sur le *Tunisian*.—En vue de la Basse-Ville, QUEBEC.

Steamer *Tunisian*, 23 juin 1900.

Depuis que nous avons quitté l'Allemagne, il nous semblait que chaque tour de roue — de la locomotive — nous rapprochait de la patrie. On a beau s'intéresser aux belles choses que l'on voit à l'étranger, cela n'est toujours bien qu'amusement de l'esprit; et l'amusement de l'esprit, ce n'est toujours bien qu'un accessoire.

Or, on ne vit que par le cœur!… En l'espèce, c'est vers la vallée du Saint-Laurent, ou du Saguenay, que notre cœur est constamment attiré… Croirait-on, par exemple, que la vue de quelques steamers et autres vaisseaux océaniques, dans le port d'Anvers, a failli nous faire fondre en larmes ! Eh bien, oui: il y avait déjà longtemps que nous n'avions vu de navires de grande navigation, et il n'en a pas fallu davantage pour nous faire croire au retour prochain.

Liège, Louvain, Anvers, Bruxelles: voilà les villes de la Belgique où nous nous sommes arrêtés quelque peu. Des beaux tableaux, des belles sculptures, nous en avons vu; nous en aurions vu encore davantage, si les églises de ces pays-là restaient toujours ouvertes comme chez nous. Nous avons aussi visité des hôtels de ville très vieux, très curieux, pleins de chefs d'œuvre de peinture. Et le Musée royal d'histoire naturelle de Bruxelles, qu'en dirai-je? Les collections de grands fossiles antédiluviens, de mollusques, d'insectes, d'araignées y sont particulièrement remarquables, et j'ai encore l'esprit et les yeux tout pleins de monstres gros et petits qu'il m'a été donné de contempler dans ces vastes salles…

Sont-ils assez stupides, ces Européens, avec leurs histoires de douane et d'octroi ! A la fontière franco-belge, on m'a fort bien, et sans cérémonie, confisqué 4 onces de tabac et 15 cigares. L'autre jour, à Lyon, je crois, l'officier de l'octroi m'a longuement retenu à la gare pour fouiller dans mes bagages et y rechercher, je suppose, si je ne tentais pas d'introduire frauduleusement dans la ville je ne sais quelle denrée imposable, oignons, ails, vin, saucissons, huile d'olive, fromage de tête ou de pied de cochon… J'en viens à me demander si je n'ai pas, d'aventure, un nez, un œil ou un front de contrebandier. Quoi qu'il en puisse être de cette question qu'il sera encore temps, plus tard, d'élucider, je déclare qu'il est absolument impossible pour des gens habitués au régime du sens commun, comme nous le sommes en Amérique, d'habiter l'Europe où la moitié du genre humain semble n'avoir pas de plus chère occupation que celle d'embêter le plus possible l'autre moitié. Ah! la fameuse idée qu'ont eue nos pères de s'en venir en Amérique apprendre, avant de mourir, ce que c'est que vivre...

Après une courte station à Lille, où nous vîmes la cathédrale, l'université catholique et celle de l'Etat, le collège des Jésuites et — ô bonheur! — le monument de la République, nous reprenions notre course sur Paris, par un train extra-rapide du chemin de fer du Nord. Je crois bien que je n'ai jamais eu peur comme durant ce trajet, en voyageant sur les chemins de fer. Qui sait si la locomotive n'avait pas pris le mors aux dents? En tout cas nous volions plutôt que nous ne roulions; nous n'avions pas même le temps de reconnaître au passage les espèces d'arbres qui croissaient au bord de la route; ce que nous voyions paître dans les plaines, nous ne pouvions seulement distinguer si c'étaient des vaches, des buffalos ou des éléphants. Bref, je n'ai pas de doute que si notre train avait brusquement heurté quelque obstacle, nous aurions instantanément subi une complète dissociation d'éléments et passé tout de suite à l'état gazeux — pour nous promener ensuite, jusqu'à la fin des siècles et en qualité de matière cosmique, dans le grand tourbillon universel... Mais nous manquâmes de passer par cette aventure extrêmement pittoresque, et rentrâmes modestement à Paris, le soir du 26 mai, pour faire encore un séjour dans la grande et merveilleuse cité.

On imagine tout ce que je pourrais narrer sur ces dix jours de courses à Paris et à l'Exposition! Et l'on consent bien, j'espère, à continuer d'ignorer les impressions que m'ont causées mes visites aux Invalides, à l'Hôtel de ville, à la Tour Eiffel, au Panorama de Madagascar, au Pavillon de l'Inde, etc... Merveilleuses et féeriques, les illuminations générales, certains soirs, à l'Exposition.—A la Chambre des députés, j'assiste à une séance sans intérêt, présidée par M. Aynard, et où paraissent à la tribune MM. Millerand, Baudin, de Gailhard-Bancel, de l'Estourbeillon; les abbés Gayraud et Lemire étaient là.—Le dimanche, grand'messe à la Madeleine: église bondée de fidèles...

Certain soir, nous arrivons, Place de la République, à l'Hôtel Moderne, où doit se tenir une assemblée de la *Patrie française*, présidée par Jules Lemaître, et où R. Doumic va faire une conférence sur la "Politique et la Morale." Je croyais que cela se passerait comme aux conférences publiques de l'hiver, à Québec, et qu'il n'y avait qu'à venir s'y asseoir pour écouter un éloquent monsieur... Mais ce n'était pas cela du tout. D'abord, il fallait avoir des cartes d'admission... Sur nos instances, on nous conduisit à une sorte de bureau, où nous plaidâmes notre cause avec un entêtement parfait: " C'est la seule fois de notre vie, leur déclarai-je, où nous aurons l'occasion de voir et d'entendre Lemaître et Doumic, et vous ne pouvez nous priver de ce plaisir! " Chose étonnante, et malgré le culte des Français pour le règlement, on leva la consigne en notre faveur, et l'on nous conduisit à des places de choix. Or, ce fut, non pas une conférence purement académique, mais une véritable assemblée politique, où l'on tomba tout le temps à bras raccourcis sur l'infâme gouvernement, prisonnier des francs-maçons, etc. Et quel enthousiasme! quelles acclamations délirantes! quelles ovations recevaient les orateurs! J'ai vu là ce qu'est un meeting tenu par des Français. La séance finie, toute l'assemblée se transporta en une salle voisine, où l'on donnait un punch d'honneur à M. Dausset, nationaliste récemment élu au conseil municipal de Paris. Discours de M. Dausset, de François Coppée: nouvel enthousiasme, nouveau délire... Tout cela s'expliquait très bien, puisque les amis de l'ordre venaient d'entrer en majorité au conseil municipal.

Intéressante visite aux grands ateliers de la Bonne Presse, où l'on imprime la *Croix*, le *Pèlerin*, le *Cosmos*, etc. En sortant de là, j'entre au couvent des Assomptionnistes, qui, à la demande du Pape, viennent de cesser de s'occuper de la *Croix*. Le R. P. Joseph veut bien me donner sur cet événement les plus récentes nouvelles qu'il a. Du reste, ces religieux sont actuellement aux prises avec l'Etat, et la Cour de Cassation se prononcera prochainement sur le sort qui les attend (1). " Mais, mon Père, cette belle grande chapelle de votre couvent, que vous venez de me montrer, et qui est toute neuve et si belle dans sa simplicité monastique, se pourrait-il que vous devriez la quitter?—Que voulez-vous! Que la volonté de Dieu soit faite! "

De ce que Paris est rempli de beaux monuments, de ce qu'il y a tant de choses intéressantes à voir dans les palais de l'Exposition, il ne suit aucunement que l'on ne doive pas, lorsque cela convient, s'en éloigner. C'est ce que nous jugeâmes à propos de faire le 6 juin au matin, où nous partîmes pour Dieppe, pour l'Angleterre, pour l'Amérique.

De Paris à Dieppe, c'est cinq heures de chemin de fer. Mais on ne passe pas à Rouen sans y arrêter... En y descendant, à 10 heures de l'avant-midi, nous eûmes l'idée de profiter du beau soleil pour faire une petite promenade à la campagne. Nous venions bien, sans doute, de traverser les plaines et les fameux vergers de la Normandie, et nous avions pu constater que les pommes, dans ce pays-là, tout comme en Canada, se cueillent dans la tête des

---

(1) La Congrégation des Assomptionnistes fut, peu de temps après notre passage à Paris, condamnée à se dissoudre. Mais personne, assurément, ne prévoyait que l'année suivante ce serait le tour de presque toutes les Congrégations religieuses de la France à se voir frappées de mort par la franc-maconnerie triomphante.

arbres et nullement à travers les racines; en ces vastes quadrupèdes qui broutaient dans les gazons plantureux, nous avions sans peine reconnu des bovidés à peu près semblables à ceux qui, dans la vallée du Saint-Laurent, contribuent si fort à élever l'édifice de notre prospérité nationale... Il ne nous déplaisait pas, toutefois, de voir de près une ferme normande. Et d'un pas agile nous nous rendîmes à la commune de Menil-Esnard, entrâmes chez un cultivateur et y demandâmes à déjeuner.

Il paraissait à l'aise, ce cultivateur, grâce au beau " bien " qu'il avait sous les pieds. Mais, dans nos bonnes paroisses de la province de Québec, il aurait fait figure d'un mendiant, à le juger seulement par sa pauvre maison, son pauvre mobilier, ses vieux édifices de ferme... Cela n'empêche que nous passâmes là une heure très intéressante, à le faire causer, lui et sa femme, et à tout examiner. Nous avons vu son antique pressoir, bu le cidre le plus authentique du monde. Notre hôte retira même, à notre intention, certaine cruche cachée dans un tas de paille, en un coin de sa grange, et nous fit goûter son " poiré," terrible liqueur alcoolique fabriquée au moyen du cidre.

Il nous resta deux ou trois heures pour circuler un peu dans les rues de Rouen et visiter sa belle cathédrale et ses autres églises. Puis un trajet d'une couple d'heures nous amena à Dieppe.

Ville maritime, à rues étroites bordées de maisons peu brillantes, Dieppe me rappela beaucoup l'ancien Québec. On est bien surpris de voir, en une ville si peu remarquable, un monument comme l'église Saint-Jacques, très vaste, en beau style gothique, et de grande antiquité.

Nous ne manquâmes pas d'aller faire visite aux Hospitalières de Dieppe, communauté d'origine de nos Hospitalières de Québec. Ces religieuses dieppoises desservent l'Hôtel-Dieu, dont l'Etat est propriétaire. Il me faut avouer que, accoutumé à l'installation gaie et confortable de nos hôpitaux canadiens, je n'ai éprouvé qu'une impression pénible à parcourir ces pièces de l'Hôtel-Dieu de Dieppe, dont la simplicité d'ameublement nous paraît presque du dénuement. La chapelle ne manque pas de beauté; mais ici encore la modestie de la décoration nous fait peine.

En somme, et c'est le résumé de mes impressions d'Europe, il y a quantité de choses où nous sommes, en Amérique, bien loin en avant des Européens, et nous trouverions très pénible d'avoir à nous contenter, pour l'organisation pratique de la vie, des conditions ordinaires dont les Européens paraissent s'accommoder parfaitement.

***

Enfin, le jeudi 7 juin, nous nous embarquions à une heure de relevée pour l'Angleterre. Et, non sans une émotion véritable, nous vîmes bientôt s'enfuir et s'effacer les côtes du beau pays de France, songeant aux impressions que durent éprouver nos ancêtres lorsqu'ils s'éloignaient de leur patrie pour aller s'établir dans les solitudes du Nouveau-Monde...

La réputation de la Manche est déplorable, et à juste titre. Durant nos quatre heures de traversée, la mer était mauvaise, et beaucoup de passagers ne purent s'empêcher de témoigner le dégoût que leur inspirait l'état d'agitation qui se manifestait sur la surface des eaux...

On débarque enfin à New Haven; on y reste une demi-heure pour laisser se calmer un peu ses esprits, et surtout pour prendre une sorte de collation au restaurant de la gare; on monte en chemin de fer, et l'on file vers Londres, trajet d'une heure et demie.

Ce voyage à travers la campagne anglaise nous fit la meilleure impression. Partout la végétation nous parut très vigoureuse et la culture très soignée; les habitations rurales donnent l'idée de l'aisance et du confortable, à la différence de ce que nous avons vu en tant de pays du continent.

***

Nous avons passé cinq jours à Londres. C'est bien insuffisant pour visiter à fond une ville si colossale, dont la population égale celle du Canada tout entier.   Cela suffit toutefois pour satisfaire le touriste ordinaire, qui ne songe assurément pas à réunir les matériaux de quelque fort in-octavo, consacré à la description de la capitale de l'empire britannique.

Les monuments très remarquables sont en petit nombre à Londres.   Mais ils sont de ceux qui comptent.   Il n'y a sans doute, en aucun pays de l'univers, une superficie de quelques arpents qui contienne rien de comparable au Parlement et à l'Abbaye de Westminster, chefs d'œuvre d'une architecture pleine de grandeur et de majesté.

La nouvelle cathédrale catholique est de vastes proportions, et plaira sans doute, lorsqu'elle sera achevée, aux personnes qui goûtent le style roman.

Je ne dis rien des parcs immenses, ni du Jardin Zoologique, où l'on voit des collections si considérables d'animaux vivants de tous les pays, ni même du fameux British Museum, qui est extraordinairement riche en trésors archéologiques et d'histoire naturelle. Durant les deux heures que nous avons pu consacrer à la visite de cette incomparable institution, je me suis borné à parcourir les salles d'antiquités persanes, égyptiennes, grecques et romaines: papyrus, outils et ustensiles des anciens, objets trouvés dans les tombeaux, momies d'hommes et d'animaux, y compris des chats dont le gai ronron avait fait la joie de bonnes femmes d'il y a trente ou quarante siècles...

Nous eûmes bien la curiosité de voir les écuries royales du palais de Buckingham.   Vous croyez peut-être qu'il ne s'agit que de s'y rendre et d'y entrer? ces conditions font bien partie du programme à suivre, mais ne suffisent pas au succès de l'entreprise. Ce qu'il faut, c'est d'adresser par la poste, à je ne sais plus quel dignitaire de la cour, une demande en forme; la poste vous apportera, l'un des jours suivants, une permission écrite d'aller contempler les chevaux de la reine.—Les écuries de Buckingham, comme on l'imagine bien, sont des édifices soignés et entretenus avec grande attention. Nous vîmes là des carrosses royaux d'une richesse incroyable, et 130 chevaux de prix, attachés au service du palais. Il faut signaler, parmi ces beaux animaux, les deux groupes fameux de huit chevaux noirs et de huit chevaux couleur crême, destinés, l'un ou l'autre, à traîner le carrosse de la Reine dans les circonstances officielles. Nous ne fûmes pas peu surpris de voir un chat — de grande mine — couché en rond sur le dos de l'un de ces chevaux de Sa Majesté et savourant là, sur ce coussin peu banal, les jouissances du doux sommeil. Je ne doute pas que l'opinion publique sera d'avis, tout comme moi, que ce fait original fait également honneur à l'un et à l'autre des quadrupèdes dont il s'agit...

Mais il fallait faire connaissance avec la Tamise, qui court à travers Londres, mais qui tout de même n'en mène pas large. Tous ces fleuves-là, Seine, Tamise et tant d'autres, logeraient à l'aise entre les rives de notre Saint-Laurent.

Nous avons donc, l'un de ces soirs, pris passage sur l'un des petits vapeurs qui font le cabotage le long du fleuve, et après un trajet très intéressant qui dura deux heures, nous débarquions à Greenwich, où nous avons eu peine à trouver à souper un peu convenablement, où nous avons parcouru un parc immense, et où, surtout, nous avons contemplé avec l'émotion la plus scientifique l'observatoire construit en brique rouge, le fameux observatoire de Greenwich... On ne saurait imaginer l'impression de choix que l'on éprouve à se dire que l'on marche, une fois dans sa vie, le long du vrai méridien de Greenwich, au point même de départ des degrés de longitude qui encerclent tout le globe terrestre, d'un pôle à l'autre. La belle chose, la belle chose que c'est de voyager!

A 9 heures du soir nous rentrions à Londres par le chemin de fer, où nous avions pris un compartiment de troisième classe pour voir comment l'on voyage là-dedans. Ce que nous y avons vu, c'est que le confort n'y dépasse pas des limites assez restreintes, mais que tout de même l'on se rend à destination en même temps que les voyageurs de première.

J'ai dit que nous avons failli ne rien trouver à manger à Greenwich. Je puis ajouter que même à Londres, nous avons constaté qu'il était peu facile, en des conditions ordinaires, de s'assurer des repas convenables. Quelle différence, sur ce point, avec Paris et avec les autres villes du continent où nous avons séjourné!

Certain soir, nous allâmes dîner à l'hôtel Cecil, tant pour nous reposer de la détresse gastronomique où nous nous débattions trop souvent dans les rues de Londres, que pour avoir une idée de cette hôtellerie très vantée. Cette double intention ne manqua pas de trouver satisfaction; mais ce fut au prix d'une dépense très digne de la circonstance.—Tout à coup, dans l'un des couloirs de l'hôtel Cecil, voilà un gentleman qui s'en vient me saluer avec beaucoup d'effusion. " Je vois bien, lui dis-je, que je vous ai déjà rencontré, mais je ne saurais dire en quel point de l'univers... — Ne vous rappelez-vous pas?... Sur le train de Montréal à New-York?..." Ce monsieur était bien, en effet, l'obligeant Yankee qui, l'hiver dernier, m'avait aidé à rédiger des télégrammes, lorsque je cherchais à disposer les choses pour que nos bagages nous rejoignissent à New-York et s'embarquassent avec nous pour Gibraltar.

Nous étions, telle après-midi, à contempler avec tout l'ébahissement voulu les joyaux de la Couronne, à la tour de Londres, lorsque nous y sommes rejoints et enveloppés par une troupe de gens parlant beaucoup, parlant fort, parlant... " canayen " ! C'était, ni plus ni moins, le " Pèlerinage canadien de Lourdes," conduit par M. Rivet, de Montréal, et, à peine débarqué d'Amérique, faisant sa visite de Londres. Je trouvai là plusieurs de mes amis de Québec; et après quelques instants donnés à la joie de la rencontre, nous reprîmes de part et d'autre des voies opposées.

Car le temps était venu pour nous de nous éloigner de Londres. Nous n'en partîmes pas sans regret. Tout nous y avait plu, en effet, à part la question gastronomique. Les Anglais, chez eux, nous ont paru de très aimables gens, et très empressés à obliger le voyageur en tout ce qu'il leur demande. Et il arrive fréquemment qu'il faille se mettre en quête de renseignements, dans une ville d'une aussi énorme étendue, et où les rues principales ne le cèdent en rien, pour l'encombrement des voitures et des passants, au Broadway de New-York et aux grands boulevards de Paris. Ce qui m'a aussi étonné, à Londres, c'est que, malgré l'absence presque complète de tramways, l'on peut si facilement circuler dans toute la ville, grâce à l'excellent service de diligences qui relient entre eux tous les points de la capitale.

Le jeudi, 14 juin, nous prenions donc le Midland Railway, à la gare Saint-Pancrace, à destination de Liverpool, où nous devions nous embarquer le soir même. C'est un trajet d'un peu plus de cinq heures, et qui se fait avec une belle vitesse d'allure. Toutefois, ce fut bien autre chose que cette vertigineuse rapidité qui me donna, cette fois, des émotions.

Durant un arrêt, à certaine gare, mon compagnon de voyage, qui était descendu prendre un peu l'air sur le quai, n'était pas rentré quand le chef du train vint fermer la porte du compartiment. Je le priai d'attendre encore un instant; mais comme il ne voyait venir personne ni d'un côté ni de l'autre, il mit le verrou à la porte et donna l'ordre du départ... J'éprouvai alors, en une minute, tout ce qu'il est possible de ressentir en fait d'étonnement, d'affaissement, de stupeur. Ainsi donc, me disais-je, voilà mon compagnon qui est resté en arrière à une gare dont j'ignore même le nom, et qui probablement ne pourra pas me rejoindre à Liverpool à temps pour le départ du steamer; j'ai d'ailleurs avec les miens ses billets de passage sur le transatlantique, où nos cabines sont retenues et payées. Que faire? Je laisserai sans doute partir le vaisseau, et nous passerons encore huit jours dans les Iles Britanniques...Ah ça! voilà qui rappelle trop notre départ de New-York, l'hiver dernier... Ne peut-on plus, sans toutes ces aventures, mettre le pied sur l'océan?...

Il y avait avec nous, dans le compartiment où nous voyagions, un gentleman qui se rendait à Manchester ou ailleurs. Je lui dis, au début de l'incident, que mon ami n'avait pu reprendre le train, au dernier arrêt. Le monsieur leva un moment les yeux de son journal, et se remit tranquillement à lire. Evidemment, il n'avait rien compris à ce que je lui disais, et peut-être m'avait pris pour un Hongrois ou un Catalan dont il n'entendait pas la langue. Il faut savoir, aussi, que l'accent Yankee avec lequel nous parlons l'anglais en Amérique nous rend un peu difficile la conversation avec ces messieurs d'Angleterre. En tout cas, au bout d'un certain temps où mon inquiétude s'accroissait en progression géométrique, je revins à la charge auprès du gentleman... Cette fois, il comprit aussitôt, et me témoigna le plus bienveillant intérêt. Prenant dans sa malle un guide des chemins de fer, il étudia l'horaire des trains, et m'indiqua par quel train prochain j'aurais chance de recouvrer mon compagnon de voyage...

Au bout d'une heure et demie de ces angoisses, nous arrivions à Manchester où il fallait changer de train. Je me demandais comment j'allais pouvoir transporter tous ces colis qui constituaient notre bagage, lorsque le train s'arrêta et je vis apparaître mon compagnon de voyage en personne!... Que lui était-il donc arrivé? Il lui était arrivé qu'à la gare — dont je ne saurai jamais le nom ici-bas —, au moment de se rembarquer, il avait vu le train qui nous avait amenés de Londres se diviser en deux moitiés qui partaient chacune dans sa direction. Ne sachant plus beaucoup quelle moitié s'en allait vers Liverpool, il avait à tout risque sauté au dernier instant sur le marchepied du dernier wagon du train qui se trouvait le bon... C'était la voiture de la poste; et le fonctionnaire qui était là l'aperçut, le décrocha vivement des poignées de fer où il se retenait, et le déposa plus mort que vif parmi les sacs postaux en partance pour l'Amérique... Et comme, sur les chemins de fer européens, les voyageurs ne peuvent passer d'une voiture à l'autre sur les trains en marche, mon ami avait dû rester dans le wagon postal jusqu'à l'arrêt suivant.

*
* *

Enfin, nous arrivons à Liverpool, et après une couple d'heures passées à circuler un peu dans la ville, nous nous rendons au quai d'embarquement, où le *Tunisian* vint bientôt nous chercher. A 5 heures du soir, le jeudi, 14 juin, le vaisseau se mettait en marche. Le lendemain matin, il fait un court arrêt à Moville (Irlande), et prend la mer pour tout de bon.

Et ensuite?—Ensuite, nous avons traversé l'océan dans les conditions les plus ordinaires du monde. La température a été tout le temps froide et souvent désagréable, et beaucoup de passagers ont dû subir les péripéties du mal de mer. Pourtant, si le tangage a été fréquent, il n'y a pas eu de roulis de tout le voyage. Du brouillard, de la pluie, du vent, du soleil: voilà les incidents météorologiques qui se succédèrent en route, avec accompagnement d'icebergs et de coups de sirène. Nous étions à bord une dizaine de Canadiens-Français de tous les coins de la province de Québec, et nous n'avons pas tardé à nous organiser une vie assez agréable. Le maître d'hôtel ayant eu l'esprit de nous grouper tous ensemble à un bout de table, dans la salle à manger, nous passâmes là des quarts d'heure excellents grâce, sinon à l'art un peu gros de la cuisine anglaise, du moins aux aimables propos qui le faisaient oublier autant que possible.

Depuis deux jours, et par une température ravissante, nous avons paisiblement vogué dans le golfe et dans le fleuve Saint-Laurent.

De bonne heure, cette après-midi, 23 juin, nous accosterons à Québec. La traversée, depuis Liverpool, aura duré neuf jours.

Cette lenteur relative ne confirme guère les éloges que l'on a faits
du nouveau et colossal steamer *Tunisian;* mais il faut dire, pour
l'excuser, que ce vaisseau n'est qu'à son deuxième voyage, et qu'il
y avait lieu de ménager le fonctionnement de ses machines. Cela
étant dit, par esprit de charité à l'égard du *Tunisian,* je dépose
enfin la plume et vais de loin préparer les détails de mon débarquement au Bassin Louise, en la Basse-Ville du cher Québec...

DE QUEBEC A BUFFALO (1)

I

A bord du *Canada.*—Fête de nuit dans le port de Quebec.—Le capt. Bernier,
et la future découverte du pôle Nord.— A Montreal.— Le bateau de
Lachine est parti !—Nous nous mettons à sa poursuite...

Il y a encore, au Canada, quelques personnes qui n'ont pas été
voir l'Exposition de Buffalo. C'est à leur intention que je me
décide à écrire, de mémoire, un petit nombre de pages sur une
récente excursion au pays de la " Pan-American " de 1901. Je
déclare, tout de suite, que je n'ai pris en route aucune note de
voyage, que je ne consulte aucun ouvrage relatif aux sujets qui se
présenteront, que je n'accueillerai aucun genre de statistiques dans
cette causerie légère. S'il fallait tant d'apprêts pour attacher mon
lecteur, je le prierais d'aller pâlir à son aise sur les livres bleus ou
gris et dans les collections de journaux.

Nous étions dix à voyager ensemble : sept de Chicoutimi et
trois de Québec, six laïques et quatre ecclésiastiques. La Compagnie du Richelieu avait accepté de nous véhiculer, pour l'aller et
le retour, par terre et par mer, à des conditions vraiment avanta-
geuses ; et nous avions saisi l'occasion au vol. Car les corporations,
commerciales ou autres, ont si rarement de ces accès de libéralité,
qu'il faut savoir en profiter.

---

(1) Ces notes de voyage ont paru, à la fin de l'année 1901, dans la *Semaine
Religieuse de Québec.*

9

Et le 17 septembre au soir, dès neuf heures, nous étions tous réunis sur le pont du *Canada*. Ce n'est pas que nous dussions dès cette heure-là lever l'ancre et mettre à la voile (autrement dit : lâcher les amarres qui nous retenaient à la rive). Nous devions même ne partir qu'à dix heures ; et il devait plutôt y avoir parmi nous des gens qui ont ordinairement peine à se plier à l'horaire fixé par les administrations.

Ce qu'il y avait, ce soir-là, c'était une fête de nuit dans le port de Québec, et nous désirions y prendre part — à titre de spectateurs, — pour donner jusqu'au bout la preuve de notre loyalisme, que deux jours de fête n'avaient peut-être pas suffi encore à manifester à notre gré, à l'égard du duc d'York, héritier futur du trône d'Angleterre. Comme il s'agissait seulement, en l'occasion, pour faire acte de " Britishisme," de jouir du spectacle, nous avons été, cette fois, pleinement " British" et nous n'en avons pas de remords. Oh! la belle fête de nuit ! Cette parade incomparable des vaisseaux illuminés, lançant dans les airs mille pièces pyrotechniques, et circulant au milieu des gros navires de guerre ancrés çà et là et tout en feu de la ligne de flottaison jusqu'au bout des mâts ! Cet encadrement féerique des hauteurs de Québec et de Lévis, illuminées aussi de toute la force des dynamos actionnées par trois chutes puissantes ! Si l'on me disait qu'il n'y a jamais eu, depuis le commencement du monde, de fête de nuit aussi brillante que celle-là, je me hâterais d'opiner du bonnet. . . de nuit (à cette heure tardive). Vraiment, si l'impérialisme n'exige pas d'autres sacrifices que le soin d'admirer de si beaux spectacles, je me déclare aussi impérialiste qu'on voudra, et non moins " British to the core " que tous les premiers ministres de toutes les colonies britanniques.

J'ai idée que les gens qui avaient mis au programme des fêtes de Québec cet article de la fête de nuit ont dû, les premiers, être surpris de son éclat. Ils ne prévoyaient pas, sans doute, que ce serait si beau !

Quoi qu'il en soit, à dix heures, nous nous résignions à nous arracher à ces splendeurs, d'autant mieux que c'était l'heure où le bateau partait ; il fallait bien partir avec lui.   Et longtemps, dans la nuit, au-dessus des hauteurs qui nous dérobèrent bientôt la vue du port de Québec, nous apercevions à l'horizon les reflets des feux de la féerique illumination.

Au réveil, le 18 septembre, nous étions quelque part entre le lac Saint-Pierre et Montréal.

J'eus la bonne fortune de me trouver, au déjeuner, en compagnie de mon aimable ami le Capt. Lapierre, commandant du *Canada*, et du Capt. Bernier, le futur héros du Pôle Nord.   Nous décidâmes, entre deux tasses de café, que l'expédition arctique se ferait d'ici à un an.   J'ai craint, un moment, que le Capt. Bernier n'insistât pour m'enrôler dans son équipage ; mais, et je lui en sais gré, il n'en a rien fait, sachant bien que mes occupations ne sauraient me permettre une absence de quatre années.

Ceux qui n'ont jamais vu un homme plein de son idée, n'ont qu'à aller contempler le Capt. Bernier.   Il ne souffle et ne vit que du Pôle Nord, ce qui ne l'empêche pas de jouir d'un embonpoint fort convenable, et d'être vigoureux comme dix athlètes.   Si vous êtes capable de l'amener à parler d'autre chose que du Pôle Nord, vous êtes d'un talent merveilleux !

Pour moi qui, du bec de ma modeste plume, me suis efforcé de lui être un peu utile, il n'a eu garde de me lâcher si vite.   Je me vis donc, au sortir de table, entraîné dans la cabine du commandant; et là, bien que convaincu déjà de la sagesse de ses plans d'expédition, je dus me laisser convaincre à nouveau de la praticabilité de son projet, tant les preuves graphiques et autres battirent en brèche les doutes que j'aurais pu conserver.   Il alla jusqu'à me révéler l'endroit précis d'où il partira, dans les régions arctiques, pour aller fumer sa pipe sur le bout de l'axe de la terre. — Voyez-vous cela ? Si j'allais à présent lui voler son plan No. 1 (comme il dit que les Américains lui ont volé son plan No. 2) et m'élancer avant lui à la conquête du Pôle ?   Qu'il se rassure, toutefois ; car j'ai totalement oublié les degrés de longitude et de latitude de ce futur point de départ.   Il peut donc compter, de ma part, sur la discrétion la plus parfaite qui se soit jamais vue.

Pendant que, après avoir hiverné très confortablement dans les glaces de l'Océan arctique, nous nous dirigions, à pied ou à cheval, je ne sais plus, vers le Pôle, et lorsque nous étions tout près de l'atteindre et d'en prendre possession au nom de M. Laurier ou du roi d'Angleterre — nous allions justement aborder cette question-là —, le bateau s'amarrait au quai de Montréal.   C'est ainsi qu'ici-bas souvent arrive quelque chose qui dérange l'affaire que vous alliez finir !   Souhaitons que pareille aventure ne fasse pas échouer l'entreprise du Capt. Bernier quand il sera sur le point de la compléter.

*_**

Il est 11 heures de l'avant-midi lorsque nous quittons le *Canada*. Le bateau qui doit nous conduire au lac Ontario part à $11\frac{1}{2}$ heures, et son quai se trouve à l'autre bout du port de Montréal, à un mille de distance environ.   Nous n'avons donc pas de temps à perdre. Impossible de songer seulement à aller flâner un peu à travers la ville, pour voir la mine que font les Montréalais trois heures avant l'arrivée chez eux des Altesses royales que leur amène le C. P. R... Mais voilà que, au débarcadère, il n'y avait pas de cochers.   Et ce fut la première fois de ma vie que, débarquant de quelque chose, bateau ou chemin de fer, je ne me vis pas offrir des douzaines de voitures.   Sans délibérer autrement, les trois abbés et moi, nous nous élançâmes au pas accéléré, gravîmes de la sorte les degrés et les collines qui bordent les quais de Montréal, et enfilâmes la rue Notre-Dame.   Soufflant et suant à grosses gouttes, je commençais à me dire que ce n'était pas si agréable, après tout, d'aller à la " Pan-American," lorsque nous rencontrâmes enfin un cocher en quête de clients.   Nous sautons en voiture et " Fouette, cocher ! Double prix, si nous arrivons à temps au bateau de Lachine ! "   Il ne restait plus que 10 minutes... Enfin, à 11½ heures, nous arrivions au quai du canal Lachine.

Le bateau, il était en mouvement et parti du quai !

Savez-vous l'épique décision que nous prîmes à l'instant ? Celle de courir après le bateau.

II

On rattrape tout de même le bateau.—A travers les canaux du Saint-Laurent.—Une course dans Prescott.— A bord du *Toronto*.— Dans les Mille-Iles.—A Kingston.—Traversée du lac Ontario.—A Charlotte, N. Y.—Toronto.

Et, effectivement, nous courûmes après le bateau. Notre cocher, soit qu'il se fût déjà trouvé en semblable occurrence, soit qu'il eût reçu, quoique Canadien-Français, une éducation pratique, ne perdit pas la tête. Au contraire, il lança son cheval à belle allure, passa par telle et telle rue, traversa tel pont, et tout d'un coup nous nous trouvions auprès du *Columbian* qui, le nez contre une écluse, attendait patiemment que l'eau du deuxième bief fût assez haute pour lui permettre d'entrer dans le troisième. Du quai du canal nous sautâmes sur le pont supérieur du bateau, et tout fut dit. Ce que c'est que de savoir voyager ! Dire qu'il y a des gens qui se seraient découragés, qui se seraient lamenté, et n'auraient su que faire.

Quant aux autres six membres de notre caravane, ils surent aussi se tirer d'affaire. La fortune — sous la forme de cochers montréalais — leur ayant un peu moins souri qu'à nous, ils n'arrivèrent au quai du canal Lachine que lorsque le bateau était encore plus parti que ci-dessus, et ils en furent quittes pour ne le rejoindre qu'à l'autre bout du canal, où ils se rendirent en tramway électrique et non sans se tromper quelquefois de route, ce qui arrive de temps à autre quand on voyage de la sorte en pays inconnus.

Quelle joie, de nous trouver enfin réunis, après avoir subi les amertumes d'une scission aussi lamentable ! D'ailleurs, il n'est pas absolument besoin d'aucunes conditions spéciales pour que l'humeur de dix Canadiens-Français, voyageant ensemble, soit assez exubérante ; et les voûtes du *Columbian*, habituées à la solennelle gravité des longs Yankees ou des froids Anglo-Saxons d'Ontario, se souviendront probablement de notre passage.

Les habitants de l'intérieur du continent se montrent fort intrigués et fort intéressés du spectacle de la marée, quand ils arrivent dans nos régions du Saint-Laurent inférieur ou sur les bords de la mer. De même nous, les gens d'en bas, nous voyons avec une vive curiosité ce système de canalisation qui permet aux vaisseaux, incapables de remonter le grand fleuve en certains endroits où il est parsemé de rapides, d'éviter ces obstacles comme par une sorte d'escalier dont les biefs constituent les degrés. — Ces canaux, surtout les plus récemment construits, sont de très beaux ouvrages de génie civil. Il y a du plaisir à songer que *c'est nous* qui avons construit, c'est-à-dire payé tous ces énormes travaux, — ce qui n'empêche pas de songer aussi, à part soi, à la quantité de gens qui, au temps de la construction, ont eu l'occasion de " se graisser la patte " pour le reste de leur existence. Ils ont noblement résisté, par exemple, à toute tentation de ce genre ; ce n'est pas au Canada, proclamons-le, que l'on voit les ouvrages du gouvernement donner lieu à de pareilles opérations. Ce n'est que dans l'empire chinois ou chez les nations du Pôle nord que de telles pratiques sont en usage. — Et puis, que de sommes énormes dépensées annuellement pour le fonctionnement de ces canaux, éclairés tout le long de leur parcours pour le service de nuit, et où l'on voit toute une armée d'employés, dont les uns sont chargés des réparations nécessaires, et dont les autres sont préposés à l'ouverture des ponts et des écluses. Les employés des canaux ! matière électorale que triturent tous les cinq ans les candidats ministériels et oppositionnistes ! gens qui, à l'instar des directeurs ou sous-directeurs de la poste, ne redoutent, et avec raison, rien autant que les mutations de gouvernement ! Cela encore soit dit pour la Chine et pour les régions polaires, exclusivement.

Voilà bien les intéressants sujets de considérations philosophiques qui s'offrent à l'esprit lorsque l'on parcourt la demi-douzaine de canaux qu'il y a entre Montréal et Prescott. A part cela, il y a cette variété de navigation qui se fait tantôt dans un canal, tantôt dans un vaste élargissement du fleuve ; il y a ce plaisir de naviguer pour ainsi dire à travers de belles campagnes ; il y a le charme des longues causeries sur le pont du bateau, et, quand la nuit est venue, les délices d'un whist savamment conduit. — Et, malgré tout cela, il y a des personnes qui ne voudraient jamais se rendre par eau de Montréal à Toronto, sous prétexte que le trajet est trop long. Il est trop long, en effet, pour des gens pressés. Mais tout le monde, ici-bas, n'est pas pressé.

****

Le vendredi matin, 19 septembre, nous étions au quai de Prescott, petite ville d'Ontario située sur le même méridien qu'Ottawa, et en face d'Ogdensburg, N. Y. Une promenade d'une heure nous permet d'en faire le tour et d'en conserver un souvenir assez agréable.

Mais voilà que vers 10 heures arrive le *Toronto*, sur lequel nous devons faire la traversée du lac Ontario. Ce vaisseau, qui n'est encore âgé que d'un an, est une merveille de somptuosité ; il n'est en rien inférieur à la réputation qu'on lui a faite. Son éclairage électrique est une véritable féerie. Ses cabines sont d'un luxe et d'un confortable à épater des " Canayens " du bas Saint-Laurent.

Délicieuse après-midi, où nous voguions à travers les Mille-Iles ! — Loin de moi l'intention de décrire ici cette partie la plus belle de notre Saint-Laurent. Pendant les six, ou peut-être les dix mille ans qui se sont écoulés depuis la création de l'homme, il n'a pas manqué de voyageurs pour en faire de belles descriptions.

Pourtant, pourquoi ne pas dire au moins que la décharge du lac Ontario dans le Saint-Laurent est obstruée par des centaines et des centaines d'îlots, sur un parcours d'une douzaine de lieues ; que ces îlots, les uns plus grands, les autres tout petits, sont de véritables corbeilles de verdure ; que, sur un grand nombre de ces îlots, s'élèvent des châteaux, des villas, des chalets où d'heureux mortels viennent passer l'été, entourés de tout ce que la nature et l'art peuvent fournir d'agrément. Voilà, en raccourci, ce qu'est cet archipel des Mille-Iles. Et il faudrait insister, pour faire croire au lecteur qu'il est charmant de naviguer au milieu de tout ce décor, à bord du *Toronto*. Il est vrai, à cette saison, la plupart des familles qui résidaient dans cette immense Venise du Saint-Laurent sont retournées à leur maison de ville, et la solitude qui s'y est faite amoindrit un peu le charme du spectacle.

Vers le soir, c'est Kingston. On nous donne le temps d'aller faire un petit tour en ville. Puis, en jetant un regard sur le sombre Pénitencier qui est tout auprès, vaste hôtel dont la plupart des pensionnaires voudraient bien se voir ailleurs, on s'éloigne du quai pour entreprendre la traversée du lac Ontario, jusqu'à Charlotte, N. Y., petite ville très rapprochée de Rochester dont elle est le port de mer.

Cette traversée de trente lieues, où l'on perd à peu près la terre de vue, même si l'on ne reste pas enfermé dans sa cabine, donne beaucoup l'illusion d'une navigation océanique où les dangers ne sont guère à redouter. N'est-il pas bien doux de penser, par exemple, que si une catastrophe quelconque s'y produisait, l'on n'aurait pas le désagrément de se voir voler un bras ou une jambe par quelque requin vorace, ni la perspective de s'y noyer dans l'eau salée ! Donc, vive la navigation de nos mers intérieures d'eau douce, surtout lorsqu'aucune brise trop violente n'agite leur surface paisible. Cependant, même en temps calme, il y a toujours une certaine agitation des eaux ; mais la vague est basse et allongée, et ne cause qu'un léger roulis à un gros vaisseau comme le *Toronto*.

Il est 10 heures du soir quand on pénètre dans l'étroit canal, prolongé au large par une immense jetée, qu'est la rivière Genesee, à l'embouchure de laquelle se trouve la ville de Charlotte.

Comme le bateau séjourne là une couple d'heures, on en profite pour descendre sur le sol des Etats-Unis, et faire une promenade à travers les rues et les boulevards de la petite ville endormie, qui, surtout dans les demi-ténèbres, ne paraît avoir rien de beaucoup remarquable. Puis l'on s'en revient à bord, et l'on s'en va coucher, et l'on s'endort sans plus s'inquiéter du départ dont l'on n'a pas connaissance. — Il est toutefois vraisemblable que nous partîmes de Charlotte, puisque le lendemain matin, à 6 heures, notre bateau accostait à Toronto.

III

Toronto.—Une belle "Water Trip".—Retraversée du lac Ontario.—Dans la rivière Niagara.—Première vue de la cataracte fameuse.—Tout au caoutchouc.—A Buffalo.

L'aspect de Toronto, à quelque distance, n'est guère remarquable. C'est le cas de toutes les villes bâties sur terrain plat ; elles manquent absolument de pittoresque. Ah ! les Québecquois ont tout lieu de se féliciter de ce que Champlain n'ait pas fondé Québec à Montréal ! Au fond, c'est en récompense de ce grand bienfait qu'on a élevé à l'illustre Saintongeois ce beau monument de la terrasse Frontenac.

Le plus fâcheux, c'est qu,il ne nous fut pas possible d'aller voir si la capitale d'Ontario est plus belle qu'elle n'en a l'air. Obligés de nous embarquer, aussitôt débarqués, sur le bateau de Niagara, nous devons remettre au retour la visite de la grande ville. — Nous faisons ici nos adieux à la Compagnie Richelieu et Ontario, dont les bateaux pourtant vont encore plus loin, jusqu'à Hamilton : un parcours total de 800 milles ! Les prospectus qu'elle publie ont bien raison de dire que, en fait de navigation fluviale, ce parcours est la plus belle " Water Trip " de l'univers. Et nos amis les Chicoutimiens avec qui nous voyageons ont la joie, eux, d'avoir fait presque tout ce long trajet.

C'est la " Niagara Navigation Co. " qui transporte les gens de Toronto à Niagara. Ses bateaux ont la forme de véritables steamers et mesurent environ trois cents pieds de longueur.

Nous retraversons donc, pour la troisième fois, le lac Ontario. Ce trajet, qui est ici en droite ligne du nord au sud, dure environ deux heures et demie dans les conditions ordinaires, et doit être fort agréable quand il fait beau temps. Ce jour-là, malheureusement, le vent était froid, et il fallait se tenir à l'intérieur pour ne pas grelotter. Du reste la température a été très fraîche depuis que nous sommes en voyage, et il faut le témoignage de la carte géographique pour bien nous persuader que nous nous sommes constamment dirigés vers l'équateur.

Il y eut un moment d'intérêt durant la traversée, — à part celui où nous allâmes au buffet prendre café et gâteaux : ce fut lorsque nous eûmes à subir l'inspection douanière. Cette visite de nos sacs de voyage se fit, du reste, assez lestement et sans le grand appareil qui me valut en d'autres pays des mésaventures désagréables. Aussi, le vieux Yankee qui agissait là comme représentant de la douane des Etats-Unis y mettait une bonhomie sur laquelle nous voudrions bien pouvoir compter lorsque nous reviendrons de Buffalo.

Cependant, la traversée s'achève, et nous entrons dans la rivière Niagara. A l'est, c'est l'Etat de New-York ; à l'ouest, c'est la province d'Ontario, qui se prolonge encore vers le sud jusqu'au lac Erié, qui la limite dans cette direction. De chaque côté de l'embouchure de la rivière, chacun des deux pays a élevé une forteresse, ce qui veut dire qu'en temps de guerre il faudrait renoncer à faire par eau le voyage de Niagara.

Et le steamer, à peine entré dans la rivière, s'arrête à Niagara-on-the-Lake, petite ville canadienne, où le duc d'York et sa suite ont passé un dimanche très pieusement, d'après les uns, tandis que, suivant d'autres reporters, il a profité de cette journée de repos pour aller voir l'Exposition de Buffalo sans que personne s'en aperçoive. Attendons que l'histoire soit faite, pour être fixé sur cet événement — comme sur beaucoup d'autres.

Poursuivant sa route durant encore une heure, le steamer remonte la rivière, qui ne laisse pas d'être fort pittoresque. Il touche, au bout de sa course, à une autre petite ville canadienne, Queenston, et traversant la rivière il va s'arrêter à Lewiston, N.-Y. Ici, les abbés F. et M. nous quittent pour se rendre tout de suite à Buffalo par le *New York Central* — et nous y préparer les voies, suivant les uns, et, d'après les autres, afin d'en finir d'un coup avec cet interminable voyage. Encore un point qu'élucidera l'histoire.

Pour nous, nous décidons de retourner à Queenston par le petit bateau traversier qui va partir, et de nous rendre à Niagara par le tramway électrique canadien.

Un peu après avoir dépassé les deux petites villes que j'ai nommées, nous voyons les côtes de la rivière se hausser subitement et devenir abruptes. Tout le terrain s'élève de même et forme un plateau à perte de vue. Quand on songe que, si le terrain était resté partout de niveau : la rivière n'aurait pas eu à tomber de haut, la chute Niagara n'existerait pas, les nouveaux mariés ne sauraient plus où faire leur voyage de noces. A quoi tiennent les choses !

Le tramway électrique gravit d'abord les hauteurs, et nous fait passer à travers des campagnes dont le sol paraît bien misérable. Ensuite viennent des vergers riches de poires et de pêches qui mûrissent, et aussi des vignobles qui attendent la vendange : des vignes dont les rameaux plient sous le poids des grappes, c'est un spectacle nouveau pour nous tous.

Mais, à gauche, le spectacle est encore plus extraordinaire ; car nous arrivons aux fameux rapides de la rivière Niagara. De fait, le tramway court sur la crête des hauteurs qui la bordent, et à tout instant ce sont des paysages nouveaux, jusqu'au moment où un même cri d'admiration s'élève de toutes les poitrines : " Voilà les chutes ! " Du tramway lui-même, en effet, on a une très belle vue d'ensemble de la fameuse cataracte. Seulement, la distance qui nous en sépare est encore un peu grande. Enfin, on arrive à Niagara même, on court jusqu'au bord de la falaise et l'on se pâme! Et il y a de quoi.

Je suis d'avis que rien de ce que l'on a dit de l'aspect des chutes Niagara n'est exagéré. C'est un spectacle d'une majestueuse grandeur que la plume ne saurait exprimer, pas plus que la photographie n'en donne une juste idée. Il faut voir cela soi-même pour savoir ce que c'est. Et quand on a contemplé cet incomparable point de vue, on peut se dire qu'on a vu la plus grande merveille de la nature.

Après cela, il n'est pas à craindre que j'aille entreprendre de décrire ce spectacle à grand renfort d'adjectifs à tous les degrés, de ronflants épithètes et d'ingénieux tours de phrase. Je dis plutôt au lecteur : Allez voir cela ! Ca vaut le voyage, *et amplius !*

L'aspect de la chute Niagara est donc l'un des rares spectacles dont la contemplation ne cause pas de déception. On s'attend à voir quelque chose de grandiose ; et l'admiration que l'on éprouve surpasse toute l'attente que l'on avait. Pourtant, il y a un détail qui n'a pas répondu à ce que j'imaginais. Je croyais en effet que la clameur des eaux s'élançant dans les gouffres devait être formidable, tandis que le bruit de la chute colossale m'a paru assez faible, relativement, et moins terrible que celui de notre chute Montmorency. Dira-t-on que je fais erreur ? Cela est bien possible. Ou bien, s'il en est comme j'ai dit, expliquerait-on le phénomène en prétendant qu'il est tout subjectif, à savoir que les yeux, fascinés par la grandeur du spectacle, absorbent à eux seuls la faculté perceptive des gens et n'en laissent qu'une petite partie aux oreilles?
— Je prends note de ce problème, pour l'explorer à fond lorsque

j'aurai fini de comprendre les autres problèmes qu'il y a dans la nature sensible et dans la nature insensible.

Une chose qui n'est pas douteuse, par exemple, c'est qu'on n'a une vue complète des chutes que de la rive canadienne. Cela revient à dire que c'est le Canada qui possède les chutes Niagara. Comme l'avantage en vaut la peine, il n'y a pas de doute que, en étudiant les choses un peu sérieusement, on trouverait là-dedans le germe des penchants qui se font jour de temps en temps, aux Etats-Unis, en faveur de l'annexion du Canada. — J'avertis que c'est là une idée neuve, et que les auteurs ne l'ont pas encore scrutée.

Quittons Niagara sans rien dire de l'excursion classique, et partant bien connue de tous, que l'on fait au pied de la chute. On s'est affublé, vous savez ? de vêtements de caoutchouc, des pieds à la tête, sous lesquels chacun a l'air d'un bandit de première classe ; on descend bien bas... par un ascenseur — tout cela moyennant une danse proportionnelle des écus, naturellement — puis on arrive, à travers une pluie battante, semble-t-il, soit tout près du pied de la chute, soit, après avoir parcouru une galerie creusée dans le roc, en arrière de la masse d'eau qui tombe. C'est émouvant, et il faut avoir cela à raconter, quand on a été à Niagara. Mais ne disons rien de ces choses, que personne n'ignore.

Niagara, petite ville canadienne, paraît ne consister qu'en jolies villas et parcs de grande beauté. — Un pont suspendu, grande œuvre de génie civil, nous conduit au Niagara américain, ville plus considérable, où il semble y avoir des affaires et de l'activité. — On y prend le chemin de fer ; et, en une heure à peine, on arrive au lac Erié et à Buffalo.

Buffalo ! La " Pan-American ! "

IV

Buffalo.—Heureuse fortune des Québecquois.—Philosophie de la "Pan-American".—Comparaison détaillée entre l'Exposition de Paris et celle de Buffalo.

Buffalo est situé à l'extrémité orientale du lac Erié, à l'angle ouest de l'espèce de triangle qui constitue l'Etat de New-York. A l'autre bout de ce lac — qui ressemble beaucoup comme forme et comme étendue au lac Ontario : cela soit dit pour mettre les touristes en garde et les empêcher de prendre l'un pour l'autre — se trouvent les cités de Tolédo et de Détroit.

C'est encore l'une de ces villes édifiées sur terrain plat qui n'ont pas de caractère, où tout est de niveau, et où, pour avoir le plaisir de monter un peu — car le genre humain a toujours des aspirations à s'élever, — on est obligé de construire des maisons à vingt ou trente étages. Que ne donneraient pas les citoyens de ces localités pour avoir chez eux même la plus petite de nos jolies côtes de Québec, où tout monte à l'envi : la chaussée, les trottoirs, les maisons, les bêtes et les gens ! C'est que, lorsqu'on pratique des ascensions de cette sorte, on savoure à l'avance le plaisir qu'il y aura tantôt à descendre ; et comme, en ces lieux inégaux, il y a constamment à monter ou à descendre, cela fait qu'on y est toujours heureux. En creusant un peu cette idée, on comprendra pourquoi il y a cette affluence de touristes à Québec et en Suisse. Du reste, comme c'est dans l'intérêt des chevaux de cochers et de charretiers que les fondateurs de la plupart des villes se sont fixés dans des pays aussi plats que possible, voilà que les inventeurs des tramways électriques, des automobiles et des bicycles leur ont joué un bon tour en créant des véhicules qui marchent tout seuls ou à peu près. Il est donc désormais entendu que l'on peut maintenant fonder des villes où l'on veut. Quel bonheur c'est d'avoir attendu à notre époque pour vivre !

Ayant ainsi parlé assez au long de... Buffalo, que j'ai d'ailleurs très peu visité, je n'ajouterai plus qu'un petit nombre de traits au croquis qui précède.

Comme il convient à une cité moderne, les rues de Buffalo, bien propres, sont toutes tirées au cordeau. Les édifices sont assez joliment bâtis. Beaucoup d'églises, de grandes écoles et d'institutions diverses. Des quantités de tramways, qui vous mènent où vous voulez. D'innombrables lignes de chemin de fer, qui viennent de partout ; et, sur le bord du lac, de longues jetées, au moyen desquelles on a créé un vaste port artificiel, où viennent aboutir soit les rivières Niagara et Buffalo, soit des canaux qui mènent à des docks destinés au transbordement du bois, du charbon, des minerais de fer. Il y a donc beau à y faire de l'industrie, du commerce, de la navigation. Mais ce n'est toujours bien que de la navigation d'eau douce ! Et comme l'on ne communique pas avec la mer, on n'a pas, comme ailleurs, le plaisir très goûté d'y voir venir parfois quelque jeune baleine en rupture d'océan.

On dit que Buffalo a une population de 400,000 âmes. Ce chiffre m'étonne bien un peu, vu les dimensions de la ville ; mais enfin, je n'ai pas compté les âmes qu'il y a là, et je me décide à y croire.

*
* *

Comme l'indique assez sa dénomination très vulgarisée de " pan-américaine," l'Exposition de Buffalo ne se proposait que de réunir les productions naturelles et les produits industriels et artistiques des deux Amériques. La plupart des nations indépendantes de ce continent et plusieurs des Etats de l'Union y ont pris part, construisant chacun des palais particuliers, destinés à donner autant que possible l'idée du pays dont ils portaient le nom.

Que si l'on demande pourquoi on a eu l'idée 1° de tenir cette Exposition, 2° cette année, 3° à Buffalo, je confesse ne pas le savoir beaucoup, ni même un peu. Ni je ne me rappelle avoir vu traiter de ces sujets nulle part. En l'absence de documents, il n'est pas interdit de penser qu'aucune circonstance spéciale n'exigeait absolument, dans l'intérêt de l'humanité, la fixation de cette foire américaine en 1901 plus qu'en 1890 ou en 1915, ni qu'elle eût lieu à Buffalo plutôt qu'à Washington ou à San Francisco. Toutefois, à ce dernier point de vue, il faut reconnaître qu'étant donné la situation centrale de Buffalo dans une région habitée par une quarantaine de millions d'âmes, étant donné aussi la multiplicité des voies de communications qui y aboutissent, le choix de cette ville était fort heureux. Sans doute aussi, un facteur important dans la genèse d'un projet de grande exposition, c'est l'espoir bien fondé de procurer à la ville choisie un grand mouvement industriel et commercial, qui se fera sentir durant les années de la préparation et celle de la tenue de l'Exposition. En fin de compte, et pour tout résumer, disons que l'on se décide d'abord à tenir une exposition en vue de faire de l'argent, et que l'on s'efforce ensuite de trouver une raison ou un prétexte qui justifie plus ou moins l'idée et l'impose à l'attention universelle. — En l'espèce, à notre âge d'exposition, il n'était pas déraisonnable de composer un tableau de ce que sont, au commencement du vingtième siècle, les pays du Nouveau Monde. Et si la Compagnie, organisée pour mener à bien l'entreprise, a perdu dans l'aventure, à ce qu'on dit, deux ou trois petits millions de dollars, Buffalo et l'Etat de New-York ont fait de l'argent en cette affaire, et tout est bien. On n'a qu'à le dire, et me voilà, moi aussi, tout prêt à perdre trois millions de la main gauche, pour en gagner une centaine de la main droite. Ce n'est pas plus difficile que cela, au moins sur le papier.

Ayant visité, l'an dernier, l'Exposition de Paris, je n'imaginais pas trouver de l'intérêt à voir celle de Buffalo. Et je n'ai fait les frais d'y aller que pour jouir du voyage lui-même. Eh bien, à la face de l'une et de l'autre Amérique, j'avoue que je me suis, en tout cela, laissé choir en une profonde erreur. L'Exposition de Buffalo valait la peine d'être visitée, même après qu'on avait vu celle de Paris.

Les deux expositions différaient beaucoup comme étendue,

naturellement : celle de Paris devant, sur ce point, son avantage au fait qu'elle était destinée à contenir les produits de toutes les nations de l'univers. Pour donner une idée de leur étendue relative, on peut dire, il me semble, que le terrain occupé par l'Exposition de Paris équivalait à peu près à l'espace rempli par la ville de Québec toute entière, tandis que l'Exposition de Buffalo aurait tenu dans les limites circonscrites par les murailles qui entourent la Haute-Ville.

Les terrains eux-mêmes, abstraction faite des palais et des pavillons, étaient bien mieux aménagés et décorés à Buffalo. Par exemple toutes les voies et avenues, dont quelques-unes avaient d'immenses proportions, étaient ici en asphalte. Il en résultait l'avantage de pouvoir circuler très facilement dans les temps pluvieux, et, lorsque le temps était beau, on n'y soulevait pas ces nuages de poussière qui étaient un ennui, l'an dernier, sur les bords de la Seine.

La disposition des édifices, tous groupés symétriquement de chaque côté d'une immense avenue centrale, m'a semblé plus heureuse qu'à Paris, où il était certainement fâcheux de voir l'Exposition partagée en deux groupes distincts, ceux du Champ-de-Mars et du boulevard des Invalides, reliés ensemble, de chaque côté de la Seine, par une ligne étroite de palais. La Seine elle-même, qui passait ainsi au beau milieu de l'Exposition, traversée par une foule de ponts de belle allure et sillonnée en tous sens par des bateaux de tout genre, jouait sans doute là-bas un rôle très décoratif. Pourtant, en cette question aqueuse, je ne suis pas prêt à admettre que les Buffaloniens aient eu le dessous. D'abord, sur l'un des côtés du vaste terrain de la Pan-American, il y avait au milieu des bocages deux lacs assez grands, contenant même de petites îles verdoyantes. Sur l'avenue centrale, au pied de la Tour électrique, était un grand bassin pourvu de jets d'eau de grande beauté ; un peu plus loin, venait la Cour des Fontaines, immense bassin à nombreuses fontaines jaillissantes du milieu des eaux ; plus loin encore c'était le lac Mirror, coupant l'avenue centrale à

10

angle droit, et traversé par le vaste pont Triomphal. En outre, on avait creusé tout autour de l'Exposition, et à travers les palais, un long et joli canal artificiel, couvert d'innombrables ponts en asphalte, et venant aboutir aux deux extrémités du lac Mirror. Cela donnait une idée des canaux de Venise, d'autant mieux qu'en certain endroit on avait reproduit de chaque côté du canal une suite de vieux palais vénitiens ; d'autant mieux encore qu'une multitude de gondoles, en tout semblables à celles de Venise, promenaient les visiteurs sur ces eaux tranquilles, au son des guitares et des mandolines. Dans la vie des hommes mes frères et dans la mienne, j'ai connu des heures beaucoup plus désagréables que celles où l'on voguait ainsi, tout le long de ce canal de Buffalo, sous la poussée du gondolier debout sur la poupe d'un canot vénitien

------

- V

Les Américains, gens pratiques, ont reconnu que rien ne vaut les fleurs naturelles pour la décoration de quoi que ce soit. Aussi, à l'Exposition, ce n'était partout que parterres fleuris et odorants. Voilà encore un point sur lequel nos voisins ont fait mieux que les organisateurs de l'Exposition de Paris. Sans doute, les serres de Buffalo n'ont pas égalé les serres immenses et de style si gracieux que l'on vit en 1900 sur le bord de la Seine ; mais, comme je viens de le dire, Buffalo l'a emporté pour les plantes d'ornement plantées en plein air. De fait, le terrain de l'Exposition était comme un vaste jardin, divisé en sections, dont beaucoup étaient exclusivement consacrées aux principales classes de fleurs, roses, lis, cannas, etc. D'importantes maisons qui s'occupent, à New-York et ailleurs, de la culture et du commerce des graines et des plantes de jardin, avaient retenu çà et là des terrains particuliers, qu'elles avaient semés de leurs herbes à gazon ou plantés de leurs plus belles fleurs : c'était là une réclame excellente pour elles, et la Compagnie de l'Exposition y trouvait assurément son avantage à tous égards.

Dans l'un des grands parterres tout fleuris, on avait eu l'idée de placer, au milieu des fleurs, des centaines de lampes électriques; et c'était spectacle joli que de voir, la nuit venue, ces lumières si vives qui scintillaient, tout près du sol, parmi les feuillages délicats et les brillantes corolles.

Malgré mon désir de donner à la France toutes les supériorités, je dois pourtant avouer qu'elle s'est fait battre à Buffalo encore sur un autre point : sur le chapitre de l'illumination. Bien que j'aie éprouvé tout de suite cette impression-là, j'aurais hésité à la faire connaître, si je n'avais pas eu sur ce fait l'aveu de trois Parisiens, qui venaient de visiter la Pan-American et donnaient en cette matière la palme à Buffalo. Or, quand nos très chers cousins les Français, et surtout les Parisiens, admettent eux-mêmes leur infériorité en quelque sujet, je ne conseille à personne de se donner la peine de les accuser d'un excès de modestie. Au reste, dans l'affaire dont il s'agit, cette infériorité n'a rien d'humiliant, et dépend des circonstances beaucoup plus que d'un manque de génie. Quand on a les chutes Niagara à sa porte, il n'est vraiment pas difficile d'allumer autant de lampes qu'on veut. On parle de cinq cent mille lampes qui ont scintillé à l'Exposition de Buffalo. S'il avait fallu, comme à Paris, brûler du charbon pour produire l'électricité, on n'y serait pas allé de la sorte par demi-million, et l'on aurait fait appel aussi au gaz, à l'acétylène et aux lanternes chinoises.

Entendons-nous, cependant. Comme détail, rien à Buffalo n'approchait de la richesse de décoration lumineuse du palais de l'Electricité, à Paris ; les dessins multicolores que l'on avait effectués au fronton très étendu de ce édifice, et dont l'on variait les couleurs à volonté, étaient d'une splendeur inouïe. Mais c'est comme ensemble que l'illumination l'emportait, à Buffalo. Tous les édifices de l'Exposition illuminés à la lumière blanche, et dont toutes les lignes architecturales se dessinaient en caractères de feux à travers les ténèbres, c'était sans doute le plus brillant spectacle qui se soit jamais offert, ici-bas, à l'œil de l'homme. La Tour électrique, en particulier, avec ses quarante milliers de lampes disposées en dessins de tout genre, paraissait en état constant de combustion... artistique ; et, de loin, à travers la ville, on jouissait de son éclat merveilleux.

Comme effet gracieux d'illumination, je mentionnerai la Cour des Fontaines, vaste pièce d'eau située sur l'esplanade centrale. Sur deux lignes parallèles, et d'une extrémité à l'autre de ce beau parallélogramme liquide, de nombreux jets d'eau s'élevaient dans les airs. Au pied de chacune de ces fontaines, et l'entourant comme d'une immense couronne de fleurs, des lampes électriques de couleurs variées émergeaient des eaux et donnaient à tout l'immense bassin l'aspect d'un jardin planté de... lumières... fleuries.

Et que dire des fontaines lumineuses ? Il faut, après avoir vu celles de Paris, en 1900, prononcer que l'Europe n'a pas beaucoup l'idée de ce que peuvent être des fontaines lumineuses ! A Buffalo, ces fontaines ou plutôt ces jets d'eau, dont l'on variait la coloration à l'infini, prenaient aussi les formes les plus diverses ; et, de quelque distance, l'on avait peine à se bien persuader que tous ces effets extraordinaires se réalisaient simplement avec l'eau claire d'un aqueduc ordinaire. Il paraît qu'à Chicago, à l'Exposition de 1893, on avait déjà atteint cette perfection dans l'art... de la fontaine.

Pourtant, à Buffalo, sur le champ même de son triomphe, nous vîmes l'électricité vaincue ! Nous vîmes l'éclat des cinq cent mille lampes à incandescence se changer en vulgaire couleur de rouille ! L'acétylène, tel est le nom du vainqueur. Il s'était fait modeste dans la lutte, pourtant, et n'illuminait qu'un seul petit palais ; mais sa victoire n'en a été que plus frappante. Des rangées de becs de gaz acétylène couraient sur toutes les lignes architecturales de l'édifice, à la façon des installations électriques, et l'éclat de

cette illumination était incomparable. Pour éclairer complètement
là-dessus la religion du lecteur qui n'aurait jamais vu côte à côte
les deux genres d'éclairage, disons qu'il y a autant de différence,
en fait de lumière brillante, entre le gaz d'acétylène et les lampes
électriques incandescentes, qu'il y en a entre celles-ci et les lampes
à arc.

Une chose étonnante, c'est que, dans aucune des nombreuses
correspondances publiées par les journaux sur l'Exposition de
Buffalo, personne, je le crois, n'ait signalé ce brillant succès de
l'acétylène. Tous actionnaires de Compagnies électriques, évidemment, ces correspondants de journaux.

Que dirai-je des palais et des pavillons de la Pan-American ?
J'avouerai en toute simplicité la remarquable incompétence qui
est mon lot, dans toutes ces questions d'architecture. Par bonheur,
et c'est consolant pour moi, il n'y a pas beaucoup d'habitants de
l'Amérique du Nord qui, depuis environ trois ans, n'ait vu sur son
journal des vignettes destinées, sans que nous nous en doutions, à
combler la lacune que l'on observera ici dans ces modestes notes
de voyage : tantôt le palais de l'Electricité ou celui de la Musique,
tantôt le palais des Manufactures, tantôt les autres aussi, se sont
étalés chacun leur tour au milieu des dépêches de la guerre sud-
africaine, des articles sur la colonisation ou des réclames électorales.
En sorte que chacun s'est formé une idée suffisante du genre
fantaisiste des édifices de l'Exposition.

L'aspect des grands palais, auxquels le caprice des architectes
avait donné beaucoup de variété, était certainement très agréable.
Quant aux pavillons particuliers des Etats de l'Union ou des nations
américaines, ils étaient beaucoup plus simples. Peu des palais
étaient de couleur blanche, comme étaient la plupart de ceux de
l'Exposition de Paris, que l'on aurait dit construits en marbre de
Carrare. En outre, à Paris, beaucoup des pavillons des nations

étrangères étaient de véritables monuments d'architecture, d'une très grande richesse de décoration.

Il faut conclure que, sur ce chapitre des constructions, l'Exposition de Buffalo, même si l'on tient compte de ses proportions restreintes, a été notablement inférieure à celle de Paris.

Quant à l'intérieur des palais ou des pavillons, à l'exception du Temple de la Musique, orné comme l'une des belles salles des théâtres d'Europe, il n'avait rien de remarquable, et personne n'en était surpris. Car il n'est pas indispensable que l'on décore, à l'instar du foyer de l'Opéra de Paris ou des salles du casino de Monte-Carlo, des locaux où l'on installera des automobiles, des charrues, des flacons de " Mixed Pickles," des presses à imprimer, et des citrouilles. — Il me fait peine de finir aujourd'hui sur ce mot, que m'impose la rigueur des exigences littéraires ; mais il faut bien tout de même finir, pour permettre au lecteur intrépide de souffler enfin.

VI

Naïveté qu'il y aurait à interroger un visiteur de l'Exposition sur les objets qui y sont exposés.—Le cher drapeau britannique.—Au pavillon du Canada. —Il n'y a partout que du buffalo.—Comme quoi nos petites vaches canadiennes se sont couvertes de gloire.

On croit peut-être, chez certains, qu'il est temps de parler de l'Exposition elle-même, c'est-à-dire des objets qu'on y voyait exposés. Car il y a toujours des gens sans expérience, prompts à croire que " c'est arrivé," n'ayant jamais voyagé, et qui s'imaginent bénévolement que lorsqu'on revient d'une Exposition, c'est après l'avoir visitée. Disons donc, une fois pour toutes, à ces âmes toujours neuves, que si, à coup sûr, on ne visite pas, en restant chez soi, une Exposition universelle ou même tant soit peu considérable, on ne la visite pas beaucoup plus lorsqu'on y va.

Je suppose le cas, qui a été celui de la plupart des Canadiens, où l'on est resté quatre jours à Buffalo. — Il fallait bien, n'est-ce pas ? passer un jour à circuler, de ci, de là, dans une aussi grande ville et qui vaut qu'on la visite un peu. Et des trois journées qui restaient, eh bien, on en passait la première moitié à parcourir en tous sens l'immense terrain de l'Exposition, à s'extasier sur l'aspect extérieur des palais, à suivre de l'œil les gondoles du canal artificiel, à s'exclamer devant les formes étranges des cactus qui remplissaient tout un grand parterre, à sentir toutes les variétés de roses qu'il y avait aux rosiers, à écouter le grand orgue du Temple de la Musique et les musiques des kiosques, à lire les grandes affiches réclames du Midway. Ah ! le Midway ! c'est ce qui a occupé principalement beaucoup de visiteurs.

Il ne nous reste plus qu'une journée et demie pour visiter enfin l'Exposition, la vraie Exposition. Et quand l'on s'en va, c'est en se disant qu'avec un jour ou deux de plus, on aurait pu s'en retourner avec une connaissance quelconque des richesses de tout genre que l'on n'a fait qu'entrevoir. Mais voilà ! ce qui est fait est fait, et l'on a négligé en grande partie le côté utile de l'Exposition, pour s'être tout d'abord trop laissé prendre à son côté amusant et léger.

Je demande à la plupart de ceux qui ont visité une grande Exposition, si ce n'est pas là leur histoire.

La morale de cette " *fébeul*," c'est qu'il ne faut jamais compter, pour savoir ce qu'il y avait à l'Exposition, sur les propos de quelqu'un qui en revient. — Si l'on veut réellement savoir à quoi s'en tenir, il n'y a qu'à y aller soi-même. Et alors, comme j'ai dit, on dépense les trois quarts de son temps à regarder autre chose que les " exhibits." — Un cercle vicieux, quoi !

Par où il est démontré que, dans la vie, il faut toujours aboutir par quelque point, vrai ou faux, à la logique, au moins chez nous les Français.

Quand on a l'honneur d'être sujet britannique, on aperçoit tout de suite et comme par instinct, en entrant à l'Exposition, le cher drapeau de l'Empire qui flotte sur un édifice, et l'on se dirige de ce côté. Le mot " Canada " dessiné au-dessus de la porte, ce n'est pas pour empêcher d'y entrer ; au contraire.

On s'est plaint partout, jusqu'à la chambre des Communes, que rien n'était plus disgracieux que le pavillon du Canada à l'Exposition de Paris. La chose s'expliquait d'elle-même, ajoutait-on: c'étaient les autorités anglaises qui avaient fait construire l'édifice, et il n'y a personne au monde pour manquer de goût autant que les Anglais. — Eh bien ! à Buffalo, disaient quelques-uns, les Canadiens vont se reprendre !... Aussi j'ai déjà lu que le pavillon que nous y avions était joli.

Moi, je trouve que l'on ne s'est guère repris. J'ai là, sous les yeux, au moment où je couche mes impressions — plus ou moins somnolentes — sur le papier, les photographies de nos deux palais de Paris et de Buffalo ; et si je ne les trouve affreux ni l'un ni l'autre, je ne les trouve pas plus merveilleux l'un que l'autre. Celui de Paris, au moins, a des airs de monument, tandis que celui de Buffalo passerait volontiers pour une assez belle gare de chemin de fer ; j'ai même déjà vu une grange qui était presque aussi belle. Par exemple, c'était une bien jolie grange ! Je conclus en proclamant que le pavillon du Canada, à Buffalo, sans être remarquable, était d'aspect aussi soigné qu'il fallait.

Les installations de l'intérieur étaient très bien disposées et de nature à nous faire honneur. Nos grains de l'Ouest, nos fourrures de partout, voilà ce qui attirait surtout les regards du visiteur. Dès la première salle, on se trouvait en présence d'un énorme buffalo de belle robe et bien monté. Quelle courtoise et délicate attention, de la part de notre gouvernement d'Ottawa ! On dira encore que les corporations n'ont pas de cœur ! — J'ajoute que si quelque chose ne manquait pas, dans tous les coins de l'Exposition, c'étaient les buffalos. Il y en avait des grands, des moyens, des petits et des minuscules ; il y en avait en or, en argent, en fer-blanc, en terre, en gélatine ; il y en avait de disposés pour tous les usages imaginables, ceux de presse-papiers, d'épinglettes, de pots à tabac, etc. Aussi, peu de touristes sont revenus de l'Exposition sans avoir à leur cravate, à leurs manchettes, à leur chaîne de montre, dans leur poche ou leur sac de voyage, ce gracieux spécimen de la zoologie américaine.

Non loin du buffalo que je viens de signaler, il y avait un beau salon pour les dames, et une salle de lecture et d'écriture pour les messieurs. C'est ici qu'on voyait pendus (plus d'un le méritait depuis longtemps) le long des murailles beaucoup de journaux du Canada et d'ailleurs ; c'est ici que, cédant à la suggestion de papier et d'enveloppes marqués au cachet de la Pan-American, chacun écrivait au moins à quelque parent ou ami, pour bien témoigner qu'on y était, à Buffalo ! Et quand se présentait la question du timbre-poste des Etats-Unis à apposer sur sa lettre, on ne savait plus que faire. Cela vous donnait l'idée ou l'occasion d'aller au commissariat canadien, à l'autre bout de la bâtisse, pour y contempler la mine de nos représentants. On nous y recevait avec une courtoisie parfaite, on s'emparait de notre missive, on y collait le timbre-poste requis, et l'on se chargeait de lancer notre lettre dans le système postal. Tout cela à titre gracieux et aux frais du gouvernement canadien. Dire que, malgré cette magnifique façon de faire les choses, notre gouvernement trouve encore moyen d'avoir des millions de surplus ! Que voilà un gouvernement qui gouverne bien ! En tout cas, pour ce qui me concerne, je me suis fait remettre par mon correspondant ce timbre-poste, monument de la munificence du *Dominion of Canada*, et, après l'avoir toute ma vie tenu... collé sur mon cœur, je le transmettrai à mes arrière-neveux comme un cher héritage.

Or, on a dit — que ne dit-on pas quand on ne sait que dire ! — que la province de Québec n'était pas représentée à l'Exposition de Buffalo ; que c'était grand dommage ; que nous avons manqué là une belle occasion de nous faire une réclame profitable.

Ah ! la province de Québec n'était pas représentée à Buffalo ? Non ? Eh bien, et nos vaches canadiennes, on n'en tient pas compte, par hasard ?

C'est dans l'industrie laitière que notre Province s'est le plus distinguée en ces dernières années, et c'est notre industrie laitière que, en haut lieu, l'on a chargée de nous rapporter de la gloire, de cette Exposition. Et le résultat a prouvé que l'on a été bien inspiré. C'est le Dr J.-A. Couture, de Québec, le promoteur de l'idée, qui doit être content, lui dont toutes les prévisions se sont réalisées à la lettre. Nos pauvres petites vaches canadiennes, arrivées à Buffalo, en mai dernier, maigres et fatiguées de la stabulation de notre long hiver, ont... tenu la queue des autres races, grandes, grosses, grasses, durant tout l'été. Puis sans faire semblant de rien, elles ont recouvré leurs esprits, se sont engraissées tranquillement, et, durant les dernières sept semaines du concours, elles ont battu toutes leurs concurrentes ! Elles se sont couvertes de lauriers, elles ont tenu haut et ferme... le drapeau de la victoire; elles ont, enfin... écrit une belle page dans nos annales. — Quand je les vis, le 23 septembre, elles n'étaient encore qu'au début de leurs triomphes ; mais elles paraissaient si bien être dans leur assiette, elles avaient tellement l'air tranquille, modeste, assuré, qu'on voyait bien qu'elles n'avaient pas dit leur dernier mot.

Donc, la province de Québec était représentée, et bien représentée, à l'Exposition de Buffalo !

———

VII

Un capitole en beurre.—Antiquités américaines.—Un bon moyen pour savoir ce qu'il y avait à l'Exposition.—Le Midway et ses attractions.

Ne sortons pas de l'industrie laitière sans mentionner un splendide palais, qui était bien le plus beau monument que l'architecture ait jamais élevé au beurre — et en beurre. L'édifice avait bien une douzaine de pieds de longueur, avec les autres dimensions en proportion, et reproduisait, si j'ai bon souvenir, le capitole de l'Etat du Minnésota. Il y avait là, m'a-t-on dit, douze cents livres de beurre, d'un beurre de très belle couleur. Or cette construction était là depuis le commencement de juillet ; elle avait

passé par les journées torrides du mois d'août, et paraissait n'avoir
ni fléchi ni subi le moindre changement. Il faut dire aussi, que
l'on avait soigneusement tenu le soleil à l'écart, et que la construction elle-même était renfermée dans une cage de verre herméti-
quement close, dont l'intérieur était maintenu, par je ne sais quel
système de réfrigérateur, à la température qu'il fallait.

Cette merveille était dans le rez-de-chaussée du *Dairy Building*,
tout près du pavillon canadien, et il semble que peu de visiteurs
aient seulement connu son existence. Ce *Dairy Building* était
une belle reproduction d'un grand chalet suisse, dont le premier
étage et le toit étaient occupés par un restaurant non moins horrible
que d'autres horribles restaurants de l'Exposition.

Un autre édifice dont la visite offrait beaucoup d'intérêt aux
gens curieux, c'était le palais de l'Ethnologie. Ce palais, qui faisait
le pendant du Temple de la Musique, sur l'esplanade centrale, était
du style Renaissance classique, et sa construction avait coûté
$88,000, ni plus, ni moins. Il contenait des collections très consi-
dérables d'objets de toutes sortes, pour la plupart souvenirs des
anciens peuples des deux Amériques, même des habitants préhis-
toriques de notre continent. Car il faut savoir que, longtemps
avant la venue des Européens, il a existé, surtout vers le centre de
l'Amérique, au Mexique et ailleurs, des peuples puissants, dont la
civilisation était avancée, et qui ont si bien sombré dans les ombres
de l'histoire, qu'on ne sait rien de défini à leur sujet et que l'on
ignore jusqu'à leur nom. Il n'y a vraiment pas moyen de disparaître plus que cela.

Cependant, en divers endroits, grâce aux travaux des mines,
du percement des routes et de l'établissement des voies ferrées, on
a retrouvé les ruines de constructions variées dues à l'industrie de
ces nations oubliées durant de longs siècles. Et même, en ces
dernières semaines, on nous disait avoir rencontré des inscriptions

en caractères inconnus, au cours de fouilles pratiquées en certaine
localité du Mexique.   Il ne reste plus qu'à trouver la clef de cette
langue perdue : c'est bien une œuvre d'une réalisation difficile,
sans doute ; mais enfin il faut admettre qu'il y avait d'abord à
rencontrer des spécimens de cette écriture, et c'est fait.   Mais le
fait de cette trouvaille est-il authentique ? et quelque Champollion
se présentera-t-il pour déchiffrer ces mystérieux caractères ? Questions que l'avenir résoudra mieux que nous.

Quoi qu'il en soit, en ce palais de l'Ethnologie, on pouvait
contempler des portions de monuments antiques, des fac-similés?
de constructions, des ustensiles divers et en général des échantillons
variés des arts industriels de ces anciens habitants du continent
américain.   Moi dont la curiosité avait été aiguisée, depuis des
années, par la vue des représentations héliotypiques, photogra-
phiques, etc., de toutes ces choses, en des centaines de publications
savantes des Etats-Unis, on peut croire que j'ai saisi avec enthousiasme l'occasion de voir enfin et de palper ces restes vénérables
de l'industrie et de l'art de nos prédécesseurs de l'Amérique !

D'ailleurs, il y avait aussi de nombreux objets, armes, amu-
lettes, idoles, etc., des peuples sauvages de l'Amérique contemporaine.   On y voyait jusqu'à un canot d'écorce de l'une de nos
peuplades indigènes de la province de Québec.

Je signalerai encore une très grande carte géographique qui
était déployée sur l'un des murs du palais de l'Ethnologie.   Cette
carte, toute récente et publiée par l'un des ministères de notre
gouvernement d'Ottawa, représentait notre ancienne Nouvelle-
France partagée entre les diverses nations sauvages du temps avec
les dénominations géographiques et politiques actuelles qui cor-
respondent aux noms d'autrefois.   Voilà une carte très intéressante
pour les gens qui étudient l'histoire canadienne ; et cependant je
n'ai vu mentionner nulle part la publication de cette carte.   Je
trouve même si étrange ce silence général, que j'en arrive à me
demander si je ne suis pas, en en parlant, dupe d'une mémoire en

veine de plaisanterie, ou victime d'un rêve qui se prolongerait depuis huit semaines… Pourtant, je l'ai vue cette carte !

Mais j'en aurais au moins jusqu'au jugement dernier, si j'entreprenais de dire, même par manière de résumé, ce que contenait d'intéressant ou de remarquable chacun des édifices de l'Exposition. Aussi, pour en finir d'un trait avec la revue de l'Exposition elle-même, je me borne à mentionner les sections de l'Electricité, de la Mécanique et de la Typographie, comme ayant été particulièrement dignes d'attention. Personne ne trépassera de surprise, assurément, en attendant dire que les Etats-Unis ont brillé surtout dans ces matières, qui sont bien le champ d'action où ils excellent.

Après cela, s'il y a des gens curieux de savoir par le menu quelles sortes de bicyclettes, de canons, de dynamos, de carosses, de bottines, d'enveloppes de lettres, de vaisselle et de balais il y avait d'exposés à Buffalo, je les prie de ne pas compter sur moi pour le leur dire. Probablement, ils pourraient se renseigner abondamment sur ces sujets tout palpitants d'intérêt, en consultant le catalogue général de l'Exposition, 1° s'ils peuvent s'en procurer un, 2° s'il en existe un ; à défaut de quoi, je ne leur connais qu'une ressource, celle d'aller à l'Exposition de Saint-Louis, en 1903. Ils y trouveront tous ces mêmes articles et bien d'autres que l'on inventera d'ici là. Par exemple, qu'ils aient soin, pendant ces prochains dix-huit mois, de ne pas se noyer, ni de se faire écraser sous les roues d'une locomotive, ni de se faire mordre par un chien enragé, ni de perdre la tête n'importe où ou à propos de n'importe quoi.

Après une étude si approfondie du côté sérieux de l'Exposition, on attend encore de moi, j'en suis sûr, que je dise un mot du " Midway," qui occupait près d'un quart du terrain de l'Exposition. Ce nom qui fut inauguré à l'Exposition de 1893 à Chicago, désignait l'endroit affecté aux diverses " attractions." C'était à Buffalo, une longue avenue serpentant en des courbes diverses, et bordée de tentes, de pavillons, d'édifices de style fantaisiste, ou simplement d'enclos. Il y avait là des spectacles et des exhibitions de genres variés, au nombre, paraît-il, d'une quarantaine. Il aurait donc fallu, encore ici, beaucoup de temps pour tout voir. Il est probable que plusieurs de ces attractions laissaient à désirer au point de vue du bon goût et même de la réserve chrétienne. Je n'ai pas été à même d'en juger, parce que j'ai tenu à ne visiter que quelques-uns des " shows " où j'étais sûr de n'avoir pas de regrets à cueillir, et j'espère que tous nos compatriotes ont fait de même.

C'était déjà tout un spectacle, que de parcourir seulement le " Midway," sans entrer nulle part. La fantaisie des constructions, l'extravagance des affiches-réclames, les boniments criards que l'on débitait à la porte des établissements et que l'on accompagnait souvent de roulements de tambours et d'appels de clairons ou d'autres instruments, et cette foule de gens de tous les pays et de costumes très variés : c'était ahurissant, affolant, mais tout de même intéressant à voir une fois. L'endroit, évidemment, était peu favorable à la méditation, au recueillement, aux spéculations philosophiques. Si la tête et le cœur n'y trouvaient guère d'aliments de choix, par contre les yeux et les oreilles y avaient de la besogne, et, si l'on n'y prenait garde, la danse des écus et des dollars pouvait aisément prendre là des allures désordonnées.

<hr>

VIII

Au " Midway ".—Où l'on achète des "souvenirs."—Les cabines de la presse.—
    Des reconstitutions, la "Trip to the Moon," etc.—Mon ami l'Esquimau.
    —Hourra pour les Boers !

Lorsqu'on commençait la visite du Midway par le " Bazaar Building," ce n'était pas le moyen d'aller vite en affaire. Commençons pourtant par là, puisque le temps, n'étant pas en cette matière de l'argent, nous en avons abondamment. Car il est permis de parler de l'Exposition de Buffalo tant qu'une autre grande foire de ce genre ne sera pas venue en effacer le souvenir.

La vente des objets exposés était interdite dans tous les palais et les pavillons de l'Exposition proprement dite. Cela ne faisait pas l'affaire des industriels de tout genre, qui ne fabriquent pas les choses pour le seul amour de la gloire. Le touriste, lui, s'en trouvait bien, puisqu'il pouvait voir à son aise ce qui l'intéressait sans avoir à se défendre de mille tentations plus ou moins désastreuses pour son porte-monnaie, ni à subir les assauts tapageurs de la réclame américaine. D'autre part, on n'aurait pas compris un visiteur de la Pan-American qui n'aurait pas rapporté de là-bas, à l'intention de sa petite sœur ou de sa belle-mère, quelque souvenir de l'Exposition. Mais tous les intérêts se sont trouvés finalement conciliés d'admirable façon, grâce à la géniale idée de ce " Bazaar Building."

C'était un grand édifice, tout divisé en compartiments loués aux particuliers du commerce et de l'industrie. A tous ces comptoirs, des vendeurs et des vendeuses s'efforçaient de combler les désirs des passants, dont la foule dans ce pavillon, à tout moment, était très considérable. Bijoux, soieries, articles de bureau et de toilette, toute la bimbeloterie imaginable était réunie là pour tenter les gens. Vu l'espace restreint accordé à chaque concessionnaire, il n'y avait dans ces boutiques que de menus objets, et je n'ai vu là, en vente, ni locomotives, ni moulins à battre, ni charrettes à foin. Mais je sais que l'on y vendait jusqu'à des parapluies, puisque j'ai bien failli en acheter un, certain jour où la pluie menaçait. (Pour terminer l'anecdote, qui à la rigueur peut intéresser quelque lecteur et lui être même utile à l'occasion, j'ajoute que je trouvai plus économique de sortir de l'Exposition, d'aller à mon hôtel, moyennant quatre ou cinq milles de tramway, et de payer de nouveau mon entrée à l'Exposition : le tout pour aller quérir mon parapluie. Comme chacun le devine, il ne tomba pas de pluie du tout, et la soirée fut délicieuse.)

Il y avait là des marchands de toutes les nations, ce qui veut dire seulement : de beaucoup de nations. Pour ma part, j'ai fait des achats à des comptoirs algériens, syriens, français, etc. Il en aurait fallu avoir, de la force d'âme, pour résister à l'appât de ces étalages divers, où vous trouviez justement tel et tel article qui vous manquait depuis si longtemps.

Des bureaux de banque, d'express, de poste, de téléphone, fonctionnaient parmi ce brouhaha commercial. Comme il y avait aussi des agences de maints journaux, il était facile de trouver le bonheur dans cet édifice. C'est dans un balcon, qui régnait au second étage, que l'on trouvait ces installations de gazettes, lesquelles ne consistaient qu'en de petites cabines successives d'où le luxe semblait totalement exclu.

Voici Nuremberg, reconstitution d'une rue de la vieille ville allemande, " temple de l'art gothique, musée du moyen âge," a dit Marmier je ne sais plus où. On y boit de la bière de Munich, en écoutant la *Royal Bavarian Infantry Band Guard Mount*, ou la *Kœnigseer Upper Bavarian Peasant Troupe*, qui donnent plusieurs concerts par jour.

Voici la reconstitution d'une double rangée de palais vénitiens, accablés de vétusté, entre lesquels nous avons passé, l'autre jour, en gondole.

Voici les " Bostock's Trained Wild Animals," où nous voyons une " performance " de deux douzaines de lions.

Voici l'Indian Congress, qui se compose, dit-on, des représentants de quarante-deux tribus sauvages de l'Amérique.

Et les pièces de 25 cts s'en vont à l'envi, de droite et de gauche!

Elles ne s'en vont pas moins, à tire d'aile, sur l'autre partie du Midway, où il y a un quartier mexicain, et le village africain, et la fameuse " Trip to the Moon," et cent autres choses aussi panaméricaines que celles-là.

Il ne fallait pas manquer le village *esquimau*, où il y avait plusieurs familles d'Esquimaux très authentiques. Personne ne s'attendait de trouver là les élégances de la vie parisienne. En effet, tout était fort primitif et reproduisait vaguement des scènes de la nature polaire.

C'était l'heure du pot-au-feu, et je trouvai nos frères de l'extrême Nord au milieu de leurs apprêts culinaires.

Comme j'allais voir un phoque qui faisait sa partie " pan-american " sur le bord d'un bassin qui était censé représenter la mer polaire arctique, je croisai un Esquimau qui, la pipe à la bouche — ce qui déjà me rendit rêveur — et le seau à la main, s'en allait chercher de l'eau à un robinet d'aqueduc. Que les choses polaires ressemblent donc à ce qui se passe dans la zone que nous habitons !

" Bonjour ! " me dit-il, en passant près de moi. — " Comment! Vous parlez français ? " répliquai-je. L'indigène se contenta de sourire, et continua son chemin.

Quelques minutes plus tard, en circulant parmi les montagnes de glace en toile peinte, je rencontrai encore mon Esquimau, qui derechef me salua en passant d'un bonjour très sympathique. " Où avez-vous appris le français ? " lui demandai-je. Nouveau sourire de l'homme du Nord qui, toujours fumant sa pipe, passa outre et me laissa là avec mon interrogatoire peut-être indiscret.

Comme, un peu plus tard, j'allais quitter le village, le même Esquimau se trouva encore là, et me dit : " Vous partez ? "

— Savez-vous parler aussi d'autres langues ? lui demandai-je.

— Oui, je parle un peu l'anglais.

— Alors vous êtes un interprète ?

— Oui.

— Et vous, dis-je à un autre Esquimau qui se tenait là, savez-vous aussi le français ?

— Oui, un peu.

Et m'adressant de nouveau au premier, je lui demandai s'il était catholique.

— Non, protestant. Mauvais, les catholiques !

11

— Mais non ! les catholiques sont très bons !

Pendant ce dialogue, déjà un certain nombre de visiteurs s'étaient groupés autour de nous et semblaient ébahis, croyant sans doute ouïr de l'esquimau le plus pur.

Non seulement, ce soir-là, j'eus la surprise de voir ma foi catholique mise à l'épreuve par un Esquimau ; mais, bientôt après, ma loyauté à l'Empire remporta d'autre part sa petite victoire. C'était à une exhibition de vues cinématographiques, où j'étais entré par hasard. Voilà qu'après telles et telles scènes de pompiers courant à l'incendie, de soldats prenant part à une parade, etc., nous vîmes passer sur la toile un énorme chariot encombré de colis et traîné par une douzaine de bœufs. " Des provisions pour les Boers ! " cria le directeur de la représentation. Mon voisin, un gros Yankee, qui se trouvait évidemment à n'avoir pas su proportionner exactement le nombre de ses verres à la juste mesure de sa soif antérieure, lança à tue-tête l'exclamation " Hourra pour les Boers ! " et l'assistance, faisant écho à son enthousiasme, éclata en applaudissements. J'avais bien envie, moi aussi, de souhaiter bon voyage aux sacs de blé du chariot. Mais on connaît, chez nous les Canadiens-Français, ses obligations de sujet britannique, surtout en pays étranger. Et je gardai une attitude absolument correcte. Que ne faut-il pas parfois de courage, pour remplir son devoir !— J'espère, par exemple, que M. Chamberlain n'ira pas jusqu'à me reprocher de ne m'être pas élancé sur la toile, pour tuer le conducteur du chariot et ramener à l'intendance anglaise les bœufs et les sacs de blé ! Non, on ne me prendra jamais à commettre de pareilles extravagances, dût la guerre sud-africaine durer encore vingt-cinq ans.

IX

La question du retour.—Un événement judiciaire.—Les Américains en deuil.—
Hommage au "New York Central".—Une tempête en plein soleil.—Où
le volume des sacoches a des avantages ou des inconvénients.

Il y a certainement des touristes qui ne reviennent jamais du voyage qu'ils avaient entrepris: l'histoire des Mèdes, des Egyptiens, et des autres peuples qui ont vécu avant, pendant et après l'existence de ces nations, est là pour en témoigner. On a attrapé quelque indigestion, ou bien l'on reçoit quelque locomotive sur la tête, ou encore on se trouve justement logé au septième étage d'un hôtel détruit, à trois heures et demie du matin, par un lamentable incendie. Cela vous épargne les ennuis du retour, et c'est une façon sérieuse de réduire les dépenses du voyage. Mais enfin, quand l'on reste en vie, il faut toujours bien s'en revenir chez soi. Ce fut là notre sort.

Arrivés à Buffalo au nombre de dix, nous n'étions plus que trois le 25 septembre. Nos compagnons nous avaient déjà quittés la veille ou l'avant-veille, les uns pour une raison, les autres pour une autre raison : motifs plus ou moins plausibles, dont ni le public ni moi n'avons affaire à considérer le bien fondé.

Comme on l'a sans doute remarqué tout de suite, nous, les trois qui restaient, nous étions encore à Buffalo le 24 septembre, jour où le tribunal de cette ville prononça la sentence capitale contre l'assassin du président McKinley, assassin dont je me garde bien d'écrire le nom, soit pour témoigner de mon horreur pour le monstre, soit à raison de la crainte fondée que j'éprouve de mal orthographier ce nom. Quand un homme se nomme de ces impossibles façons, il devrait bien ne jamais assassiner de président, afin de ne pas embarrasser à ce point les chroniqueurs — à part les autres motifs extrêmement graves qu'il y a de n'être pas homicide.

Cet avantage que nous avons eu de nous trouver à Buffalo à la date même d'un événement judiciaire si remarquable, me fournit l'occasion de dire que, tant de semaines après la mort de McKinley, la ville en portait encore le deuil. En effet, beaucoup de maisons étaient encore drapées de tentures funèbres ; et partout, à l'Exposition comme en ville, on voyait le portrait du défunt encadré de crêpe. J'ai dit et je dirai probablement encore assez de mal des Américains, pour que j'aie de la satisfaction à leur rendre ici le témoignage que ces démonstrations de regret et de souvenir ont fait honneur à leurs sentiments, et touchaient vivement les étrangers. Quand on pense qu'on peut encore avoir du cœur, après avoir tant brassé d'affaires, après avoir inventé tant de machines, et même après avoir, comme au coin d'un bois, sauté à la gorge de cette pauvre Espagne !

*
* *

Il faisait un peu froid, le matin où nous quittâmes Buffalo. Si je prends la peine de signaler ce phénomène météorologique, c'est pour mentionner le fait que les voitures du " New-York Central " étaient chauffées. C'est ainsi qu'en ce pays-là une grande compagnie de chemin de fer prend soin de ses voyageurs, et je désire lui exprimer ici ma reconnaissance très profonde pour cet excès d'obligeance d'avoir redouté que, dès ce commencement de l'automne, les gens pussent grelotter un peu. Ce n'est pas sur les chemins de fer d'Europe, ni dans les tramways de Québec, que les administrations s'inquiètent à ce point d'empêcher qu'on ne s'enrhume dans leurs voitures.

Cette aimable compagnie du " New York Central," qui ne voulait plus se départir de nous, pour atteindre du coup jusqu'au comble de l'hospitalité. C'est-à-dire que, à Lewiston, N.-Y., où nous devions descendre pour prendre le steamer de Toronto, le train n'arrêta pas du tout et continua pour aller je ne sais où. Moi, cela m'était bien égal d'aller n'importe où, sur l'humble planète que nous habitons pour le quart d'heure. Mais il y avait probablement, sur le train, des voyageurs qui s'obstinaient à aller en quelque lieu précis ; car le convoi s'arrêta, recula et stoppa enfin à la gare qu'il fallait.

*
* *

Ce fut sur le steamer *Corona,* un vaisseau long de 277 pieds, que nous retraversâmes le lac Ontario.   Cela d'ailleurs ne se fit pas à la façon d'un voyage de plaisir.   Car le lac, fouetté par une violente brise de l'est, se cabrait sous les coups ; et le navire, qui ne demandait pourtant qu'à passer tranquillement parmi ces flots tumultueux, ne put qu'avec peine se frayer un chemin à travers les irrégularités de la plaine liquide.   Ah ! par exemple, il faisait beau soleil ; et les vagues n'élevaient pas leurs crêtes courroucées jusques aux cieux, et ne laissaient pas s'ouvrir de l'une à l'autre d'effroyables abîmes !   Ce ne fut pas tragique à ce point-là. Pourtant, il y eut des paquets de mer qui embarquèrent, sans prendre le temps d'acheter des tickets, à travers les vitres des fenêtres ; il y eut des paniers de fruits qui perdirent leur centre de gravité, ce qui eut pour résultat de joncher les parquets de pommes, de pêches et de raisins, lesquels se promenaient en roulant tantôt à babord, tantôt à tribord ; il y eut des cœurs qui, cédant à l'exemple, s'efforcèrent d'en faire autant, et des estomacs aussi, ce qui fut la cause de désagréments divers, dans le détail desquels je préfère ne pas entrer de crainte de n'en pouvoir sortir aisément ; il y eut même que, si l'on tolère que je me mette un peu en scène, ma chaise et moi nous partîmes tout à coup dans une direction nord-quart-nord-ouest, fîmes avec l'horizon un angle extrêmement aigu, et aboutîmes à des degrés encore indéterminés de longitude et de latitude, et que, rendus là, avant que nous pussions distinguer parfaitement le zénith du nadir, nous repartîmes subitement en sens inverse, pour nous retrouver bientôt juste à l'endroit d'où nous étions partis pour cette rapide excursion, moins charmante qu'on ne l'imaginerait peut-être.

Bref, nous jugeâmes que la traversée était un peu laborieuse, et ne fûmes pas ennuyés du tout d'entrer enfin, au bout de trois heures, dans le port de Toronto.

Mais voilà que les journaux du soir nous apprirent que nous avions subi une effroyable tempête, et que le steamer *Corona* était resté à Toronto, au lieu d'effectuer son voyage de retour à Niagara.

Je laisse au lecteur le soin de se faire une idée de la terreur rétrospective qui nous envahit, à la pensée des périls qui nous avaient menacés, sans que nous nous en fussions douté le moins du monde. Nous avions bien trouvé la mer un peu violente, et le vent joliment fort ; mais allez donc craindre de faire naufrage, lorsque tout le temps, là-haut, le vieux soleil nous exhibe sa bonne face épanouie et nous enveloppe dans les rayons de sa plus chaude sympathie !

**

Bon ! Voilà encore la douane qui se dresse devant nous, au moment où nous quittons le steamer. Cette fois, c'est à la douane canadienne qu'il va falloir montrer patte blanche ; et comme on revient d'une Exposition universelle, la situation ne laisse pas d'être plus hasardeuse que lors de l'aller. Voici comment cela se passa.

Tout dépendait de la grosseur de nos sacs de voyage. Quand ils étaient de volume plutôt modéré, comme ce fut le cas pour l'abbé F. et moi, on rendait aux gens la liberté de s'en aller, sans plus d'examen. Si j'avais pu prévoir que les choses iraient aussi sommairement, quelle quantité de montres d'or et d'épingles en diamants n'aurais-je pas achetées à Buffalo, pour donner à tous mes amis un petit souvenir de la Pan-American ! Il est trop tard, maintenant, et l'on ne peut revivre des jours passés. Que mes amis, toutefois, veuillent bien me tenir compte des intentions que j'ai eues, après coup, de leur être agréable ! — Que si, d'autre part, comme il arriva à l'abbé M., votre sac de voyage est jugé de dimensions considérables et peut être soupçonné de recéler en ses flancs rebondis et allongés des marchandises variées et de grand prix, oh! alors, on vous retient, et l'on procède au minutieux examen de votre bagage.

Bien que, grâce au peu de corpulence de mon sac de voyage, grâce aussi à l'air candide que j'ai réussi à me donner en face des douaniers, j'aie pu me tirer avantageusement d'une situation assez inquiétante, je trouve qu'il est dur, pour un Canadien qui rentre au Canada, de se voir accueillir par des tracasseries de ce genre. Quand y aura-t-il des gouvernements qui ne feront plus payer de droits de douane aux Canadiens qui reviennent chez eux, ni aux importateurs de marchandises destinées à être utilisées en Canada, — quitte à frapper les autres personnes et les autres choses des droits les plus élevés qui se puissent concevoir ! Hélas, nous ne serons plus là, quand il y aura de ces gouvernements acharnés à faire le bonheur du peuple.

———

X

Une accablante contrariété.—Impressions de TORONTO.—Une ancienne maison québecquoise.—Université de Toronto.—On demande quatre Canadiens-Francais d'esprit et riches...—A bòrd du *Kingston,* du *Bohemian* et du *Québec.*

Après avoir de la sorte donné, de façons diverses et bien malgré soi, satisfaction aux lois du pays, on s'abandonne à la joie d'avoir enfin remis le pied sur le sol de la patrie — bien que l'on ne soit encore que dans la province d'Ontario...

Et comme il reste encore trois heures avant le départ du bateau qui nous mènera du côté de " chez nous," nous entrons aux bureaux de la Cie Ontario et Richelieu pour y déposer nos bagages. Nous y apprenons qu'un accident est arrivé à l'un des navires de la ligne de Toronto, et qu'il n'y aura pas de départ cette après-midi-là ! — Le tonnerre serait tombé, " en pierre," dans la poche de notre gilet ; le sol se serait ouvert, sous nos pas, jusqu'à l'axe même du globe terrestre : notre abasourdissement n'aurait pas été plus complet. C'est ainsi qu'il y a, dans la vie, des moments où l'on se laisse abattre à tel point que l'on ne s'intéresse plus à rien. Dans cet état d'âme, l'on vous annoncerait la découverte du Pôle Nord ou l'établissement de la ligne rapide entre Québec et

Liverpool, que vous ne songeriez même pas à lancer votre bonnet en l'air ou à féliciter M. Laurier en un télégramme bien senti.

Toutefois, après ce premier moment où nous avions cédé à la nature et où le sombre désespoir était venu lui-même frapper à la porte de nos âmes, nous sûmes nous ressaisir en vrais Canadiens-Français, déterminés à rester fidèles quand même à notre énergie nationale, au milieu de ces Ontariens qu'une lâche attitude de notre part aurait tant scandalisés.

Condamnés par la fortune aveugle, sourde et muette, à passer vingt-sept heures dans la ville de Toronto, nous finîmes par envisager courageusement la situation et par l'accepter avec toute la résignation requise.

J'ai beaucoup aimé Toronto, à le voir ainsi à vol d'oiseau. — Je le préfère à Buffalo, qui m'a paru moins vivant ; mais je lui préférerai encore Montréal, quand les rues y seront propres. Du reste, ce ne sont là qu'impressions cueillies au petit bonheur, et je ne conseille à personne de les prendre pour des jugements sans appel. Il n'y a que sur l'appréciation de Québec que je sois intraitable ; en cette matière, je n'entends pas que les opinions ne soient pas unanimes.

Les rues de Toronto sont larges, droites, propres, et bien bâties ; à certaines heures, l'activité y est grande. Et l'on a l'avantage d'y circuler à travers une multitude de gens de la " race supérieure ; " ce n'est pas comme dans nos villes françaises de l'Est ! Nous avons pourtant rencontré, dans un magasin de l'une de ces belles rues, un spécimen de la " race inférieure." C'était chez un marchand de tabac, où nous étions entrés pour procéder au ravitaillement de nos étuis à cigares, boîtes à allumettes et sacs à tabac. Dès les premiers mots d'anglo-saxon que nous proférâmes, le commis nous sauta au cou : c'était un Canadien-Français de Montréal. Dans notre joie de pouvoir parler français à Toronto, nous allâmes jusqu'à la prodigalité, pour le plus grand bénéfice du

maître de céans. Imaginez, maintenant, que ce maître de céans
est le fils d'un ancien marchand de tabac de la rue de la Fabrique,
à Québec, chez qui, voilà un tiers de siècle, j'allais acheter parfois
quelques onces de tabac. Les hasards de la vie ! Qui sait si, dans
trente-trois ans et quatre mois, je n'entrerai pas acheter un cigare
chez le petit-fils de ce marchand-là, tenant un commerce à Winnipeg
ou à Prétoria ? C'est, au reste, l'extrême limite de ce que je veux
me permettre de prévoir, dût le goût de ce genre de négoce continuer
à se perpétuer dans cette intéressante famille... juive.

Je ne vais pas entreprendre la description de la ville de Toronto.
Trop de mes lecteurs l'ont visitée, et, l'on peut m'en croire, il est
très gênant, à plusieurs points de vue, de narrer ou de décrire en
présence de gens qui ont vu les choses ; cela vous coupe les ailes...,
par un phénomène qui n'est qu'apparemment inexplicable.

Mentionnons seulement que nous visitâmes la cathédrale
catholique, une belle église ; l'hôtel de ville, somptueux édifice,
que l'on a construit récemment à grands frais ; le parlement,
bâtisse peu remarquable, cent fois inférieure à notre beau parlement
de Québec ; l'université de Toronto, dont les divers édifices sont
situés au milieu d'un parc très agréable.

Parlons-en un peu, de cette université de Toronto.

C'a été une bonne idée que d'en distribuer ainsi, à travers les
bosquets et les pelouses, les diverses sections. Cela fait qu'au cas
d'incendie l'on peut réussir à empêcher que tout ne soit consumé.

La section industrielle, mines, électricité, etc., est supérieurement organisée. L'outillage est très considérable. L'élève n'y a
pas seulement des gravures à contempler pour s'initier aux opérations des arts, mais de vraies machines, comme celles des usines,
pour exécuter les opérations industrielles.

Un jeune Canadien-Français, du Lac Saint-Jean, s'est rencontré, ces années dernières, qui osa se résoudre à n'être ni avocat

ni médecin. Il s'en alla s'inscrire à cette école industrielle — où l'on nous parle de lui, dès le commencement de notre visite — et, malgré le désavantage que lui donnait sa connaissance imparfaite de la langue anglaise, l'emporta sur tous ses concurrents ; il doit occuper à présent quelque belle position industrielle. Cela prouve, encore une fois, que nous n'avons pas à redouter les Anglo-Saxons, quand nous pouvons lutter avec eux à armes à peu près égales.

L'université McGill, à Montréal, possède une école industrielle du même genre.

Il est de toute évidence qu'il devrait y avoir aussi, à notre université Laval de Québec, une école de cette sorte, où l'on étudierait, très à fond et en beau français, les sciences électrique, chimique, minéralogique, etc. Où sont, chez les Canadiens-Français, les quatre hommes d'esprit qui, possédant chacun cent mille piastres — qu'ils n'emporteront pas en partant pour le grand voyage, où tout bagage est absolument interdit, — en laisseront soixante et quinze mille seulement à leurs parents désolés, et légueront chacun vingt-cinq mille piastres à l'université Laval, pour la création d'une école industrielle, où les jeunes Canadiens-Français, qui sont si fins, qui ont tant de talent et qui sont si débrouillards, iront apprendre à devenir de fort grands clercs dans toutes les branches de l'industrie ?

La bibliothèque de l'université de Toronto, assez considérable, est installée avec grande économie d'espace dans un édifice à l'épreuve du feu. — Et la riche bibliothèque de l'université Laval de Québec, qui à tout instant pourrait flamber sur la crête du rocher de Québec ! Ici encore, il ne manque qu'un homme d'esprit, ou deux, ou trois, ou quatre, parmi nos compatriotes qui ont un peu d'argent, pour mettre notre Université française en mesure d'assurer la conservation des trésors qu'elle a accumulés dans sa bibliothèque et ses musées.

A l'université de Toronto, même les musées sont dans un édifice construit en matériaux incombustibles.

*
* *

Nos vingt-sept heures de captivité à Toronto finirent par s'achever, et nous nous embarquâmes sur le steamer *Kingston*. Ce bateau-là est encore plus grand et plus luxueusement aménagé que le *Toronto ;* il est aussi plus récemment construit, et n'en est qu'à sa première année de navigation. L'éclairage électrique y est particulièrement féerique. Et songez qu'un vrai système d'aqueduc y distribue l'eau dans toutes les cabines. C'est là un détail d'aménagement qui m'a stupéfié, et je voudrais savoir le nom de l'homme de génie qui a pensé à exécuter, au Canada, une idée si nouvelle même dans l'univers.

C'est à bord du *Bohemian* que nous descendîmes tous les rapides du Saint-Laurent, par une température délicieuse. Trajet émouvant et intéressant, et bien connu de tout le monde. Mais il faut que la Cie Richelieu & Ontario ait du toupet, pour lancer ainsi des vaisseaux de telles dimensions dans ces descentes périlleuses.

Et lorsque, encore émerveillés des splendeurs du *Toronto* ou du *Kingston*, vous mettez le pied, à Montréal, à bord du *Québec*, qu'avant de voyager vous trouviez si beau, vous marmottez malgré vous : " Le sale bateau ! " — Voyez-vous comme ça forme, de voyager !

A TRAVERS L'AMERIQUE DU NORD

I

Sur le *Beaupré*.—OTTAWA.—Une ville qui s'embellit.—Un musée dont le péril fait trembler.—Pourquoi nous n'arrêtons pas à PEMBROKE.—SUDBURY et ses charmes plutôt négatifs.—Les Jésuites n'ont pas encore détruit ce pays.—La "Soo Line".—Les deux Sault Sainte-Marie.—Un bel embarras.—Un jeune compatriote nous tend la perche du salut.

Il n'est pas plus difficile de partir pour l'Ouest que pour l'Est ou pour ailleurs : il n'y a qu'à monter sur le véhicule qu'il faut, et à se laisser ensuite aller comme un colis.

En l'espèce, ce fut sur le *Beaupré* — antique vaisseau qui, sous le nom de *Montréal*, faisait déjà l'admiration de nos pères par ses proportions, son aménagement et sa course rapide —, ce fut, dis-je, sur le *Beaupré* — ainsi qu'on l'a nommé à cause de la pieuse vocation qu'on lui a enfin trouvée et qui consiste à transporter les pèlerinages à la Bonne Sainte-Anne de Beaupré, quand les exigences du service ne le forcent pas à reprendre sa ligne d'autrefois entre Québec et Montréal —, ce fut donc, redis-je, sur le *Beaupré* que nous nous embarquâmes le 5 septembre (1904) au soir.

Je dis : nous, parce que je ne partais pas seul, mais bien avec mon ami l'abbé Burque, un naturaliste, un poète, un philosophe, qui a écrit un savant volume pour démontrer que, de tous les astres qui composent notre système cosmogonique, il n'y a que la terre — et encore ! — qui soit habitée...

On part de Québec le soir ; le bateau vous dépose à Montréal le matin suivant ; on prend alors un train du chemin de fer du Pacifique, et l'on arrive à Ottawa au bout de trois à quatre heures. Ce n'est là rien que de très ordinaire et qui se fait tous les jours.

Il n'y a donc pas lieu de s'appesantir sur un exploit qui est si à la portée de tout le monde.

Je vais à Ottawa tous les ans, mais toujours durant l'hiver, époque de l'année où les différences ne sont pas grandes d'une ville à l'autre, alors que la neige accumulée partout recouvre les choses d'uniformité et d'ennui. Une seule fois, il y a 19 ans, j'avais visité cette ville durant l'été, et Ottawa était toujours restée pour moi l'Ottawa de 1885. Mais désormais c'est l'Ottawa de 1904 que j'aurai dans la mémoire, après les étonnantes transformations par lesquelles elle a passé. C'est aujourd'hui l'une des cités les plus agréables du Canada.

D'autres villes ont des rues aussi larges et bordées d'édifices aussi remarquables. Mais où trouver, dans nos villes canadiennes, des promenades comme celle qui longe le canal Rideau. Cette promenade n'a été établie que dans ces dernières années ; d'année en année, à mesure que grandiront les arbres et arbustes d'ornement que l'on y a plantés partout, elle deviendra de plus en plus belle. Puis il y a les bosquets et les plate-bandes fleuries de la Ferme expérimentale centrale ; il y a les beaux terrains des édifices du Parlement, dans leur situation si pittoresque. Il n'en faut pas tant pour donner à Ottawa un cachet particulier de beauté. Il faut dire aussi que le gouvernement du Canada, ennuyé de voir la capitale n'avoir toujours qu'un aspect quelconque, a eu l'idée très heureuse de lui donner chaque année une forte subvention moné-taire, pour lui permettre de s'embellir rapidement. La ville a pris la peine d'accepter ces largesses, et la voilà qui marche à pas de géants dans la voie des embellissements. Aucune autre cité ne pouvant se prévaloir de la qualité de capitale du Canada, les autres villes canadiennes ont vu sans trop d'envie l'ancienne Bytown les dépasser ainsi en grâce et en perfection.

A Ottawa, on visite la remarquable basilique, l'œuvre de M. le chanoine Bouillon, dont le talent en architecture est bien connu. On visite les édifices parlementaires, auxquels ne manque pas un certain caractère de grandeur et d'originalité. Nous avons tenu

aussi à voir les débuts de la reconstruction de l'Université. Le
premier étage du corps principal est prêt d'être achevé, et l'on
peut déjà apercevoir la magnificence du monument que les Pères
Oblats ont entrepris d'élever sur les ruines de ce qui fut jadis le
collège d'Ottawa.

Nous entrons enfin dans le palais de la Commission géologique
du Canada. Ce palais n'est qu'un vieil édifice, où sont entassées
les plus précieuses collections d'histoire naturelle qu'il y ait au
Canada. Il y a là les spécimens zoologiques, minéralogiques, etc.,
recueillis depuis un demi-siècle par les explorateurs qui ont parcouru
tout le pays, de l'Atlantique au Pacifique. Sans compter que l'espace est de longue date insuffisant pour étaler toutes ces richesses,
il faut reconnaître qu'elles sont à tout moment exposées à périr
dans un incendie qui peut éclater là comme ailleurs l'un de ces
quatre matins. Aussi, ému par les justes alarmes des gens qui
apprécient la valeur de pareils trésors, le Parlement a-t-il admis le
principe de la construction d'un grand édifice, à l'épreuve du feu,
destiné à renfermer ce musée national ; il vote et revote même,
chaque année, des montants considérables pour cette œuvre. Par
exemple, il y a souvent très loin non seulement de la coupe aux
lèvres, mais aussi de la décision à l'exécution, surtout quand il
s'agit d'un gouvernement sage, qui tient à tourner la langue sept
fois avant de parler et septante fois sept fois avant d'agir. Or le
gouvernement fédéral est tellement sage, que l'on ne saurait dire
vers quelle année de l'ère chrétienne le Musée national du Canada
sera installé dans le palais nouveau. En attendant, les incendiaires,
les rats, les calorifères, la foudre et les fils électriques voudront bien,
espérons-le, aller mettre le feu ailleurs que dans le présent édifice
de la Commission géologique du Canada.

Comme j'avais déjà visité plusieurs fois ce musée, je laissai
mon compagnon s'extasier tout seul devant ces merveilles scientifiques, et j'allai faire connaissance avec le Prof. Ami, l'un des
membres de la Commission géologique et en outre, non moindre
mérite, collaborateur du *Naturaliste canadien.*

Si vous voulez savoir ce que c'est qu'un naturaliste enthousiaste, allez voir M. Ami ! Vous en reviendrez la tête et le cœur remplis de fossiles, comme le cabinet du savant géologue et paléontologiste. Pour moi, je contemplai là des Graptolites ravissants, des Orthoceras merveilleux, et nombre d'autres vénérables témoins des faunes et des flores des époques reculées. J'eus même le bonheur de voir des espèces nouvelles et dont la description n'était pas encore publiée. Bref, retenu attaché à la fois par la contemplation de ces richesses paléontologiques et par l'intéressante conversation de M. le Prof. Ami, c'est merveille que j'aie pu à la fin m'arracher à tant de jouissances réunies.

Nous réussîmes de même, après un court séjour de vingt-quatre heures, à nous arracher aux charmes de la capitale du Canada de même qu'à ceux de l'obligeante hospitalité de l'archevêché d'Ottawa, et, le 7 septembre au midi, nous reprîmes le train du Pacifique dans la direction de l'Ouest.

Le seul point intéressant de cette après-midi de chemin de fer, ce fut Pembroke. Nous avions même projeté, dans nos premiers rêves de voyage, un arrêt de quelques heures dans cette jeune cité. Malheureusement l'horaire du C.P.R. — j'emploie et j'emploierai désormais, bien à regret, cette expression anglaise ; mais, que voulez-vous ? c'est si vite dit, ces trois lettres-là. Ce n'est pas à notre époque, ni en l'Amérique du Nord, qu'on a le loisir de défiler à tout instant l'interminable désignation de " chemin de fer canadien du Pacifique." Il n'y a que les fonctionnaires du gouvernement qui aient le temps, durant les heures de bureau (bien entendu), de parler un tel langage. — Malheureusement, dis-je, l'horaire du C.P.R. nous apprit que le lendemain il faudrait en partir à 4 heures du matin. Est-ce qu'on part à des heures comme celle-là !.... Pour éviter d'avoir à faire face à une situation aussi désagréable, nous jugeâmes que le seul parti à prendre était de ne pas nous arrêter là. Et c'est ainsi que nous dûmes sacrifier Pembroke sur l'autel de je ne sais trop quelle divinité, probablement celle de la *Rapidité du voyage*, ou celle de la *Crainte de déranger ses hôtes* : car il n'y a qu'à choisir pour trouver ce que l'on veut dans cet Olympe aux 30,000 dieux. Ils étaient surtout pratiques, ces païens-là !

Toutefois, comme il faisait encore clair quand le train s'arrêta à Pembroke, il nous fut au moins possible de jeter un coup d'œil sur la petite ville. Le commerce de bois nous paraît être sa vie, sans compter que sa position au centre d'un pays agricole doit aider en grande mesure à sa prospérité. Souhaitons un bel avenir à la ville épiscopale du diocèse de Pembroke, et filons vers l'Ouest, sur les rails d'acier.

Vers 1 heure du matin, le 8 septembre, nous arrivons à Sudbury et y descendons pour prendre une douzaine d'heures plus tard le train qui nous conduira au Sault Sainte-Marie. Au milieu de la nuit et dans un endroit inconnu, ce n'est pas le moment de se livrer à de longues recherches pour faire choix d'un hôtel conforme à l'idéal que l'on se propose. On s'arrête au premier qui se présente, et tout est dit. Mais aussi, à prendre les choses de cette façon, on court le risque de tomber sur un hôtel de dixième ordre : et c'est bien là ce qui ne manqua pas de nous arriver. La morale de cet incident, c'est qu'il est sage de prendre des renseignements, avant d'arriver en quelque ville que ce soit, sur les modes de logement qui s'y trouvent. Cela soit dit pour l'avantage des voyageurs novices ; car pour ce qui est des... profès, ils savent que les compagnies de chemin de fer ont soin de pourvoir chacun de leurs wagons de luxe d'un volume où se trouvent catalogués tous les hôtels des villes et villages, avec indication de leurs conditions de prix, de situation, d'accommodations. Cette maternelle sollicitude des compagnies de chemin de fer pour les pauvres voyageurs n'existe, bien entendu, qu'en Amérique. Tant pis pour les gens qui voyagent en Europe ou qui, le faisant en Amérique, négligent de se placer dans les chars palais : ils s'arrangeront comme ils pourront en descendant à quelque lieu d'arrêt.

La petite ville de Sudbury, que nous eûmes toute une matinée pour parcourir en son entier, n'a rien d'enchanteur pour l'œil du touriste. Bien qu'elle soit éclairée à l'électricité et bâtie près du

12

beau lac Ramezay, je lui préfère, en fait de situation pittoresque et de constructions élégantes, et la ville de Cannes et un grand nombre d'autres localités. Elle a beau se trouver dans Ontario, la province supérieure, elle ne brille ni par la perfection de sa voirie, ni par la beauté de ses édifices, ni par le charme de ses alentours. J'espérais au moins pouvoir jeter un coup d'œil sur les mines de cuivre et de nickel qui lui donnent du renom ; mais, pour comble d'infortune, j'appris que cette exploitation est distante de quatre milles ; par conséquent nous n'avons pas le temps de nous y rendre.

Ce qu'il y a de mieux à Sudbury, c'est l'église catholique, qui, sans être un monument remarquable, est au moins un édifice convenable, dont l'intérieur surtout est bien décoré et d'une grande propreté. Trois Jésuites sont attachés à cette église. Du reste, me dit-on là-bas, la Compagnie de Jésus dessert une bonne moitié des paroisses et missions du diocèse de Peterborough, dont Sudbury fait partie. Ce qu'il y a d'étonnant, c'est que ces terribles Jésuites soient aussi puissants en cette région, et que la société civile n'y soit pas encore bouleversée de fond en comble. Pour un peu, on serait porté à croire que tout ce que l'on raconte de leurs ténébreux agissements contre la sécurité des Etats ne soit plus ou moins exagéré !

L'hôpital de Sudbury est tenu par les Sœurs de la Charité. On paraît estimer, en Amérique du moins, que si ces religieuses conspirent souvent et même toujours, ce n'est que pour soulager les malades et les infirmes, et l'on ne trouve pas qu'il soit bien urgent de les bannir du pays.

Les Canadiens-Français forment la moitié de la population de Sudbury. C'est dire qu'ici aussi, sans faire semblant de rien, nous travaillons tranquillement à la conquête de la province d'Ontario, qui, l'un de ces quatre matins, se réveillera aux trois quarts française...

Nous partîmes de Sudbury sans éprouver trop de regrets....

Nous quittions ici le C.P.R. pour voguer sur la " Soo Line." Ce chemin de fer conduit de Sudbury au Sault Sainte-Marie. Sur le flanc de chacune des voitures, le nom de la ligne est indiqué en un monogramme très original, que le lecteur se figurera aisément, pourvu que son imagination soit à la hauteur de sa curiosité, pourvu aussi que ma capacité descriptive ne soit pas au-dessous de ma bonne volonté. Il y a donc d'abord le mot *Soo*, avec ses deux o ou zéros comme exposants (" Soo," cela veut dire " Sault-Sainte-Marie," dénomination d'une telle longueur que les hommes d'affaires de notre temps n'ont pu se résoudre à l'employer par crainte d'enrayer le mouvement commercial). Puis, on place le mot *Line* de façon que la lettre L se superpose à la lettre S de Soo. Voyez quel est le résultat, et convenez que cela est d'une ingéniosité admirable.

La région que l'on parcourt en partant de Sudbury n'offre rien de réjouissant à contempler : aspect désolé, sans presque de végétation ; ici et là, des travaux miniers. Au bout de quelques heures, on atteint le fameux district d'Algoma, et l'on côtoie ensuite la rive septentrionale du lac Huron, vis-à-vis l'île Manitoulin et autres îles situées à l'ouest de la baie Géorgienne. Ici, la végétation redevient belle, quoique dans sa parure d'automne ; seules les fougères, que la gelée précoce a jaunies, jettent une note triste dans le paysage. Les habitations, de construction assez primitive, indiquent que ce territoire n'est que nouvellement colonisé.

Le soir, nous arrivons au Sault Sainte-Marie — canadien. Car il faut savoir qu'il existe une petite ville de ce nom de chaque côté du détroit qui se trouve entre le lac Supérieur et le lac Huron. La ville canadienne est moins considérable que l'américaine, dont assurément j'ignorais l'existence avant presque d'arriver sur les bords du Sault, c'est-à-dire du " Soo," pour parler comme les Yankees. Ce n'est donc pas par patriotisme, comme on pourrait le croire, que nous descendîmes à la gare de la ville canadienne.

Il y a à Sault Sainte-Marie un fort grand hôtel, dont les portes et les fenêtres closes indiquent qu'il est comme abandonné. Cela ne signifie pas que le mouvement des touristes soit bien considérable de ce côté. L'endroit est pourtant intéressant. Sans cesse, il y passe des vaisseaux de toute taille et de toute forme, qui descendent du lac Supérieur au lac Huron. Sur les deux rives, on voit des élévateurs en grand nombre, et des usines également nombreuses ; par exemple les fameuses " Clergue Steel Works ", du côté canadien, avec leurs hauts-fourneaux que l'on dirait des volcans, à leurs panaches de flammes et de fumée. Le soir, l'aspect de la ville américaine, toute scintillante de lampes électriques, est tout à fait remarquable.

Il y a jusqu'à un bataillon de l'Armée du Salut qui, dans la soirée, parcourt les rues en jouant du tambour et en chantant des cantiques, pour engager les pécheurs à se convertir et encourager les justes à lutter contre le démon. Enfin, il y a là un tramway électrique, qui est bien l'idéal de tous les tramways, puisqu'il roule sans bruit, lorsque, dans toutes les autres villes du monde, on croirait à un effroyable tremblement de terre au passage d'une simple voiture de tramway.

C'est ici que nous devions nous embarquer pour la traversée du lac Supérieur, sur l'un des steamers du C.P.R. Mais cela n'alla pas tout seul ! Nous qui pensions naïvement qu'il n'y avait qu'à s'en aller pour telle heure, à tel quai et à monter sur tel vaisseau !

D'abord, quelque canadienne que soit la Compagnie du Pacifique, ses steamers, qui viennent d'Owen Sound, ne font escale que sur la rive américaine. Il nous fallut donc traverser le Sault, aux ondes bouillonnantes, sur le bateau *Fortune*, qui nous déposa sur le quai du Sault Sainte-Marie des Etats-Unis. Mais comme c'est ici l'un des ports d'entrée des Etats-Unis, il s'y trouve un bureau de douane, institution dont l'une des fins, en tous les pays de l'univers, est de créer pour les voyageurs le plus d'ennuis qu'il est possible.

Dans la circonstance, les passagers qui ne portaient qu'une canne ou un parapluie eurent toute liberté de s'en aller où il leur plut. Quant à nous, qui avions du bagage, nous dûmes rester sur le débarcadère, à la belle étoile — en plein midi, et la barrière de sortie se refermant nous retint prisonniers. En même temps, un fonctionnaire nous donna des explications auxquelles nous ne comprîmes rien, de même qu'il ne comprit rien non plus à nos réponses: cela parut l'amuser. Pour nous, qui nous débattions dans les brouillards d'une situation apparemment inextricable, nous n'avions guère le cœur à rire. L'affaire semblait être sans issue, et nous en étions à nous demander si nous n'allions pas rester là jusqu'à la fin du monde, lorsqu'un brave jeune homme qui se trouvait là, et qui avait suivi toutes les péripéties de l'embarras où nous nous enfoncions de plus en plus, nous tendit soudain la perche de salut. Nous adressant la parole dans le " canayen " le plus pur, en deux mots il réussit à tout débrouiller. Car, ainsi qu'il arrive souvent dans ces malentendus si fâcheux, le cas était tout simple. D'abord, nous n'avions pas à subir les formalités de l'examen de la douane, puisque nous ne devions faire autre chose que de mettre le pied sur le territoire des Etats-Unis pour nous en éloigner aussitôt ; mais, d'autre part, le gouvernement de la République, ayant à cœur de ne pas se laisser duper par des voyageurs dont l'air innocent pouvait n'être qu'un trompe-l'œil, avait tout sujet de nous surveiller, et voilà pourquoi il nous retenait en attendant notre départ quasi comme des prisonniers. D'autre part, comme une " Transfer Co." quelconque devait nous prendre au débarcadère où nous étions pour nous conduire au lieu d'embarquement, nous aurions dû être munis d'un billet de passage sur ses voitures. L'agence qui nous avait fourni tous nos billets de voyage ne nous avait pas donné le ticket requis en l'occurrence, parce qu'elle pensait que le vaisseau du C.P.R. nous prendrait sur la rive canadienne. Il nous suffit donc, pour faire la paix avec les puissances administratives qu'il appartenait, de donner les pièces d'argent qu'il fallait ; et tout rentra dans l'ordre, sans compter que nous pûmes enfin prendre part à l'amusement qu'avait témoigné le gendarme américain. Il n'y a rien comme de savoir à quoi s'en tenir pour assurer le bonheur des gens.

Quant au bon jeune homme qui nous avait obligeamment tiré l'épine du pied, nous devions le retrouver sur le bateau. C'était un Canadien-Français de North Bay, et donc l'un de nos conquérants de la province d'Ontario. Il s'en allait prendre possession de la fonction de serre-frein sur le chemin de fer *Canadian Northern*. J'ai eu la discrétion excessive de ne pas lui demander son nom, ce qui fait que je conserve son souvenir d'une façon assez indéterminée; par contre, ce vague même m'inspire une sorte de sympathie générale pour tout ce qu'il y a de serre-freins à l'emploi du *Canadian Northern*. Et puis, enfin, je retrouverai bien mon homme dans le paradis, où finissent par arriver tous les Canadiens-Français, et où probablement il sera rendu plus vite que moi, grâce à son métier dangereux. Car si l'on me voit souvent installé dans les voitures de chemin de fer, du moins l'on ne me prendra pas de sitôt à me promener sur le toit des convois en marche...

II

Sault Sainte-Marie.—A bord de l'*Athabaska*.— Un navire-magasin.— Une protestante qui croit aux indulgences.—Par temps variés, sur le lac Supérieur.— Baie du Tonnerre. — Fort William et Port Arthur.—A l'hôtel Kaministikwia.—Portage-du-Rat (Kenora).—La prairie du Manitoba.—Arrivée à Winnipeg.

Les " C.P.R. Upper Lake Steamships " voyagent depuis Owen Sound, sur la baie Géorgienne, jusqu'à Fort William, et traversent donc les lacs Huron et Supérieur. Ajoutons qu'entre Owen Sound et Toronto la durée du trajet par chemin de fer est de quatre heures; et que l'on met une vingtaine d'heures à se rendre par steamer d'Owen Sound au Sault Sainte-Marie. Les gens qui projettent un voyage dans l'Ouest canadien devront être ravis d'avoir ces petits renseignements.

Le vaisseau sur lequel nous prîmes passage le 9 septembre se trouva être l'*Athabaska*, de 2,300 tonneaux et d'une longueur de 270 pieds. Ces steamers des lacs sont de beaux navires, de même apparence que les transatlantiques et pourvus de ce qu'on appelle " les améliorations modernes." Le dessus du vaisseau forme une longue et belle promenade, où les dyspeptiques jouent des jambes pour venir au secours de leur estomac paresseux.

Les rapides du Sault Sainte-Marie ont une déclivité totale de 18 pieds, ce qui est évidemment propre à empêcher les vaisseaux de les remonter. Pour rendre possible le passage de l'un à l'autre lac, on a pratiqué trois canaux, deux sur le territoire des Etats-Unis, dans le Michigan, et l'autre du côté canadien, dans l'Ontario. Et pour peu que le commerce augmente encore, comme il arrivera sûrement, il faudra en construire d'autres. Pour donner une idée de ce qu'est actuellement le mouvement maritime entre les deux grands lacs, il suffit de mentionner que, durant l'année 1904, il est passé 12,153 vaisseaux par les canaux américains, et 3,967 par le canal canadien, soit en tout : 16,120 (1), ce qui fait une moyenne d'environ 77 par jour. Les gens qui aiment cela, à voir passer des navires, n'ont donc qu'à venir s'installer à l'entrée ou à la sortie de ces canaux pour se désennuyer à leur aise,— au moins durant la saison de la navigation, du mois de mai au mois de novembre. C'est déjà quelque chose que de goûter de la joie sept mois sur douze ! Pour ce qui est des cinq mois d'hiver, il est facile de les vivre d'une façon tolérable, lorsqu'on peut contempler de temps en temps les parades des clubs de raquette, à Québec, et suivre, semaine par semaine, les chroniques des grands journaux de nos villes, où ces dames et ces demoiselles résolvent si sagement les cas de conscience, d'étiquette et de littérature qu'on leur soumet de toutes parts. Tout cela n'est donné d'ailleurs que par parenthèse et sans y appuyer ; car je ne suis pas plus chargé qu'un autre d'indiquer aux gens la meilleure façon de tuer le temps lorsqu'on a pas le courage de l'employer à toutes les choses utiles qui se présentent.

Pour nous, durant nos vingt-trois heures de navigation sur l'*Athabaska*, nous n'eûmes pas un moment à chercher à vaincre l'ennui. Car le voyage fut très agréable. A chaque instant nous

____

(1) *Scientific Américan.* 4 fév. 1905.

rencontrions des vaisseaux de tout tonnage et de tout aspect. Il y en eut un, surtout, qui m'intrigua fortement : sa forme toute trapue, absolument inusitée dans nos parages de l'Est, suffisait bien à provoquer les points d'interrogation. Un complaisant voyageur m'expliqua, heureusement, que ce navire étrangement bâti, c'était tout simplement un magasin qui s'en allait comme cela voguant sur les flots. Européens routiniers et arriérés, approchez et écoutez! — Ces 16,120 navires de la flotte des lacs supérieurs, vous savez, ce ne sont pas des bateaux de plaisance. Le commerce qui les utilise entend qu'ils fassent leur trajet le plus rapidement qu'il se peut. Les cargaisons qu'ils transportent sont attendues là-bas avec impatience ; là-bas d'autres cargaisons sont toutes prêtes à partir, et il faut aller les prendre le plus tôt qu'il est possible. Ah ! s'il y a quelque part de la " vie intense", c'est dans ce commerce des lacs. Dans ces conditions, vous imaginez bien que si, à bord, la provision de sel ou de café se trouve épuisée, il serait intolérable que le vaisseau dût s'arrêter la moitié d'un jour, au Sault Sainte-Marie, pour permettre au maître d'hôtel d'aller aux provisions... Pourtant, l'on n'a toujours plus de sel ou de café à bord ! et il reste encore deux ou trois repas à servir aux passagers avant que le trajet se termine. Que faire ? Tout simplement, quelque négociant de génie a eu l'idée de ces navires-magasins, remplis de marchandises et de provisions, qui vont au passage accoster les vaisseaux de commerce, et leur vendre en marchant — ce qui n'est pas pour surprendre — le sel, le café, les aiguilles, les serviettes, les clous, et autres marchandises dont on peut avoir besoin à bord. N'est-ce pas merveilleux d'ingéniosité, de facilité, d'opportunité ? Voilà bien l'une de ces choses qui ne se font qu'en Amérique, et qui pour cela n'en sont pas moins raisonnables.

Cette première demi-journée de navigation sur le lac Supérieur fut absolument délicieuse. La température était très calme, et le soleil chaud. Lorsque surtout la terre s'effaça de toutes parts, tout donnait l'illusion de la navigation océanique. Les goélands mêmes étaient là et suivaient le steamer dans l'espoir d'un ravitaillement plus ou moins aléatoire.

Ce fut pendant cette après-midi que l'abbé Burque, qui a l'air beaucoup plus théologien que moi, fut appelé à calmer les inquiétudes d'une citoyenne des Etats-Unis. Cette dame s'en revenait d'un voyage dans la province de Québec. A Sainte-Anne de Beaupré, elle avait voulu, quoique protestante, acheter un chapelet, et elle avait prié l'un des Rédemptoristes du sanctuaire si célèbre d'indulgencier cet objet de piété. Le révérend Père s'était refusé à faire droit à la requête de cette hérétique ; et, tout ce qu'elle put en obtenir, ce fut qu'il voulût bien bénir le chapelet. Je n'ai pas besoin d'ajouter que mon compagnon de voyage réussit parfaitement à éteindre le ressentiment de cette âme mécontente de ce qu'elle n'avait pu faire appliquer des indulgences au chapelet qu'elle apportait de la Bonne Sainte-Anne.—Lorsque, en regard de ce petit incident de voyage, on se rappelle que Luther s'éloigna de l'Eglise catholique précisément sur cette question des indulgences, on se sent envahir par une foule de réflexions pittoresques, dont je crois devoir remettre à une autre occasion l'exposition détaillée.

Cependant la nuit était venue, et le vent profita des ténèbres pour entrer en scène et s'en donner librement. L'*Athabaska*, qui n'attendait que cela, ne se fit pas longtemps prier pour se mettre à danser sur les flots, tanguant et roulant de façon plus ou moins rhytmique. Allions-nous avoir les émotions d'une tempête ? En attendant la solution de cette question, nous allâmes nous livrer au sommeil, balancés plus ou moins agréablement en notre immense berceau noir, qui ne rappelait que de fort loin le blanc berceau des premiers sommeils.

Le matin, après avoir constaté que le vaisseau n'avait pas le moins du monde fait naufrage, et que le vent était tombé, et que la surface vert foncé des eaux était relativement paisible, agitée seulement par une vague courte, nous aperçûmes aussitôt que la brume nous enveloppait de toutes parts, et réussissait presque à cacher entièrement le soleil. Cela venait bien à point pour compléter la ressemblance de cette navigation d'eau douce avec celle de l'océan. Et jusqu'à cette belle musique des sirènes d'alarme, qui retentissait à chaque instant, soit sur notre navire, soit sur les autres vaisseaux pris comme nous dans ce brouillard. Grâce à ces signaux et à la vitesse ralentie du steamer, nous ne fîmes d'abordage avec quoi que ce fût. Et quand les forces coalisées du soleil et d'un vent assez fort eurent à la fin chassé le brouillard, la terre était en vue du côté du nord. Car, j'ai omis d'en faire mention, au centre du lac Supérieur, on n'aperçoit plus que le ciel et l'eau, toujours pour compléter l'illusion d'un voyage en pleine mer. Seulement, ici, cette occlusion de la terre ne dure qu'un petit nombre d'heures.

C'est vers la baie du Tonnerre que nous nous dirigions. Vis-à-vis l'entrée de cette baie, mais très au large, se trouve l'île Royale, la plus grande du lac Supérieur ; à l'entrée même, il y a une autre île beaucoup plus petite, mais encore de taille respectable. A midi, le vaisseau touchait à Port-Arthur, et une heure plus tard à Fort William. Ces petites villes sont situées sur la côte ouest de la baie.

La baie du Tonnerre est remarquable par ses aspects pittoresques. Les montagnes que l'on aperçoit en y pénétrant affectent les formes les plus capricieuses, et le touriste peut à peine suffire à contempler et à admirer tout ce qui s'offre à ses regards.

Quelque satisfaction que l'on ait à se souvenir que l'on a vu la baie du Tonnerre, je dois pourtant avouer ici que notre itinéraire, en cette partie du pays, n'a pas été d'une sagesse parfaite. Au lieu de nous en venir prendre terre sur cette côte, nous aurions dû plutôt, puisque nous ne reviendrons probablement jamais dans cette partie du pays, nous aurions dû aller débarquer à Duluth, qui est situé tout à fait à l'extrémité du lac Supérieur : de la sorte nous aurions parcouru cette merveilleuse nappe d'eau dans toute sa longueur, prolongeant ainsi le plaisir de cette belle navigation. Ayant fait connaissance avec cette ville de Duluth, dont la renommée commerciale est si grande, il aurait été facile de pousser aussi une pointe vers Saint-Paul, la seule grande ville du nord des Etats-

Unis que nous avons dû laisser de côté. Puis en traversant l'Etat du Minnesota, nous aurions fini également par atteindre Winnipeg. Il est vrai que cela aurait allongé de moitié le trajet de Sault Sainte-Marie jusqu'à la capitale du Manitoba ; mais c'est là un détail de maigre importance pour les touristes qui ne sont pas pressés.

En tout cas, le sort en était jeté : il nous fallait piquer au plus court, et nous contenter de faire connaissance avec Fort William et Port-Arthur, ce qui déjà est de quelque importance.

Ce fut à Fort William que nous fîmes nos adieux au steamer *Athabaska.*

Nous avions toute l'après-midi à passer à Fort William. Je me hâte — car il y a assez longtemps que je porte ce détail, non pas comme un secret, mais comme un accablant fardeau pour ma mémoire —, je me hâte de dire que nous descendîmes à l'hôtel " Kaministikwia." Peut-on vraiment s'appeler comme cela, dans un siècle, dans un pays, dans une ville où le temps est si précieux ! On voit bien que ce sont les sauvages d'autrefois qui, pour tuer le temps dont ils n'avaient que faire, se sont amusés à composer ce mot si long et si compliqué, et l'ont appliqué à une rivière qui, elle aussi, évidemment, " se la coulait douce." Et la Compagnie du C.P.R. a pensé que son hôtel de Fort William aurait beaucoup de vogue si on l'affublait d'une dénomination aussi extravagante.

La belle institution, que celle des villes bâties tout en longueur, sur une seule ligne ! La belle invention que celle des tramways, qui filant tout le long de cette ligne vous permettent de tout visiter en un rien de temps ! Nous passâmes ainsi une heure et demie, sur les banquettes du wagon, à parcourir tout Fort William, à pousser jusqu'à Port-Arthur, distant d'une couple de milles, et à visiter de même cette dernière ville de part en part.

Ces deux petites villes, habitées chacune par une population d'environ 4,000 âmes, sont encore bien dépourvues de monuments artistiques. Les terrains vacants y abondent, et les gens qui ne trouveraient pas facilement ailleurs à mettre pignon sur rue peuvent venir ici s'installer à leur aise. Mais il y a partout des usines, des

élévateurs, des quais, et il y règne partout une activité fébrile,
qu'explique très bien leur belle situation qui commande la navigation des grands lacs et qui en fait aussi l'un des postes importants
du C.P.R. Leur avenir commercial sera certainement des plus
brillants. Je me sens là-dessus tellement en veine de prophétie,
que je m'aventure à prédire qu'en un jour prochain Fort William
et Port-Arthur se rejoindront pour ne faire qu'une seule ville. Et
pour le cas — car il faut tout prévoir — où chacune des deux alliées
voudrait imposer son nom à la grande cité qu'il y aura là, je prends
la liberté de proposer qu'on lui donne, pour éviter toute chicane,
la belle appellation de... *Kaministikwia*. D'avance j'adresse mes
vœux très sincères aux Kaministikouais !

Il fallait ici reprendre le chemin de fer, et pour un trajet de
426 milles.

Le C.P.R. entretient durant l'été un double service de trains
express vers l'Atlantique et vers le Pacifique. L'un se nomme
" Imperial Limited", et l'autre " Transcontinental Line." Ce fut
sur le convoi de ce dernier service que nous nous embarquâmes à
$7\frac{1}{2}$ heures du soir, le 10 septembre. Le chemin de fer met 9 ou 10
heures à traverser la région de la " Rainy River " et du lac Des
Bois : pays extraordinairement parsemé de rivières et de lacs —
cela soit dit sur la foi des cartes géographiques : car le touriste,
enfermé dans les rideaux de son compartiment de char-dortoir, n'a
d'yeux là-dedans que pour dormir le plus profondément qu'il peut.
Le matin, par exemple, il est chagrin de n'avoir pu au moins jeter
un coup d'œil en passant sur Portage du Rat (1), petite ville de
plus de cinq mille âmes, qui est située à une quarantaine de milles
de la frontière du Manitoba.

Vers les 7 heures du matin, on entre enfin dans cette province
du Manitoba—qui nous a donné tant de fil à "retordre'' depuis un
certain nombre d'années, qui ne s'est pas beaucoup montrée aimable
à l'égard des catholiques et des Canadiens-Français, et à qui le

____

(1) D'après les journaux, cette ville, s'est donné le nom de Kenora, qui
serait devenu sa dénomination officielle à partir du 10 avril 1905.

gouvernement fédéral aurait bien dû, au bon moment, tirer les oreilles pour lui apprendre à faire son devoir.

Nous faisons ici connaissance pour la première fois avec la prairie, la fameuse prairie de l'Ouest. Comme ce genre de pays nous paraît étrange, à nous gens de l'Est ! Cette terre plane à perte de vue, sans même la moindre ondulation, sans forêt et sans presque d'habitations : il nous faudra des jours et des jours pour nous y habituer. Tantôt, la plaine est couverte de broussailles ; tantôt, ce sont des champs de blé à n'en plus finir; de temps en temps, de petits hameaux. Les jeunes d'aujourd'hui qui voyageront par là dans vingt-cinq ans verront un beau et riche pays agricole...

A 9 heures du matin le train s'arrête à la gare de Winnipeg. On peut croire qu'il n'y eut pas besoin de nous pousser dehors pour nous faire descendre. Le temps est clair ; l'air est pur, sec et froid; c'est à faire grelotter des gens de l'Est, qui ne se figuraient point qu'on pût geler à ce point à la date du 11 septembre.

Tout est sans dessus dessous à cette station de Winnipeg, où l'on commence les travaux d'une gare qui coûtera son million ; il y a aussi les bouleversements que nécessite la construction d'une sorte de voie souterraine pour le passage d'une ligne de tramway par dessous la voie du C.P.R. Nous en verrons d'ailleurs bien d'autres dans la ville elle-même.

Mais quel curieux spectacle, que celui de l'arrivée à Winnipeg d'un train de la Transcontinental Line. D'abord, le train lui-même comprend une belle suite de voitures : énorme locomotive, wagons de grandes dimensions. Et toute cette foule qui attend à la gare, et toute cette foule qui descend des voitures : foule composée d'individus de je ne sais combien de races diverses, aux costumes très divers, suivant les pays d'origine ; gens évidemment cossus, à côté de pauvres diables que les nouvelles de la dernière cote de la Bourse laissent bien indifférents. Le spectacle mérite donc d'être vu, à bien des égards. Toutefois, je n'insiste pas pour que l'on accoure de 600 lieues à la ronde afin de le contempler.

III

WINNIPEG et SAINT-BONIFACE.—Cathédrale, collège, etc.—Souvenirs de jadis.
—Un évêque naturaliste.—Le doyen du clergé du Canada.—La question
scolaire.—Le sol du Manitoba.—Le " temps de Québec ".—Questions
relatives à Winnipeg.—Sainte-Marie de Winnipeg.—Que de pianos !—
Palais législatif.—Le River Park.—La voirie de Winnipeg.—Le microbe
de la construction.

C'est à Winnipeg qu'il faut descendre, non seulement quand
on va à Winnipeg, mais encore quand on veut aller, comme nous,
à Saint-Boniface.   La rivière Rouge, avec son affluent l'Assiniboine,
sépare les deux villes l'une de l'autre.   Une course en voiture d'un
à deux milles nous mène de la gare de Winnipeg au palais archiépiscopal de Saint-Boniface.

A mon grand regret, Mgr Langevin, archevêque de Saint-
Boniface, n'est pas encore de retour du voyage qu'il a fait, cet été,
en Europe.   Sa Grandeur a heureusement laissé en pleine vie, dans
son personnel, ses principes et ses pratiques d'une très large hospitalité ; et deux minutes après notre arrivée nous étions parfaitement
chez nous.

Comme c'est aujourd'hui dimanche, nous consacrons la journée
au repos, mais à un repos très éveillé, parce que, sans beaucoup
remuer, il y a de quoi s'intéresser beaucoup dans cette oasis charmante où la fortune nous a conduits si intelligemment.   Voyons
donc un peu tout ce qu'il y a autour de nous.

La cathédrale de Saint-Boniface, bâtie en pierre grise, n'est
pas un monument dont les lignes et les proportions nous saisissent
à première — ni à seconde — vue.   L'édifice, très modeste, est
bien indigne de sa qualité d'église métropolitaine d'un pays remarquable par sa juvénile et progressive activité.   Il est en outre
beaucoup trop exigu pour la population du lieu.   C'est au point
qu'il a fallu recourir à des mesures héroïques, et sans exemple dans
l'histoire de l'architecture religieuse, pour en augmenter la contenance.   Pour le dire en termes beaucoup plus prosaïques, on a
édifié vis-à-vis la grande porte de l'église et pour en prolonger la

nef, une construction en toile blanche destinée à abriter encore une
certaine partie du peuple fidèle (1).   Cette ingénieuse ressource ne
peut évidemment être utilisée que durant la belle saison.   En tout
cas, il n'est pas étonnant que la construction d'une nouvelle cathédrale soit décidée en principe et doit être, en pratique, prochainement commencée (2).   Des projets fantastiques ont même à ce
sujet couru les journaux, et la corporation archiépiscopale, redoutant avec raison de passer pour avoir en sa caisse les millions les
plus imaginaires du monde, a dû s'employer à les démentir vigoureusement.   Car s'il y a quelque désavantage à manquer un peu
d'argent, il est extraordinairement ennuyeux d'être regardé à tort
— et même à raison — comme très riche.

Autour de la cathédrale, comme dans nos vieilles paroisses du
Canada, s'étend le cimetière de la paroisse, laquelle comprend toute
la ville et ne compte qu'une population d'un peu plus que 2,000
âmes.   C'est dans ce cimetière, tout près de l'église, que reposent
les restes mortels de ce pauvre Riel, dont il n'est pas encore démontré que l'exécution fut une mesure justifiée et sage. . . Sur la tombe
du supplicié s'élève un beau monument en granit rouge, et l'on y
a gravé cette simple inscription : " Riel, 16 novembre 1885", qui
indique la date de l'exécution.

Le palais de l'archevêque, construit en pierre, a été doublé
depuis la mort de Mgr Taché.   L'édifice est vaste, bien aménagé
et aussi confortable qu'il convient.   Il est entouré d'un grand
jardin, bien entretenu, et où l'on est tout surpris d'apercevoir un
remarquable groupe en marbre, représentant saint Hubert et ses
deux chiens de chasse.   Ce groupe est dû au ciseau renommé de
la comtesse d'Uzès, de Paris, et se trouve rendu là par suite de je
ne sais plus quelle aventure étrange.

---

(1) Il semble que, devant le portail de la chapelle de Saint-Louis, à Car-
thage, il y a une construction de ce genre, destinée à abriter les personnes qui ne
peuvent trouver place dans l'édifice trop petit.

(2) C'est au printemps de 1906 que l'on a commencé les travaux de construction d'une cathédrale qui, à juger d'après les plans adoptés, sera un monument de très grande allure.

A l'intérieur du palais, on a conservé les pièces occupées par Mgr Taché dans l'état où elles étaient de son vivant. Le salon est comme une sorte de musée historique de l'Eglise manitobaine. On y voit, par exemple, le fauteuil du trône épiscopal de Mgr Provancher, et d'autres souvenirs également intéressants des premiers temps de la colonisation de la Rivière-Rouge. En outre, des tomahawks, des tambourins, et autres articles, donnent une idée des industries et des habitudes des diverses tribus sauvages de l'Ouest. La bibliothèque est déjà considérable ; Mgr Langevin en a fait, pour ainsi dire, son affaire personnelle. Il s'est imposé la tâche patriotique de réunir sous son toit une collection aussi complète que possible des ouvrages publiés par les écrivains canadiens-français ; et chaque fois qu'il passe dans la province de Québec, il glane à droite et à gauche, dans les bibliothèques des institutions et des particuliers, avec un zèle constant et presque toujours fructueux.

Bon ! Enfin voici, en Amérique, un évêque naturaliste ! Cela manquait encore à l'illustration de notre honorable corporation des enthousiastes de l'histoire naturelle. Toutefois ce n'est pas, comme nous, à l'étude de la vie organique... morte et... empaillée que se livre Monseigneur Langevin. Il est de ces naturalistes qui préfèrent suivre de près la vie *vivante*. Voilà pourquoi son musée d'histoire naturelle n'est pas dans une ou plusieurs pièces du palais archiépiscopal, mais bien dans le pré voisin ; et les spécimens peuvent à leur aise y voleter, y gambader et y jeter chacun son cri particulier. Il n'y a pour le moment, dans la collection zoologique, qu'un chevreuil antilope, deux grues et trois faisans ; mais en cette œuvre comme en toutes les autres, le plus difficile est fait puisque l'on a commencé. Car c'est toujours toute une affaire, en quoi que ce soit, que de commencer.

A l'archevêché, on pratique l'hospitalité à la façon canadienne-française, c'est-à-dire que chacun s'y trouve à l'aise comme chez soi. Ainsi qu'il en est des maisons ecclésiastiques de chez nous, c'est vraiment l'hôtel du clergé. Aussi, durant les quatre ou cinq jours que nous avons passés dans cette demeure, nous avons rencontré des prêtres et des religieux de toutes les parties du diocèse, même des curés de Pembroke et du Dakota. En sorte que sans voyager, nous avons pu faire connaissance avec un bon nombre de ces ecclésiastiques qui défendent vaillamment les intérêts de la foi catholique et de la nationalité française dans ces régions où les ennemis de l'une et de l'autre cherchent à l'emporter. Tout en cultivant les belles vertus chrétiennes dans le cœur de leurs paroissiens, ces prêtres donnent aussi quelque attention aux progrès agricoles de leurs paroisses, et vont jusqu'à mettre eux-mêmes la main à la pâte, non sans bonheur, parfois, pour donner le bon exemple : témoin l'un de ceux que j'ai rencontrés, qui a douze chevaux dans son écurie et qui récolte quatre mille minots de blé sur sa ferme. C'est bien le moins, quand on habite le Manitoba, que l'on récolte du blé en abondance.

Il y a, à l'archevêché, un prêtre belge, un prêtre ruthène, un prêtre polonais. Ces deux derniers desservent des colonies de leur nationalité, qui ne pourraient encore être organisées en paroisses distinctes. Car toutes les races de l'Europe semblent s'être donné rendez-vous au Manitoba et dans tout l'Ouest. Quand tous ces peuples divers se seront mélangés et assimilés plus ou moins au cours des siècles, on verra là une population des caractéristiques de laquelle on ne peut aujourd'hui avoir d'idée. L'histoire de l'avenir sera peut-être bien autrement intéressante que celle du passé et du présent.

J'ai cru, un moment, trouver le P. Arnaud, le " roi des Montagnais", au palais archiépiscopal de Saint-Boniface. C'était le P. Dandurand, qui est bien la figure la plus originale de tout le personnel de la maison. En voilà un qui est vraiment, comme l'histoire, un témoin du passé ! Voilà en effet un homme qui a vécu sous sept papes, qui a été citoyen de Bytown, qui a résidé à Saint-Boniface quand il n'y avait encore qu'un petit groupe de cabanes à l'endroit où s'élève aujourd'hui la grande cité de Winnipeg. Il est le doyen du clergé du Canada et des Oblats de tous les pays. Ce vieillard, âgé de 85 ans, et qui a célébré le 63e anniversaire de son ordination sacerdotale pendant notre séjour à Saint-Boniface, est encore très alerte et d'esprit très éveillé, au point de suivre attentivement toutes les opérations de la guerre russo-japonaise. La richesse de ses souvenirs, sa bonté indulgente et sa constante bonne humeur font la joie des hôtes de l'archevêché. Il a trouvé là une retraite paisible et douce, où s'écoule aimablement sa vieillesse dans les exercices de la charité et de la piété (1).

Non loin de la cathédrale, se trouve le collège de Saint-Boniface, qui joue le rôle de petit séminaire diocésain. Nous allons le visiter, dans l'après-midi du dimanche, et nous y fûmes accueillis avec la plus grande cordialité. L'institution est dirigée par des RR. PP. Jésuites, au nombre desquels se trouve le célèbre P. Drummond, dont la parole et la plume sont également puissantes, et toujours prêtes à défendre la vérité contre les accès du fanatisme sectaire qui lève souvent la tête dans ces milieux de l'Ouest.

Ce collège, relativement spacieux, est construit en brique blanche, chauffé à l'eau chaude et parfaitement aménagé. On s'y éclaire encore au pétrole, en attendant l'électricité. En avant de l'édifice s'étend un beau parterre encore tout fleuri, mais qui a déjà subi les morsures de l'automne.

Nous remarquons que les arbres, en ce pays, sont de taille assez réduite. Nous y reconnaissons une espèce de chêne et surtout beaucoup d'érables à Giguère ou négondos, dont la gelée précoce a rendu les feuilles jaunissantes.

Il y a encore, dans les environs, un très joli édifice en brique blanche : c'est une école normale édifiée récemment par le gouvernement provincial Roblin, qui montre réellement de la bienveillance envers les catholiques. Cette largeur d'esprit des gouvernants rend la situation tolérable, au point de vue scolaire, dans les municipa-

---

(1) Les journaux de Montréal ont fait mourir subitement le P. Dandurand, vers la fin de mars 1905, publiant son portrait et sa biographie. Cela ne l'empêche pas, par exemple, de continuer même en 1906 à vivre comme de plus belle.

lités rurales, où la majorité des habitants est souvent composée de catholiques. Par contre, dans les villes, c'est-à-dire à Winnipeg et à Brandon, l'état des choses est déplorable. Les catholiques y sont obligés de soutenir leurs écoles à leurs frais, tout en payant des taxes pour le maintien des écoles protestantes ; ils voient même leurs propres édifices scolaires frappés de la taxe d'école par des municipalités sectaires. Il est difficile ou plutôt impossible de comprendre comment il se fait que les protestants de ces lieux, et d'autres pays où sévit un pareil état de chose, n'ont pas honte jusqu'au fond de l'âme de faire instruire leurs enfants aux frais des familles catholiques, dont la majorité en ces pays est souvent composée de pauvres gens qui vivent péniblement.— Au moins, les majorités catholiques n'ont jamais, en aucun lieu du monde, tenu une conduite si peu généreuse, pour employer une expression polie. —Qu'il est donc remarquable, aussi, que la seule religion persécutée, dans l'univers, soit toujours la catholique ! Il y a là une magnifique preuve, quoique négative, de la vérité de la sainte Eglise catholique.

Pour terminer ces notes sur Saint-Boniface, il faudrait encore parler, si j'avais pu les visiter, des institutions religieuses d'enseignement et de l'immense hôpital des Sœurs de la Charité. On achève justement d'ajouter, au coût de $200,000, à ce dernier édifice, une aile très considérable. Cette institution, comme d'ailleurs tous nos hôpitaux confiés aux religieuses, est conduit d'une façon si supérieure, que les protestants de Winnipeg ne sont pas les derniers à venir s'y faire traiter. Il faut être fou, ou plutôt diaboliquement forcené comme les chefs actuels de la France, pour s'être employés à chasser de leurs hôpitaux ces admirables, angéliques, idéales garde-malades que sont les religieuses.

Il faut avouer que Saint-Boniface, habité presque exclusivement par nos compatriotes, ne paye guère de mine. Les maisons, d'aspect peu fortuné, sont disséminées sur un vaste espace. Le tramway de Winnipeg pousse bien une pointe dans la ville, mais le service qu'il y fait ne rappelle que de très loin celui des tramways de New-York ; cela néanmoins vaut encore un peu mieux que rien.

Quant à la voirie, elle est probablement satisfaisante quand il a fait beau longtemps ; mais, par un temps de pluie, c'est quelque chose d'inconcevable. Cela tient à l'exagération des qualités du sol manitobain. Cette terre, qui est peut-être unique en son genre, est comme onctueuse, visqueuse et huileuse ; elle est d'une prodigieuse fertilité au point de vue agricole. Mais elle ne vaut rien, ou plutôt elle est impraticable pour faire de bons chemins, par les temps pluvieux. Aussi, il fallait voir les rues de Saint-Boniface, par les jours de pluie où nous étions là ! Les roues des voitures s'enfoncent lamentablement dans cette terre à consistance molle, y laissent après elles de profonds sillons, et, retenant sur leur circonférence une couche terreuse qui s'accroît indéfiniment, deviennent d'une grosseur énorme. Quant aux chevaux, ils ne tardent pas à se voir chaussés de mottes invraisemblables. Je ne sais comment se tireraient d'affaire, ni même s'ils pourraient s'en tirer, des gens qui entreprendraient de marcher là-dedans. Sur les trottoirs, en temps de pluie toujours, les piétons n'ont qu'à se bien tenir ; mais c'est précisément ce qui est difficile. Car on croirait marcher sur une surface graissée.

On voit, par ce léger croquis, s'il est gai de se promener, quand il pleut, dans les rues de Saint-Boniface. Il y a donc là un sol dont la valeur est inestimable pour la culture, mais qui est le plus défavorable du monde pour y placer des villes. Il est évident qu'à force de dépense on peut arriver, comme on le fait à Winnipeg, à faire des rues excellentes par l'asphalte ou le macadam. Mais actuellement, et malgré une activité industrielle pleine de promesses d'un bel avenir, Saint-Boniface ne paraît pas être en état de pourvoir aux frais énormes de l'aménagement de ses rues (1). En attendant que les finances municipales y soient devenues d'une prospérité suffisante, on pourrait peut-être avoir recours, pendant les saisons pluvieuses, aux ballons, aérostats et autres véhicules aériens, pour faciliter les communications.

____

(1) En 1906, le conseil municipal de Saint-Boniface s'occupe sérieusement d'améliorer la voirie de la ville.

C'est faute de ces moyens de locomotion en l'air que nous n'avons pu répondre à la douzaine d'invitations que l'on nous a faites d'aller visiter diverses localités de la campagne. J'aurais tenu particulièrement à faire une excursion chez mon ancien confrère du grand séminaire, l'abbé Jolys, qui s'est tant dévoué et a tellement poussé le progrès religieux et matériel au milieu de ses ouailles, que sa paroisse a dû s'appeler de son nom. Mais il fallait, pour s'y rendre, faire un trajet en voiture, et j'ai dû renoncer au voyage dans la crainte de m'enliser irrémédiablement et à perpétuité dans la boue manitobaine.

Nous avons même été forcés, par la pluie battante, de rester à la maison deux jours durant. Cela ressemblait fort à nos journées froides et pluvieuses d'automne, dans l'Est. Je n'ai pas besoin de dire que nous nous serions fort bien passés de retrouver si loin ce que l'on appelle parfois " le temps de Québec."

Enfin, le troisième jour, le soleil apparut, et nous profitâmes du beau temps pour traverser la rivière Rouge et visiter enfin Winnipeg, l'ancien Fort Garry.

C'est, malgré sa fondation encore récente, une grande ville que Winnipeg. Le guide du C.P.R. lui attribue une population de 75,000 âmes, en faisant observer qu'en 1871 il n'y avait là qu'une centaine de personnes. Voilà un développement que l'on peut sans risque qualifier de merveilleux.—Si l'on demande pourquoi l'on n'a pas, à l'origine, établi Saint-Boniface en cet endroit même, je répondrai que je n'en sais absolument rien. D'autre part, peut-être veut-on savoir pour quelle raison on est venu se fixer ici et y faire une ville nouvelle, plutôt que d'aller prendre un pied-à-terre à Saint-Boniface, où se trouvait déjà une agglomération assez considérable de population ? Il paraît que c'est bien là, aussi, ce qu'on avait voulu faire. Mais, ai-je ouï dire, Mgr Taché n'avait pas cru devoir concéder aux nouveaux venus les terrains de grande étendue qu'il possédait, et qu'il réservait sans doute pour ses établissements religieux de l'avenir. Et comme on tenait à s'établir au confluent même des rivières Rouge et de l'Assiniboine, on avait dû aller se mettre de l'autre côté de ces cours d'eau, en face de Saint-Boniface. La fixation, en cette nouvelle cité, du siège du gouvernement provincial, des grandes usines et du principal bureau des Terres du C.P.R., la fondation de grands établissements de commerce amenèrent bientôt une immigration incessante ; et la ville grandit à vue d'œil. Il me paraît certain qu'un jour ou l'autre Winnipeg englobera Saint-Boniface, qui ne sera plus qu'un quartier de la grande ville. La perspective d'être un jour dévorée de la sorte est peut-être peu réjouissante pour Saint-Boniface ; mais comme cette annexion sera pour l'ancienne ville le signal d'améliorations de tout genre, il n'y a pas lieu de s'apitoyer beaucoup sur le sort des futurs annexés... Toute la question, c'est de savoir quelles seraient, au point de vue catholique et français, les conséquences de la disparition du centre national qu'est aujourd'hui Saint-Boniface. Mais cette question vaut qu'on s'y arrête !...

En attendant le contingent que fournira l'annexion de Saint-Boniface, Winnipeg ne compte qu'un dixième de sa population qui soit catholique. Ces catholiques sont répartis en plusieurs paroisses, dont l'une, établie dans l'hiver de 1905, et composée de Canadiens-Français, est confiée à la direction des Oblats.

Les mêmes religieux étaient déjà à la tête de l'importante paroisse de Sainte-Marie, qui possède une grande église et un coquet presbytère. Au moment où nous visitâmes cette église, l'école — une " école séparée", bien entendu — venait de finir, et les bambins s'en allaient d'un air d'oiseaux prisonniers qui s'aperçoivent soudain que la porte de leur cage est ouverte. Une école à l'église... Que signifie cela ? Cela signifie que, suivant les exemples remarquables d'autres pays, on fait aussi à Winnipeg comme on peut ; quand on n'a pas d'autre local, on fait l'école à l'église, tout simplement. Toutefois, cette destination assez étrange de l'église n'était que provisoire. Car en ce moment même on était sur le point d'achever la construction d'un vaste et élégant édifice scolaire, en brique blanche, située en face de l'église, et dont le coût s'élèvera à plus de quarante mille piastres. Ils ont du zèle pour l'éducation, ces catholiques de Sainte-Marie ! Ils sont même zélés et généreux, au point de contribuer en outre au soutien des écoles de leurs compatriotes les fanatiques protestants du lieu. Il faut ajouter que c'est la loi qui les pousse à une générosité aussi extraordinaire.

Le P. L. Gladu, qui fait partie du clergé de la paroisse, et qui était venu nous relancer jusqu'à Saint-Boniface, s'empare de nous sans vouloir entendre raison, et nous transporte fort loin, en dehors des limites de la ville, pour nous déposer sur le seuil d'un grand couvent, dont il est le digne aumônier. Ce couvent, c'est l'Académie Sainte-Marie, qui dépend de la paroisse de même nom. Il est tenu, et de manière admirable, comme on l'imagine bien, par les Sœurs de Jésus-Marie d'Hochelaga. Plus de cent jeunes filles y reçoivent l'instruction. L'édifice, ouvert depuis deux ans, est déjà trop petit, et devra être agrandi dans un avenir prochain : c'est bien là l'histoire de toutes nos maisons d'éducation de la province de Québec. Ce qu'il est inutile de mentionner, c'est que ce couvent, à tous les étages et dans toutes les pièces, est tout brillant de propreté soigneuse et d'élégante simplicité. Etonnez-vous de voir les protestants les plus irréductibles s'empresser de confier leurs filles à des maisons de ce genre ! — Naturellement, il n'y a pas un coin de la maison dont on nous ait fait grâce, pas une classe où nous ne soyons entrés pour voir les élèves à l'ouvrage. Nous en avons donné, là, une nouvelle preuve de l'intérêt que nous portons à l'éducation de la jeunesse ! Mais le détail qui m'a le plus frappé et qui s'est logé dans un coin de ma mémoire pour n'en plus jamais sortir, c'est qu'il y a dix-sept pianos dans cet établissement. Cela démontre sans doute combien ces gens du Manitoba ont de zèle pour le culte des beaux-arts, eux que l'on regarderait volontiers comme ne songeant pas à autre chose qu'à profiter du sol merveilleux qu'ils possèdent pour inonder de bon blé tous les pays de l'univers. Mais, à un tout autre point de vue, dix-sept pianos : conçoit-on ce qu'il y a là de menaces pour la tranquillité future des familles et pour le sommeil des paisibles voisins de l'avenir !

Si le parti " ouvrier " voulait se faire prendre au sérieux, il devrait
n'avoir rien de plus pressé que d'ajouter aux cinq cents articles de
son " programme " un article par quoi l'on demanderait aux
pouvoirs publics de limiter, dans une institution quelconque, le
nombre des instruments destinés à troubler, dans l'avenir, la paix
publique...

L'après-midi, ce fut le R. P. Guillet, supérieur des Oblats de
Duluth, qui voulut bien se faire notre cicérone dans cette ville où
il a lui-même résidé.

Je tenais particulièrement à visiter l'hôtel du gouvernement
de la Province. L'édifice, construit en brique blanche, est d'un
style sobre, mais encore agréable ; ses dimensions sont restreintes,
et doivent à peine suffire au fonctionnement de la machine administrative. C'est ainsi que la bibliothèque de la législature n'a pas
de local particulier, et se trouve éparpillée un peu partout dans le
palais ; son conservateur — s'il existe — doit être habituellement
dans l'état d'âme de la poule qui voit ses poussins dispersés dans
toutes les directions. Quant à la salle des séances de l'Assemblée
législative, elle est remarquablement aménagée et décorée ; et l'on
se figure difficilement que ce fut en une si jolie pièce qu'ait pu avoir
lieu, certain jour, la strangulation des droits de la minorité catholique en matière scolaire.

Tout autour de ce palais législatif, s'étendent des pelouses bien
entretenues et parsemées de bosquets.

Disons en passant que si l'on emploie tant la brique, ici, c'est,
il semble, parce que la pierre de construction que l'on trouve dans
le pays n'a pas beaucoup de valeur. Au moins, les échantillons
que j'en ai vus étaient loin de payer de mine.

A quelque distance des " murs " de la ville, il y a le River Park,
où l'on se rend en tramway. C'est même la compagnie du tramway
qui en est propriétaire,— comme c'est le cas dans la plupart des
grandes villes du continent, où ces associations ont trouvé ce moyen
ingénieux des parcs de plaisance pour augmenter de beaucoup,
durant la belle saison, la circulation sur leurs voies et par suite

pour grossir les recettes. Ce River Park, par exemple, n'est encore que dans l'enfance, si l'on peut s'exprimer ainsi. On voit qu'il est de création récente. Les massifs et les bosquets n'ont pas encore eu le temps d'atteindre l'opulence. Les chemins qui courent à travers le terrain sont à peine raffermis après les pluies de ces derniers jours. D'ailleurs, les restaurants, les salles d'amusements, les baraques diverses, tout est fermé ; le silence règne partout, et tout cède devant la marche de l'automne. Enfin, c'est le désert et son abandon. Heureusement, les animaux qui sont chargés de mettre un peu de zoologie au fond du tableau, sont encore là, et c'est bien ce que nous pouvions souhaiter de mieux, nous pour qui les gymnastes, les danseurs et autres personnages de " Dime Museum " ne sont pas le dernier mot des joies de l'existence terrestre. Des buffles, des wapitis, des orignaux, des chevreuils, des hiboux, des poules de prairie : voilà les " attractions " qui sont encore là, et qui nous intéressent grandement.

Et puis nous parcourons à pied ou en tramway les principales rues de Winnipeg. Ce terrain tout du même niveau, voilà qui continue à nous paraître très étrange. C'est très commode pour faire la promenade, mais cela manque beaucoup de pittoresque. Qu'on ne me parle pas de ces villes où il faut monter sur les clochers pour avoir une vue d'ensemble du groupement des édifices !

La voirie est excellente à Winnipeg, et fait grandement contraste avec celle de Saint-Boniface. Pourtant le sol est sans doute le même, et ce n'est qu'au prix de frais énormes que l'on peut établir ainsi des voies excellentes. Les rues, toutes tirées au cordeau, sont larges, et souvent plantées de jeunes arbres qui promettent de l'ombrage aux promeneurs des âges futurs. Ces rues, on les prolonge à l'envi, et l'on a peine à y suffire, tant l'esprit de construction est intense à Winnipeg. Le C.P.R. donne l'exemple, en cette matière,— à des gens qui n'avaient guère besoin d'un pareil encouragement — : tout est en effet, comme je l'ai déjà dit, sens dessus dessous à la station du chemin de fer, où l'on a transféré les bureaux divers dans je ne sais quels hangars peu réjouissants ;

où je ne sais quel vague local sert de salle d'attente ; où l'on est
à construire je ne sais quelle sorte de passerelle ou de voie souterraine pour permettre au tramway de traverser le chemin de fer ;
où l'on bouleverse enfin tout le terrain adjacent, pour y élever une
gare-hôtel qui coûtera près de deux millions de piastres... Dans
la ville, tout le monde projette de bâtir, ou demande des plans aux
architectes, ou fait des propositions aux entrepreneurs, ou creuse
des fondations, ou dispose des briques en forme de murs, ou revêt
de zinc des couvertures, ou fait des boiseries dans des pièces de
logis : tout cela, assure-t-on, au coût de cinq millions de piastres
en l'année 1904 (1).   Il n'y a ni races, ni conditions, ni sexes, ni
âges, qui soient à l'abri, dans Winnipeg, du microbe de la bâtisse.
On bâtit ici, là, à droite, à gauche, partout.— Bref ! Que dirai-je ?
L'abbé Burque et moi, nous sentions venir le moment où nous
allions être pris, nous aussi, de la contagion générale.   Et nous
décidâmes de quitter un lieu où l'on respire avec l'air de pareils
germes d'édification à outrance.   Nous partirons pour l'Ouest par
le premier train possible de la " Transcontinental Line " !

———

IV

Départ de Winnipeg.—Du blé, du blé, du blé !—Brandon, Regina, Moose
  Jaw.—Dans l'Assiniboia.—Dans l'Alberta.—La façon de paître durant
  l'hiver.—On compte sur le " transformisme ".—Calgary.—On dirait de
  la neige.—Séjour à Banff.—" Banff's Springs C. P. R. Hotel ".—Accès
  d'enthousiasme aigu.—Musée du Parc des Montagnes Rocheuses.—Promenade solitaire, au soir, dans le silence des choses.—Crépuscule tardif.

Le train de la "Transcontinental Line" se trouvant en retard
d'une couple d'heures, le 15 septembre, je sacrifiai de bon cœur
l'agrément d'attendre, au milieu des colis et des bagages, qu'il
arrivât en gare, et je profitai du loisir pour combler une lacune de

———

(1) En 1905, du mois de janvier au mois d'août, on a donné des permis de
construction pour une valeur de huit millions et demi !

notre bref séjour à Winnipeg, et aller faire visite au curé de l'Immaculée-Conception, M. l'abbé Cherrier, qui était alors le directeur de la *Northwest Review*. Malheureusement, il était absent de la ville et ne devait rentrer qu'après notre départ. Je constatai toutefois que son église paroissiale est fort belle, et que son presbytère, de petites dimensions, est un joli édifice.

A midi, ce 15 septembre, nous quittions enfin Winnipeg pour exécuter d'un trait une course d'environ 1,000 milles.

Toute l'après-midi, nous traversons les plaines incomparables du Manitoba. Tout le blé est coupé, et le sol est partout recouvert de blé en moyettes ou en javelle. De quelque côté que l'on regarde et jusqu'à l'horizon, en toutes les directions, ce n'est partout que du blé. Ce spectacle ne m'impressionne pourtant qu'à demi, parce qu'il me faudrait voir le grain debout pour en bien apprécier la quantité. Heureusement, l'abbé Burque, qui est grand clerc en toutes espèces de choses, est en état de juger que tout ce qui s'offre à nos regards est merveilleux ; sur sa parole, je m'enthousiasme de confiance, et nous tombons tous deux dans le ravissement à l'aspect d'un sol de cette fécondité.

Le commerce du blé est donc la grande ressource de ce pays. Aux stations du chemin de fer, on voit un ou plusieurs élévateurs, où les gens viennent faire classer, peser et emmagasiner le grain. Puis, quand on a besoin d'argent, ou qu'on trouve satisfaisant le prix du marché, on vend son blé à la compagnie d'exportation, et tout est dit. L'organisation, comme on voit, est toute simple, mais elle est juste ce qui convient et rend aux cultivateurs les meilleurs services. Car, à cette distance des pays d'exportation, un colon ne saurait isolément, et avec profit, entreprendre de disposer par lui-même de sa seule récolte.

Et toujours cette plaine parfaitement plane, sans accidents de terrain ! Cela ne cesse pas d'être étrange au plus haut point, pour quelqu'un qui a passé vingt-sept ans de sa vie dans les montagnes du Saguenay.

Vers le soir, nous remarquons la belle petite ville de Brandon.

Au dire du guide du C.P.R., il y a ici une population de 5,380 âmes. C'est l'un des plus grands marchés de grain, au Manitoba ; il s'y trouve huit élévateurs, maintes manufactures, un asile soutenu par le gouvernement provincial, et une station agronomique dépendant d'Ottawa.

Et voici la nuit qui vient. L'heure du repos est sans doute agréable à voir arriver après une dizaine d'heures de séjour dans un train de chemin de fer ; mais cela veut dire aussi que l'on va traverser, sans le voir, une couple de cents milles d'un beau pays. C'est ainsi que nous passâmes en pleine nuit à Régina et à Moose Jaw, et que donc, après avoir pris la peine de faire un voyage dans l'Ouest canadien, nous sommes aussi ignorants de ces intéressantes petites villes que tant de gens aux goûts prosaïques qui n'ont jamais remué de chez eux.

Régina et Moose Jaw : cela veut dire que nous étions entrés dans l'Assiniboia sans en avoir eu connaissance. Tout l'avant-midi du lendemain, nous voyageons encore à travers ce Territoire (1). La plaine y est unie et recouverte d'herbe jaunie. C'est un pays à pâturage, où nous n'aperçûmes pourtant qu'un seul grand troupeau de bestiaux. Des fenêtres du train, je pus voir aussi quelques représentants de la faune de cette région, " en la personne " de quelques petits *rongeurs*, que les Américains nomment " Gophers", et de quatre antilopes, jolis quadrupèdes d'environ trois pieds de hauteur, et qui ont de la ressemblance avec les ruminants africains de même nom ; ils sont désignés, dans la nomenclature scientifique américaine, sous l'appellation d'*Antilocapra Americana*, Ord.

De toute cette journée du 16 septembre, nous n'aperçûmes à peu près aucun arbre dans ces plaines immenses. A Medicine Hat, petite ville d'environ 2,000 âmes, se trouve, aux environs de la station du chemin de fer, une sorte de parc établi par le C.P.R., où l'on entretient diverses essences ligneuses, dont le satisfaisant état

____

(1) Devenu, en 1905, la province de Saskatchewan.

de santé démontre à tous les regards la possibilité qu'auraient les arbres de prospérer en ce pays.

Dans l'après-midi, nous " voguons " à travers l'Alberta. Le sol est d'abord ondulé, et redevient ensuite, à mesure qu'on s'enfonce dans l'ouest, le plateau uni dont l'aspect nous est déjà familier. De temps en temps, on rencontre des lacs de peu d'étendue, ressource précieuse pour les troupeaux de chevaux et de bêtes à cornes, que nous apercevons en plus grand nombre dans ce Territoire (1).

On sait que ces troupeaux, qui sont quelquefois très considérables, vivent à peu près à l'état sauvage dans ces plaines, et y passent même l'hiver sans aucune espèce d'abri : état de chose dont on n'a pas encore entendu dire qu'ils se soient plaint d'une façon sérieuse, bien que le froid soit fort rigoureux en ces régions. La neige, qui est loin d'y tomber en aussi grande quantité que dans l'Est, vient pourtant quelquefois compliquer fortement la situation, par la difficulté que les animaux ont alors à trouver leur nourriture. Les chevaux s'en tirent généralement assez bien : ils grattent la neige avec leurs sabots et atteignent facilement l'herbe précieuse. Mais chez les bestiaux, l'usage n'autorise pas l'emploi de ce moyen, probablement parce que ce n'est pas trop de quatre pattes posées à la fois sur le sol pour tenir en équilibre ces masses colossales qui constituent leur corps. Aussi, c'est avec leur museau que ces pauvres bêtes ont à fouiller la neige pour arriver jusqu'aux touffes herbeuses. Cela n'est qu'un jeu, quand la neige est molle, et l'on n'y risque pas autre chose que de s'enrhumer. Mais quand la neige est dure et surtout quand elle se recouvre d'une couche de glace, les museaux sont vite blessés et ensanglantés, et les animaux se voient forcés à des jeûnes effrayants. Il y a là, pour les cœurs sensibles, beau sujet de s'émouvoir ; et je ne sais si leur attendrissement ne resterait pas inconsolable et même ne deviendrait pas contagieux au point de tirer des larmes au genre humain tout

---

(1) Devenu, en 1905, la province d'Alberta.

entier... Mais heureusement on peut invoquer ici le pouvoir consolateur du transformisme (théorie scientifique qui va enfin servir à quelque chose), et en déduire l'espoir que, après des générations, des générations et des générations, grâce à cette intense " lutte pour la vie " qu'ont à subir les bœufs du Nord-Ouest, et en vertu du principe de l' " adaptation aux milieux " qui aura si constamment exercé son action, le museau de ces animaux finira à la longue par se transformer en pelle de fer...

Une ou deux fois par année, bestiaux et chevaux reçoivent la visite des *cow-boys* qui cernent leurs troupes affolées et les poussent vers des enclos semi-circulaires, que l'on aperçoit aux environs de beaucoup des stations du chemin de fer, et où l'on fait choix des individus que l'on estime propres à la vente. Des marques artificielles permettent de reconnaître et de répartir les animaux qui appartiennent aux divers propriétaires de ranches. Pour ce qui est des jeunes animaux, comme les éléments d'un exercice exact de la justice distributive font absolument défaut, on les partage suivant la moyenne du nombre de bêtes adultes que possède chacun des propriétaires.

Vers le soir, nous aurions dû apercevoir de loin, c'est-à-dire d'une cinquantaine de lieues, les premiers sommets des montagnes Rocheuses. Mais il aurait fallu pour cela que le temps fût bien clair. Or, non seulement l'atmosphère n'était pas limpide, mais même il pleuvait.

En passant, nous jetons un coup d'œil sur Calgary, petite cité de 6,000 âmes, et dont l'aspect est très agréable. C'est un centre très important de la région de l'élevage des animaux et de l'approvisionnement des districts miniers.

Du reste, dans tout ce pays, l'aisance paraît remarquable. Presque partout les habitations ont un air propre et coquet. Des endroits aussi nouvellement établis, dans l'Est, ne présentent pas ordinairement un aspect aussi soigné.

Mais que signifie donc ce sol d'une blancheur éclatante que nous avons aperçu, aujourd'hui, en divers endroits ? Je n'ai pu tout d'abord m'empêcher de croire qu'il y avait eu déjà des chutes de neige en ces régions, et qu'il en était resté des traces ici et là. Mais j'appris bientôt que ces taches blanches étaient dues à l'exsudation alcaline du sol ; l'eau qui reste sur le sol après des chutes de pluie s'évapore au contact de l'air, et le sel tout pur couvre la surface du terrain. C'est, en petit et par l'opération de la nature elle-même, le procédé des marais salants.

Pour que rien ne manquât à notre expérience de la prairie, nous avons vu aussi, au cours de la journée, de vastes espaces tout en feu. Il s'agissait là, évidemment, de préparer le sol pour les opérations agricoles.

Enfin, après une course ininterrompue de 34 heures en chemin de fer, nous arrivons à Banff, à 10 heures du soir, avec 4 heures de retard. Nous sommes ici dans les montagnes Rocheuses, à une altitude de 4,500 pieds. La température est froide, comme il est naturel à pareille hauteur et à cette date de la mi-septembre.

Notre programme de voyage comportait un arrêt de vingt-quatre heures à Banff, moins encore pour nous reposer des fatigues d'un long trajet que dans le désir de goûter un peu au plaisir d'un séjour dans la montagne.

A un mille environ de la station du chemin de fer, le C.P.R. a bâti un superbe hôtel, au coût d'un demi-million. C'est là, au " Banff's Springs C.P.R. Hotel", que nous descendîmes, faute de savoir qu'il y a dans la localité d'autres hôtels ; du reste, quand même nous l'aurions su, nous y serions peut-être descendus tout de même. Car il me semblait que la compagnie du C.P.R. avait dû choisir le plus beau site possible pour y établir son hôtel, et que, puisqu'elle faisait tant que de loger les gens, elle devait le faire dans les meilleures conditions possibles. L'événement a prouvé la justesse de ces prévisions. Le porte-monnaie en a bien gémi du fond de ses entrailles ; mais ne serait-il pas indigne d'une âme philosophique de s'en laisser imposer par des protestations d'une pareille vulgarité ?

Nous nous installons donc dans la diligence du Banff's Springs

C.P.R. Hotel, et nous enfonçons dans " l'horreur d'une profonde nuit " et de la belle route établie dans les gorges des montagnes. De toutes parts nous apercevons vaguement des masses sombres, dont l'aspect mystérieux nous glace autant que l'air très vif de la soirée. Tout en haut, au travers de ces amoncellements gigantesques, apparaît le beau ciel étoilé du bon Dieu. Au bout d'un quart d'heure, qui avait bien paru durer le double, la voiture s'arrête devant un immense édifice tout brillant de lumières électriques, couronné de tourelles et de hauts pignons, que l'on prendrait pour l'un de ces pics à découpures fantastiques qui partout bordent l'horizon. Les officiers du lieu s'empressent autour de nous ; ils nous reçoivent dans leurs bras ; ils nous poussent aimablement à l'intérieur du palais. Nous y tombons dans un " parlor " monumental. C'est une salle immense, située au centre de l'édifice, où tous les étages viennent aboutir en des balcons superposés, et qu'éclairent les fenêtres du dôme lui-même ; des feux brillants flambent en pétillant dans les deux vastes cheminées ; et partout des fauteuils commodes, des canapés moelleux, où des groupes de touristes causent paisiblement ou lisent les récents magazines.— Toi, mon porte-monnaie, silence ! On ne te demande pas ton avis !...

Dès que nous sortîmes, le matin, nous fûmes saisis par le ravissement, l'enivrement, l'enthousiasme et toute la gamme des émotions violentes... La majesté, le grandiose, le pittoresque éclatent de toutes parts dans cette nature merveilleuse qui nous entoure... Longtemps, nous promenâmes nos regards insatiables de l'un à l'autre de ces sommets aux formes capricieuses, tantôt dénudés, tantôt coiffés de touffes verdoyantes, quelques-uns couverts de neige. De ces pics altiers, le mont Cascade et les autres, il y en a qui atteignent une altitude de près de 10,000 pieds.

Voilà toute la description que je ferai de ces merveilles, tant je sens l'impuissance de ma petite pointe de plume à retracer convenablement des spectacles aussi extraordinaires ; sans compter que rien n'ennuie autant la plupart des lecteurs que le genre descriptif — sans doute parce que la plupart des écrivains manquent du talent de faire en cette matière difficile les chefs-d'œuvre qu'il faudrait.

L'hôtel est entouré de balcons et de terrasses très étendues où l'on peut s'installer tout à son aise pour savourer aussi longuement qu'on veut les charmes de l'admiration. Au fond du ravin sur le bord duquel on se trouve, coulent — avec ce fracas des eaux agitées qui nous plonge dans le mystérieux — et se rejoignent les petites rivières Bow et Spray. Non loin, il y a ces fameuses sources d'eaux chaudes et sulfureuses, qui guérissent de tous les maux passés, présents et futurs. Dans les environs, nombre de points intéressants offrent aux touristes des motifs d'excursions toutes plus charmantes les unes que les autres. De vastes diligences, traînées par quatre chevaux, permettent de faire ces promenades en de faciles conditions financières. Nous sûmes pourtant résister à ces attraits, voulant surtout, en cette journée d'arrêt, nous reposer des systèmes artificiels de locomotion, et trouvant d'ailleurs que les paysages qui s'offraient partout à la vue suffisaient pleinement à alimenter nos facultés admiratives.

Par exemple, nous ne nous privâmes pas de faire des excursions pédestres dans les belles routes tracées à travers les rochers et les bois. En nous rendant de la sorte du côté de la station du C.P.R., nous rencontrâmes quelques hôtels pour les touristes et quelques habitations. Mais ce qui nous intéressa particulièrement, ce fut le musée d'histoire naturelle, que nous visitâmes longuement. C'est le gouvernement d'Ottawa qui a fondé cette institution scientifique, ce qui doit signifier qu'avant longtemps ce musée aura pris de notables développements ; autrement, à quoi servirait-il d'avoir d'intimes attaches avec le Trésor d'un pays si riche ? Que si l'on est curieux de savoir pour quel motif le gouvernement fédéral s'est senti tout à coup pris d'un zèle si dévorant pour la cause de l'histoire naturelle, qu'il n'a cru pouvoir le rassasier qu'en établissant un musée au fond des montagnes Rocheuses, je répondrai : Mais vous ignorez donc que le gouvernement d'Ottawa a établi là-bas

14

une réserve d'au delà de 5,000 milles carrés, qu'il a dénommée
" Parc des Montagnes Rocheuses", et que Banff est précisément
la porte d'entrée, au point de vue du chemin de fer, de cette vaste
réserve ! Un musée où l'on réunira, avec le temps, tous les spécimens de la flore et de la faune de ce district, c'était une "attraction"
toute indiquée pour intéresser les voyageurs, et dont l'importance
est grande au point de vue scientifique.

Ce musée est contenu dans un coquet édifice en bois verni, et
où se trouve aussi le bureau du surintendant préposé à la surveil-
lance et à l'administration du Parc lui-même.

Il y a un peu de tout dans ce musée, mais seulement des
spécimens recueillis dans la contrée, et cela donne une valeur
spéciale à ces collections — qui ne sont encore que dans l'enfance.
La section ethnologique nous montre beaucoup d'articles divers
provenant des peuplades sauvages de la contrée. Puis, il y a un
herbier, des spécimens de diverses essences ligneuses, des insectes,
des oiseaux, des mammifères. Ces derniers sont représentés surtout
par le bœuf musqué et le bison. L'orignal, le caribou, le chevreuil
ou antilope, le mouflon n'y ont que la tête : cela est sans doute un
peu mieux que rien, mais tout à fait insuffisant pour un musée.
Aussi, fais-je des vœux ardents pour que le gouvernement d'Ottawa
laisse là pour un moment ses histoires de chemins de fer, de canaux,
de création de provinces nouvelles, etc., et complète, jusqu'à la
queue inclusivement, ses quadrupèdes du musée de Banff.

La journée se passa ainsi en promenades à travers ces beautés
grandioses de la chaîne de montagne, ou en délicieuses rêveries sur
les terrasses de l'hôtel. Nous nous efforcions de fixer dans notre
souvenir ces incomparables paysages, qui jouiraient d'au moins
autant de renommée que les plus fameux sites des Alpes d'Europe
s'ils étaient aussi accessibles à la généralité des voyageurs. Pour
moi, à côté de la joie de ce séjour de vingt-quatre heures à Banff, je
n'ai à mettre, de tous mes souvenirs de voyage, que le parcours du
lac des Quatre-Cantons au milieu des montagnes de la Suisse, et je

ne sais pas me décider à donner la palme du pittoresque à l'un ou à l'autre.

Au crépuscule du soir, avant que les ténèbres ne vinssent me dérober, sans doute pour jamais, la vue de ces grands spectacles de la nature, j'allai seul, dans une direction où le défaut de temps nous avait jusqu'alors empêchés de porter nos pas, faire encore une promenade dans les bois ; et les pics altiers, vus sous des incidences nouvelles, me révélèrent des aspects nouveaux. Toutefois, je ne prolongeai pas beaucoup cette excursion solitaire : les ombres qui voilent de plus en plus les dernières clartés du jour, ce silence imposant de la nature qui va s'endormir, cet accablement des masses gigantesques qui de tous côtés descend sur l'âme et la remplit d'une terreur indéfinie, ce ne sont pas là des impressions que l'on cherche à prolonger. Et puis si l'on allait, à quelque détour du chemin, faire la rencontre d'un ours grizzly, d'un mouflon, d'un jaguar... Dans ces involontaires dispositions à la terreur, il se pourrait même que l'on ne se tirât pas honorablement de la simple rencontre d'un lièvre timide... Ces perspectives effroyables me laissèrent bien toutefois assez de liberté d'esprit pour constater que, à cette date du 17 septembre, on pouvait encore lire avec facilité à 7½ heures du soir, à la seule clarté du crépuscule. A cette date et à cette heure, il y a longtemps qu'à Québec l'on n'y voit goutte.— Quant à la végétation, elle porte bien la marque de l'automne : les gazons et les feuillages jaunissants annoncent la fin prochaine de la belle saison.

Cependant les ténèbres ont fini par l'emporter sur les dernières lueurs du jour ; le rideau est tombé sur la scène grandiose. Il n'y a plus qu'à s'éloigner du théâtre aux décors incomparables. Mais l'on emporte avec soi, pour ne l'oublier jamais, le souvenir des sublimes spectacles auquel on vient d'assister.

V

Départ de BANFF.—Un retard de quatre heures, et ses conséquences.—Si une
locomotive prenait l'épouvante...—Dans la Colombie-Anglaise.—Moyens
de supporter, le jour comme la nuit, ces longs trajets en chemin de fer.—
Une attaque possible de bandits.—Le comble des prévenances du C. P. R.
—A VANCOUVER.—Idéal des " excursions à bon marché ".

Le train du Transcontinental n'arrive à la station de Banff
qu'à 10 heures du soir, soit 4 heures après le temps règlementaire.
Un retard de quatre heures, après une course de 800 lieues, cela
mérite de l'indulgence ; et l'on pourrait probablement constater,
dans l'histoire, qu'il y a eu parfois des trains de chemin de fer
coupables d'infractions encore plus graves à la loi de l'exactitude,
et cela après des trajets relativement courts.

On serait tenté de croire, après tout, que, pour des touristes
qui ne sont guère pressés, il importe peu de partir de Banff à 6
heures ou à 10 heures du soir. Eh bien, la conséquence d'un retard
de cette sorte, ce fut de nous priver du plaisir de voir l'une des
parties les plus pittoresques des montagnes Rocheuses. Des pics
fameux, que nous n'avons pas plus aperçus que si notre course se
fût effectuée dans l'Afrique équatoriale, je me contenterai, pour
que le lecteur sache un peu ce que nous avons perdu, de mentionner le Mount Stephen, le Cathedral Peak, le " Canyon of the
Kicking Horse",—priant que l'on veuille bien lire les noms des autres merveilles dans les guides ou sur les cartes géographiques.

Il y eut bien d'ailleurs quelques compensations aux désagréments de la situation. Si, en effet, nous avons perdu dans la soirée
du 17 septembre un certain nombre de points de vue intéressants,
même grandioses et sublimes, par contre, le matin suivant nous en
avons contemplé d'autres, moins extraordinaires, paraît-il, mais
dont nous n'aurions pas eu seulement connaissance si notre convoi
avait suivi exactement l'horaire normal — oh ! cet horaire théo-
rique ! fabriqué trois ou quatre mois à l'avance dans les bureaux
de ces messieurs du C.P.R., qui y vont à leur aise lorsqu'il n'y a

qu'à jouer du crayon sur leur papier blanc, mais qu'il serait curieux de voir manœuvrer un grand train du Transcontinental… Non seulement, sous leur main novice, le convoi prendrait parfois des demi-journées de retard ; mais il arriverait certainement des cas où l'on verrait la locomotive, se dérobant au contrôle de mécaniciens inexpérimentés, s'élancer à des vitesses insensées, prendre même le mors aux dents, s'échapper au premier tournant par la première tangente venue, et tout à fait affolée, tenter de franchir n'importe où les chaînes des montagnes Rocheuses, grimper à mont les pics altiers, courir sur les glaciers, descendre les versants escarpés, sauter les précipices effroyables, et, traînant toujours à sa suite les wagons épouvantés, aller avec eux se précipiter dans l'océan Pacifique au parfait ahurissement des saumons, des morues, des harengs et autres habitants de ces eaux… Il est donc bien préférable que les commis du C.P.R. continuent de tracer des chiffres sur leur pupitre, que les trains en marche arrivent quand ils peuvent, et que les voyageurs sachent se plier aux circonstances : tout le monde, à la fin, ne s'en porte que mieux.

Pour en finir avec un sujet si plein d'intérêt, j'ajouterai qu'il est encore assez facile de concevoir que lorsque l'on voyage ainsi de jour et de nuit il faut s'attendre à parcourir de longs espaces de pays " sous l'empire des ténèbres." D'autre part, si l'on revient par la même route, les horaires des trains sont réglés de telle sorte — grâce au savoir-faire de ces messieurs des bureaux du C.P.R.— que l'on traversera en plein jour les endroits par où l'on était venu la nuit ; et l'on aura donc tout vu. Que si, malheureusement, il arrive que l'horaire ne soit pas exactement suivi, alors, comme je l'ai dit, la thèse ne va plus, et l'on perd tout à fait l'occasion de tout voir. Pour nous, qui ne devions pas revenir par la voie canadienne, ce qui était perdu était perdu sans espoir.

Pendant cette nuit funeste, et même peu de temps, une heure environ, après avoir quitté Banff, nous sortions de l'Alberta pour entrer dans la Colombie-Anglaise. Plongés déjà dans les profondeurs du sommeil, nous ne fûmes pas autrement émus de l'événement, qui n'a du reste absolument rien de remarquable. Car il est très permis d'imaginer que s'il y a quelque chose de parfaitement semblable à l'extrémité occidentale de l'Alberta, c'est l'extrémité orientale de la Colombie-Anglaise ; et *vice versa*.

Toute la journée suivante, le train courut à travers les montagnes. Les paysages, qui varient constamment dans cette région, ont sans doute beaucoup de pittoresque ; mais comme la beauté de ces spectacles est continue, on finit par être indifférent à ces points de vue qui s'offrent de toutes parts. Pour réveiller l'attention, il ne faut pas moins que le célèbre canon de la rivière Fraser. D'ailleurs, à mesure que le soir approche, le paysage devient de plus en plus remarquable. En même temps, plus nous avançons à l'ouest, plus les signes de l'automne disparaissent, et plus la végétation paraît avoir conservé tout son éclat des beaux jours. Il y a certainement de la satisfaction à courir ainsi après l'été, surtout quand on réussit à le rattraper.

On pourrait croire que rien n'est plus assommant que ces longs trajets en chemin de fer. Cela dépend beaucoup, évidemment, des conditions dans lesquelles on voyage. Si l'on passait des trois ou quatre jours immobilisés sur une banquette quelconque, obligé de s'y recroqueviller de façon plus ou moins fantaisiste pour dormir un peu la nuit, et n'ayant à l'heure des repas que des biscuits secs à se mettre sous la dent, on finirait vraisemblablement par ne pas tarder à en avoir assez d'un régime si primitif. Mais lorsqu'on voyage en touriste, on ne se propose pas, généralement, de s'exténuer de fatigue et de privations, et l'on est assez avisé pour tirer parti des accommodations que les compagnies de transport s'ingénient à mettre à la disposition de leurs clients. C'est ainsi que, dans les " Parlor Cars", les " Sleeping Cars " et les " Dining Cars", on trouve moyen de se faire une vie supportable, au moins pour quelques jours. On y dort fort bien en d'excellents lits, pour autant que la paix règne dans sa conscience, à l'exclusion des importuns remords. La seule inquiétude raisonnable que l'on puisse avoir, en ces régions, c'est de se voir éveillé au milieu de la nuit par deux ou trois bandits qui auraient eu l'idée originale de s'introduire dans le wagon à quelque arrêt, de réduire à l'impuissance le valeureux nègre qui remplit là le rôle de valet de chambre, et de vouloir ensuite se créer aux dépens des voyageurs des ressources pour leurs vieux jours. Mais, pour ne pas parler du déplaisir que cause certainement la brusque interruption d'un sommeil doux et bienfaisant, il n'y aurait qu'à se montrer bon enfant et à s'empresser de livrer à ces aimables brigands sa montre, ses bagues et le contenu de son portemonnaie : de cette façon, l'on se tirerait très bien d'affaire, et, se retournant, on reprendrait facilement le somme interrompu. Le bel épisode de voyage que cela ferait, ensuite, pour intéresser ses hôtes au dîner de famille et pour arracher des petits cris aux vieilles dames et aux jeunes aussi ! Il est justement arrivé une aventure de cette sorte sur le C.P.R. dans les tout dernières semaines qui ont précédé notre voyage : c'était la première fois qu'un tel événement se produisait sur notre chemin de fer canadien. La chose est beaucoup moins rare sur les chemins de fer des Etats-Unis. Pour ne pas mettre en péril la réputation de sécurité dont jouissent les trains du C.P.R., la compagnie se proposa de tirer une vengeance terrible d'un attentat si excessif; mais les bandits furent assez avisés pour dépister toutes les recherches, et tout en est resté là, au moins en ce qui concerne la justice de ce monde.

Je puis ajouter que l'on n'a guère, sur le C.P.R., à souffrir des appréhensions de déraillement, de collision ou de tamponnement. Ces accidents y sont tellement rares, que cela ne vaut pas la peine de s'inquiéter de semblables éventualités, qui sont à peine dans le domaine des choses possibles.

Durant le jour, les choses vont aussi joliment bien. Pour chasser l'uniformité, mère de l'ennui, il y a bien des moyens à la portée du voyageur. Tantôt, il se place sur les banquettes de droite ; tantôt il va s'asseoir sur celles du côté gauche ; puis, lorsqu'il a épuisé ces ressources de distraction, il va s'installer tout à l'arrière du Parlor Car, qui est ordinairement le dernier du train, et il y jouit du spectacle fameux de la double ligne des rails qui se prolongent au loin avec d'étonnants effets de perspective.   Ensuite, lorsque les menaces d'ennui acquièrent une certaine intensité, notre touriste s'en va dans le café-fumoir : il y allume un cigare ; il lit quelques pages de l'une des revues illustrées qui sont là ; s'il a le poignet solide, il écrit une petite lettre à quelque ami ; il cause un brin avec un voyageur qui est en route pour l'île Honolulu, le Japon ou autre lieu ; il se trouve même des gens qui commandent au garçon un verre de vin pour arroser la jeune plante d'une amitié éternelle qu'ils viennent de lier avec quelque compagnon de wagon qui s'en va résider aux antipodes.

Mais la suprême distraction du voyageur, à bord des trains de long cours, ce sont les repas.   Comme on y attend généralement que vous ayez commandé un plat pour le préparer, vous passerez facilement une heure ou une heure et demie à table.   Et comme cela se renouvelle trois fois dans la journée, il y a là encore un excellent moyen de tuer le temps, aussi bien que de diminuer le poids du porte-monnaie.

Il n'y a vraiment plus qu'une ombre au tableau, qu'un nuage dans un ciel si pur.   Quel dommage que l'on ne puisse savoir ce qui se passe dans tous les pays du monde !   On est si bien habitué, aujourd'hui, à lire son journal le matin, le midi et le soir, pour apprendre tout de suite ce qui vient d'avoir lieu à Berlin, à Tokio, à New-York et ailleurs !   Quand la voie ferrée traverse un pays où des villes importantes sont semées partout, il est facile d'obtenir aux gares des journaux tout frais sortis des presses typographiques. Mais, en des contrées encore primitives comme l'Ouest canadien, il ne faut pas compter, pour alimenter sa curiosité, sur la presse des petites villes auxquelles le train s'arrête de temps en temps : on y trouve bien le compte rendu d'une joute récente de foot ball, le procès-verbal de la dernière séance du conseil municipal, et des détails très étendus sur l'accident qui a fait perdre à M. Smith sa plus belle vache, à qui il est arrivé, probablement à cause de sa myopie, de tomber la tête la première dans un puits, dont elle a

avalé toute l'eau en s'y noyant (le puits se trouvant comblé par là
même, M. Smith a décidé, de l'avis de Mme Smith, de laisser les
choses en l'état, et de creuser un autre puits à quelque distance)...
Mais le service télégraphique de ces feuilles locales est déplorable-
ment élémentaire, et, après les avoir lues, on reste dans une belle
ignorance de ce qui a pu se passer deux heures auparavant dans
les grands et les petits pays du reste de l'univers.

Oui, voilà ce qu'il en est.

Mais il y a la compagnie du C.P.R., qui est une compagnie
intelligente. Chaque matin et chaque soir, elle distribue aux
voyageurs de ses grands trains et fait afficher dans ses hôtels un
bulletin écrit à la machine, où se trouve le résumé télégraphique
des derniers événements de la politique, du commerce, de la navigation. C'est ainsi que l'appétit des informations trouve à se
rassasier, et que l'on peut arriver ensuite à destination sans craindre
de passer pour plus neuf qu'il ne convient.

De tout ce qui précède, il est permis de conclure que l'on peut
voyager des jours et des jours sur les grandes lignes de chemin de
fer sans trouver l'existence trop amère.

Pourtant, quelque délicieuses que fussent ces vingt-quatre
heures de notre dernier séjour sur le Transcontinental du C.P.R.,
il nous fut agréable de les voir finir par l'arrivée en gare de Vancouver. Un quart d'heure après, nous étions installés à l'hôtel
Vancouver, bel établissement tenu par le C.P.R., où le service se
fait par des domestiques chinois — ce qui ne signifie nullement
qu'il soit mal fait. On nous dit que M. Shaughnessy, président de
la Compagnie du Pacifique, est pour cette nuit l'un des hôtes de
la maison.

Nous retrouvons ici, après un trajet de mille lieues, la grande
navigation maritime. De fait, on peut s'embarquer, au port de
Vancouver, pour la Chine, le Japon, l'Australie, et bien d'autres
pays baignés par l'océan Pacifique, voire même pour le Yukon et
l'Alaska. Quand même l'on n'a pas du tout l'intention de s'engager
dans des voyages aussi extraordinaires, c'est déjà une satisfaction

appréciable que de pouvoir se dire : je n'aurais qu'à monter sur ce steamer que voilà, et dans une moitié de mois je débarquerais à Yokohama, à Hong Kong, ou ailleurs... Sans compter que, pour les gens susceptibles de goûter une joie imaginative de cette sorte, la dépense n'est pas considérable. Ces voyages en imagination sont même l'idéal des " excursions à bon marché."

VI

A VANCOUVER.—Une flore vigoureuse.—La tyrannie des programmes.—Délicieuse traversée du détroit de Géorgie.—Les adieux au C. P. R.—VICTORIA. —En collaboration avec la lune.—Des Chinois comme sur les images.—Le palais législatif.—Visite au lieutenant-gouverneur.—Le beau musée provincial.—Confiance au brin d'herbe.—Une administration bon enfant. —ESQUIMALT.—Impossible de savoir s'il y a là des fortifications.—C'est nous, maintenant, les propriétaires de la station navale.

Une nuit et une avant-midi, c'est tout ce que nous avons été à Vancouver, et l'ennui n'a pas même eu le temps d'entamer notre bonheur.

Vancouver est situé sur le côté sud-est du détroit de Géorgie. Sa population n'atteint pas encore trente mille âmes. Il faut dire aussi que la fondation de cette ville ne remonte pas loin dans les âges passés. En effet, d'après le guide du C.P.R., l'épaisse forêt y régnait encore en 1886.

Du toit de l'hôtel où nous logeons, on a une belle vue de toute la ville, du port remarquable qui l'entoure d'un côté, et des hautes montagnes qui de toutes parts forment un fond de tableau d'une rare magnificence.

Une longue promenade en voiture nous permit de constater que la ville est bien bâtie. L'église de Notre-Dame du Rosaire, de style gothique, est d'un aspect agréable. Nous ne fûmes pas peu surpris de rencontrer là, dans la personne du sacristain, un Français de France, qui avait donc fait la moitié du tour du globe pour trouver à utiliser ses talents.

Une course autour du parc Stanley nous procura de belles jouissances. Ce parc, d'une grande étendue, court le long de la mer, et rappelle l'antique forêt qui recouvrait toute la pointe de terre où Vancouver est établi. On y voit quelques spécimens gigantesques de pins, de cèdres et d'épinettes, qui rendent grand témoignage des qualités du sol et du climat de cette région. Ajoutons des marronniers, des acacias, des érables dont les feuilles, de dimensions colossales, commencent à peine à jaunir ou à rougir. Du reste, à cette date du 19 septembre, la végétation est encore dans toute sa beauté et aussi vigoureuse qu'elle est, dans l'Est, au milieu de l'été. Il y a jusqu'à des roses en plein épanouissement aux branches des rosiers. Quelle infortune qu'il y ait si loin de nos pays à cette terre enchantée !

Il nous fallut avoir recours à toute notre énergie pour nous arracher, au bout de quelques heures, à ce paradis terrestre. Mais le programme était là qui, d'une voix inexorable, nous imposait le départ. Car voilà bien l'ennui des itinéraires fixés d'avance, et suivant lesquels il faut en un temps donné parcourir telle région déterminée ou tel nombre de pays. Que de fois, charmé par les côtés agréables du séjour en quelque localité ou par le bien-être que l'on trouve en quelque hôtel, on aimerait à y passer encore un peu de temps : mais alors on dérangerait tous les points suivants du programme ; on ne pourrait plus revenir chez soi à la date arrêtée ; ou bien il faudrait laisser de côté tel et tel autre point que l'on se proposait de visiter ; ou encore il faudrait augmenter notablement les dépenses du voyage... Ces perspectives suffisent pour que l'on se résigne à suivre le programme et à se mettre en route avec assez de courage. De tout cela il suit que l'idéal c'est de voyager à l'aventure, prenant les choses comme elles viennent, partant et arrivant suivant son caprice du moment. Mais il y a peu de touristes à qui leurs ressources ou leurs occupations laissent une pareille liberté.

Ce n'est pas une affaire bien compliquée que de se rendre de Vancouver à Victoria, la capitale de la Colombie-Britannique. Il n'y a pour cela qu'à s'embarquer à bord du *Princess Victoria*, à l'heure convenable, et ensuite à laisser aller les choses. Au bout de quatre heures, on débarque à Victoria. Le steamer dont il s'agit est fort luxueux ; on le donne aussi comme le plus rapide de tous les vaisseaux du continent. Il appartient à la ligne *C.P.R. Co.'s British Columbia Coast Service.* C'est long ; mais cela résume tant de choses !

Cette traversée du détroit de Géorgie, dans les conditions où nous l'avons faite, est un voyage absolument délicieux. Cette après-midi-là, la température était très douce ; la brise ne faisait qu'agiter un peu la surface des eaux. Dans un ciel sans nuages brillait constamment le chaud soleil de septembre. Des îles nombreuses, et toutes verdoyantes, à travers lesquelles on circule avec ravissement ; au loin, et de tous les côtés, les montagnes de la grande île de Vancouver et celles du continent : le spectacle est merveilleux, et l'on ne se lasse pas de l'admirer. L'un des points qui attirent le plus l'attention, c'est le mont Baker, situé dans le territoire de Washington (Etats-Unis), et dont le sommet recouvert de sa calotte de glace reste visible tout le temps de la traversée.

Tout ce que je puis dire, pour exprimer le mieux les jouissances de cette courte navigation, c'est qu'elle a été l'une des trois excursions, exécutées au cours de mes pérégrinations diverses, dont je conserve le souvenir le plus agréable... On veut savoir quelles sont les deux autres ?... Me prêtant volontiers à satisfaire cette curiosité, je mentionne le parcours du lac des Quatre-Cantons, au fond des glaciers de la Suisse, et la descente de la rivière Richelieu, de Chambly à Sorel.

En débarquant du *Princess Victoria*, on se sépare définitivement du " système " du C.P.R., et non sans regret. Cette affliction, il est vrai, ne va pas jusqu'aux larmes : car il serait excessif de s'imaginer que l'on a pu voir le C.P.R. étouffé par les sanglots et s'essuyant les yeux avec son mouchoir... Mais du moins le voyageur, qui vient de passer une quinzaine de jours sur les bateaux, sur les convois ou dans les hôtels de notre grande compagnie de

chemin de fer, où le service est toujours excellent, ne peut s'empêcher de ressentir quelque impression désagréable à la pensée que,
dans la suite de son voyage, il ne pourra plus compter d'une manière
aussi certaine sur une satisfaction complète. Car les grandes compagnies qui, on le sait, n'ont pas plus de cœur que les petites, et
toutefois vont jusqu'à dorloter leurs hôtes, ne se rencontrent pas
partout.

Un autre sentiment que l'on éprouve, en atteignant l'extrémité
de la ligne du C.P.R., c'est celui de l'admiration pour une organisation aussi colossale, et dont pourtant tous les détails sont réglés
avec tant de perfection. Quand on a fait un trajet de mille lieues
sur une même ligne de chemin de fer, on se rend très bien compte
que l'on a touché du doigt l'une des merveilles opérées par le génie
humain, et l'on ne s'étonne plus qu'il faille jusqu'à trente mille
hommes, c'est-à-dire une véritable armée, pour assurer le fonctionnement régulier d'une machine aussi gigantesque.

La jolie ville que Victoria ! Capitale d'une grande province,
et toutefois si petite en étendue, et si faible de population : car elle
ne dépasse guère encore le chiffre de 25,000 âmes. Il est certainement glorieux pour un pays de posséder des agglomérations énormes
de centaines et de centaines de milliers d'habitants. Mais, dans la
pratique, vivent les si petites villes qu'il suffit d'une demi-heure de
promenade pour les traverser de part en part.

Victoria est bâtie à l'extrémité sud de l'île de Vancouver —
une île de 5,000 lieues carrées, de 100 lieues de longueur, et large
de 15 à 20 lieues. Comme cette île n'est qu'une petite région de
la Colombie-Britannique, il n'en faut pas davantage pour avoir une
idée de l'immense territoire de cette province : elle a bien au delà
de 100,000 lieues carrées ! Moi qui étais sous l'impression, à voir
sur les cartes géographiques ce petit coin du Canada, que c'était
là l'une de nos plus petites provinces canadiennes ! Voilà donc
encore une preuve, tangible pour ainsi dire, de la formation que
donnent les voyages ; et cela n'est pas pour ralentir l'ardeur que

j'ai de visiter le plus d'étendue possible de l'enveloppe du globe terrestre...

Il y a à Victoria plusieurs belles rues commerciales, larges et bordées de beaux édifices. Un tramway circule partout et met en communications rapides toutes les parties de la ville. Les voitures de ce tramway sont munies d'un fumoir, qui témoigne à l'égard des amateurs du tabac d'une sollicitude qui a quelque chose de touchant. L'éclairage des rues est fort bon, et se fait en collaboration avec la lune... Cela veut dire qu'à Victoria l'électricité et la lune travaillent chacune leur tour ; quand l'une est en service, l'autre s'abstient. C'est ainsi que, pendant la nuit que nous avons passée là, on n'a allumé les lampes des rues qu'à une heure du matin. Ce système est d'une efficacité satisfaisante et d'une évidente économie ; au moins, on ne peut dire qu'à Victoria on brûle la chandelle par les deux bouts, comme on le fait, en l'espèce, dans nos villes de l'Est — où, grâce au brillant éclairage électrique des rues, il y a des gens qui naissent, vivent et meurent sans presque avoir jamais vu l'astre des nuits, sans avoir savouré les joies du clair de lune, et où l'on ne s'efforce même plus " pour prendre la lune avecques les dents", comme au temps de Rabelais.

Le parc dénommé Beacon Hill contient de jolies pièces d'eau, sur l'une desquelles nous avons vu s'ébattre sept ou huit cygnes au blanc plumage. Une petite ménagerie renferme quelques spécimens d'animaux vivants, et surtout des faisans aux riches couleurs. Des arbres de très haute venue en disent long sur le climat et le sol de la région, dans laquelle, à la date où nous sommes, la saison d'automne ne s'annonce encore que par ses premiers symptômes. Les gazons non entretenus ont seuls pris la couleur jaune. C'est à peine si les érables commencent à subir la décoloration de leur feuillage. Pour tout le reste, en ce 20 septembre, la végétation est dans son plus beau, et les jardins sont encore tout fleuris ; et dans les vergers les pêches et les poires pendent encore aux pêchers et aux poiriers. La chaleur est assez grande sur le haut du jour ; mais, en somme, la température délicieusement tiède de cette journée nous rappelle très bien celle qui règne à la mi-juin dans la province de Québec.

S'il y a encore des gens qui n'ont jamais vu de Chinois, ils n'auraient qu'à venir à Victoria, où il en existe des quantités. J'en ai même rencontré, un peu partout dans la ville, qui m'ont rappelé les beaux jours de mon enfance,— époque où dans un grand nombre de nos familles on faisait encore usage de cette originale vaisselle bleue, toute décorée de ce fameux paysage chinois que l'on ne se lassait pas de contempler dans les interstices laissées par les côtelettes et les pommes de terre... Eh bien, à Victoria, j'ai retrouvé, en chair et en os, des Chinois munis de ces sortes de balances, appuyées sur les épaules et dont les plateaux, représentés par des paniers, supportent les objets qu'ils ont à transporter. Quelle joie, au bout de cinquante ans et presque au bout du monde, de contempler de ses yeux et à l'état réel un spectacle que l'on n'avait aperçu jusque-là qu'au fond de son assiette !

Une autre grande surprise que j'éprouvai à Victoria, ce fut de trouver là un fort beau musée d'histoire naturelle, et même l'un des plus intéressants qui soient au Canada. Il est installé dans une annexe du palais législatif.

Ce palais, de construction récente, s'étend, dit-on, sur une acre entière de terrain, et a coûté un million de piastres : ces détails en disent déjà long à des habitants du continent américain. Il faut ajouter qu'il est bâti en pierre, d'architecture plus ou moins romane, à deux et à trois étages, surmonté d'un grand dôme et de nombreuses tourelles, et qu'il est enfin d'un ensemble à la fois imposant et très élégant. L'intérieur est bien décoré, surtout le vestibule, surmonté d'une belle voûte, et la salle de l'assemblée législative — surmontée d'un treillis destiné évidemment à empêcher les discussions des honorables députés d'aller se perdre dans les nuages.

Pendant que nous pérégrinions à travers les corridors et les salles de l'édifice, il nous arriva de nous trouver tout à coup en face du bureau du lieutenant-gouverneur de la Province. Nous décidâmes aussitôt d'aller présenter nos hommages à ce haut personnage, compatriote que les hasards de la vie politique ont porté depuis longtemps aux sommets administratifs. M. Joly, que je n'avais pas rencontré depuis bien des années, est assurément très vieilli ; mais il a conservé, en son grand âge, une admirable verdeur. Il nous accueillit avec l'aimable courtoisie qui rend son commerce si agréable. Nous causâmes longuement de l'avenir merveilleux qui paraît réservé à la Colombie-Britannique, dont les ressources sont inépuisables, en fait d'agriculture, d'horticulture, d'exploitation des pêcheries, des mines et des bois de commerce. Tout le premier, comme il convient, M. Joly est épris d'un véritable enthousiasme pour les richesses de la belle province qu'il gouverne, et pour la douceur du climat qui y règne. On sent qu'il lui en coûtera, à la fin de son terme d'office, de renouveler connaissance, en nous revenant, avec le vent de nord-est et le dur hiver de la province de Québec.

A chacune des extrémités du corps principal de ce palais législatif, il y a une annexe de même style et à deux étages, et reliée avec le palais par un corridor ajouré. L'une de ces constructions est exclusivement occupée par le musée provincial.—Ce qualificatif de provincial, c'est bien le caractère distinctif de ce musée, avant tout destiné à contenir toutes les productions naturelles de la Colombie-Britannique. Plusieurs autres provinces, entre autres celle de Québec, ont ainsi formé des musées provinciaux. Et qu'y a-t-il de plus intéressant pour l'étranger que de pouvoir ainsi, dans chacune des capitales, connaître d'un coup d'œil la faune, la flore et les productions minérales de toute une région canadienne ? Sans compter que lorsque toutes les provinces auront établi et développé des musées de cette sorte, on se trouvera à avoir poussé fort loin la connaissance de l'histoire naturelle du Canada.

Quoique sans doute il n'existe pas depuis bien longtemps, le musée de Victoria est déjà considérable. Il occupe les deux étages de l'édifice qui le contient, le deuxième étage étant ouvert en galerie circulaire. Le cabinet du conservateur est tout à fait remarquable, à l'extérieur du moins, par ses riches boiseries, faites des plus beaux bois de la Colombie-Britannique.

Le règne végétal est admirablement représenté dans ce musée, par des collections d'essences ligneuses, de céréales en pied, de fruits conservés dans l'alcool, de grains et de graines en bocaux, d'algues et autres plantes desséchées, fixées dans des cases mobiles tournant sur des charnières. Il suffit de cette énumération pour faire juger de l'intérêt qu'offre l'étude de pareilles collections pour l'étranger, l'industriel, l'agronome et l'horticulteur.

Tous les animaux à fourrure de la région sont là, en des attitudes diverses. On y voit jusqu'à trois espèces ou variétés de mouflon, dont l'une dite nouvelle vient du Klondike.

Les oiseaux sont en grand nombre, et quelques-uns disposés en groupes très pittoresques. Les poissons donnent une excellente idée de la richesse ichtyologique du pays, à qui sa situation sur l'océan Pacifique procure une variété considérable d'espèces marines. Nous remarquons particulièrement, dans cette section, le saumon de la Colombie-Britannique à ses différents degrés de croissance.

Les collections ethnologiques, consistant en ustensiles, armes, costumes et autres objets dus à l'industrie des tribus sauvages, sont très fournies.

Deux immenses vitrines sont remplies d'insectes des divers ordres, surtout de papillons, et c'est bien la section qui retient davantage les visiteurs.

Mais on dirait que ce peuple de la Colombie-Britannique n'a pas encore fait beaucoup de chemin dans la voie de la civilisation moderne, tant il témoigne de confiance à l'étranger ! Ainsi, on ne voit nulle part, sur les belles pelouses qui décorent sa capitale, la grossière inscription " Keep off the grass " que l'on croit indispensable d'établir partout où croît un brin d'herbe dans nos pays, comme si l'on ne pouvait pas au moins être poli quand on s'adresse — en anglais — au public, et comme si la vie du brin d'herbe était si fragile qu'il ne peut survivre à la pression du premier pied venu. A Victoria, on fait preuve de plus de confiance envers le public et envers le brin d'herbe ; et les gazons n'y sont pas moins prospères quoique les gamins aient toute liberté d'y prendre leurs ébats folâtres.

Mais où la confiance administrative a pris des proportions inattendues, c'est au musée provincial. Les quadrupèdes sont là partout sur le parquet, sans vitrines pour les protéger. Aussi, les visiteurs, dont la mentalité (comme on dit de nos jours) est absolument la même dans tous les pays, se donnent la satisfaction de flatter les ours et les chevreuils, de tirer les oreilles du bœuf musqué et la queue du mouflon ! Même, les tiroirs ou les vitrines qui contiennent les collections d'insectes, de mollusques, d'œufs d'oiseaux, ne sont pas fermés à clef ; et chacun à sa guise peut manipuler les spécimens et, pour peu que sa conscience se soit malheureusement habituée à fermer les yeux au moment opportun, les mettre dans sa poche sans plus de cérémonie.

Il faut donc que les Colombiens soient encore tout à fait primitifs pour se fier autant que cela à la probité des gens, ou bien… qu'ils reçoivent bien peu souvent la visite des civilisés de l'Est, au nombre desquels il ne manque pas d'individus dont le sans-gêne n'est arrêté que par les serrures et les cadenas. Il est d'ailleurs évident que, dans un musée, on ne doit permettre qu'au sens de la vue d'être en exercice. Les spécimens des collections ne sauraient être longtemps en bon état, si l'on permet aux visiteurs de les manier à leur guise.

A ce qu'il semble, il n'y a pas lieu de faire des remarques de ce genre relativement aux autorités militaires du pays, lesquelles, dit-on, construisent d'immenses fortifications à Esquimalt. J'ai visité Esquimalt, et je n'y ai pas même vu l'ombre d'une forteresse! Cela sans doute ne signifie pas qu'il n'y a pas d'ouvrages militaires à Esquimalt : car les stratégistes de notre époque ont fini par apercevoir que le vrai moyen d'empêcher qu'un fort soit démoli c'est de le cacher. Dans la vie ordinaire, on connaissait déjà un peu ce principe de protection. Donc, aujourd'hui, on enfonce les forts dans la terre le plus profondément qu'on peut. De temps en temps, durant la bataille, une grosse pièce d'artillerie lève la tête, lance son boulet, et se recouche tout de suite. Cela n'est guère commode pour l'ennemi ; mais il n'avait qu'à ne pas venir. En tout cas, pour peu que ce système se généralise, il faudra bientôt renoncer aux joies des promenades à travers champs : elles seraient trop gâtées par la seule perspective de trébucher à tout instant sur quelque gros canon innocemment caché sous les violettes ou les marguerites en fleurs.

Esquimalt est situé à deux ou trois milles de Victoria, à laquelle le relie un tramway électrique. C'est l'une des stations navales les plus importantes de l'Empire britannique. Il y a là des magasins militaires, des bassins de radoub, des usines de réparation, etc. En dehors de ces institutions, la petite ville n'a absolument rien de remarquable. Mais son port est excellent, et la situation commande sur une bonne distance le passage du détroit. Je veux donc bien croire que, ainsi qu'on le dit, l'on y construit des ouvrages militaires de grande importance : mais nous n'y avons rien vu qui rappelât les arts de la guerre, si ce n'est un croiseur à l'ancre dans le port, et une compagnie de marins qui faisaient l'exercice sur le gazon d'un pré verdoyant. Il est vrai que nous n'avons pu rester là qu'une demi-heure, et que le temps nous a manqué pour nous mettre à la recherche des retranchements et des redoutes. J'ajoute que nous avons tâché d'avoir une contenance extrêmement pacifique, pour attirer le moins possible sur nous l'attention des autorités militaires ou navales de l'endroit, et nous éviter des affaires dont on sait à quel moment elles commencent, mais dont l'on ignore trop quand et comment elles finiront.

Depuis notre visite à Esquimalt, les choses ont bien changé. Il paraît que l'Amirauté britannique a plus ou moins renoncé à s'occuper davantage de cette fameuse station navale, et qu'elle a généreusement fait abandon au gouvernement canadien du soin d'y dépenser des millions innombrables, dans l'intérêt des cuirassés et autres vaisseaux de guerre de notre future escadre du Pacifique. Ces perspectives n'ont rien que de très rassurant pour nous les gens de l'Est. Nous ne dormirons que mieux, à savoir que les Japonais

et les Chinois trouveront à qui parler, quand l'envie leur prendra
d'envahir le Canada par là-bas pour se faire un peu la main avant
de se mettre à la conquête de l'Europe.

———

VII

Sur l'océan Pacifique.—Un incident de cabine.—Rencontre d'un mineur du
Klondike.—Comme quoi je devrai aller me promener en Alaska.—Inter-
rogatoire très suggestif.—Il faut tout dire au douanier.—Un religieux de
Paris qui eut peine à se tirer d'affaire au port de New-York.—La tem-
pête classique, vagues en furie, etc.—Calme subit, dans la Golden Gate.
—Après la douane : la médecine.—Au quai de SAN FRANCISCO.

Que je dusse un jour voguer sur l'océan Pacifique, cela n'était
jamais entré dans mes rêves d'enfance.   A présent, on me prédirait
qu'un jour je ferai du canotage dans l'une des anses du Yiang-tsé-
kiang, que tout de suite je trouverais l'événement très vraisemblable.

Et pourtant il est fort vrai que j'ai parcouru 750 milles sur
cette mer qu'on appelle à juste titre Grand Océan, et que durant
deux jours et trois nuits j'ai été ballotté sur ces vagues dont les
rides qui agitent parfois la surface du lac Beauport ne sauraient
donner aucune idée.

Nous quittâmes Victoria à 7½ heures du soir, le 20 septembre,
à bord du *City of Puebla*, un beau steamer de 2,623 tonneaux, l'un
des plus grands de la Pacific Coast Steamship Co.   Nous partions
par une température très douce et par un beau clair de lune.
Toutefois, dès que le navire eût pris le large dans le détroit de Juan
de Fuca, qui sépare l'île de Vancouver du territoire de Washington,
E.-U., la brise devint froide et très forte ; et le séjour sur le pont
perdit beaucoup de ses agréments, au moins pour les passagers
assez dépourvus de l'instinct de " struggleforlification", si nécessaire en voyage, pour ne s'être pas assuré, en temps opportun, la

possession d'une place auprès et à l'abri de l'énorme et chaude cheminée du navire.

Il était encombré, ce navire, par un fret considérable et 104 passagers de cabine. Nous avons même failli n'y pouvoir trouver place et nous voir réduits, comme conséquence, à rester cinq jours de plus à visiter la Colombie-Britannique, les départs ne s'effectuant que tous les cinq jours. Dès notre arrivée à Victoria, nous nous hâtâmes pourtant d'aller nous inscrire à l'agence de la Compagnie. Il n'y avait plus à notre disposition qu'une seule cabine, ce qui simplifiait singulièrement les embarras du choix. Et même l'un des trois lits de cette cabine était déjà retenu par un passager de Seattle. Car c'est de cette ville renommée du territoire de Washington que partent les vaisseaux de cette ligne, qui ne font que toucher Victoria, en route pour San Francisco. Mais à cette satisfaction d'être venus si à point chez l'agent de la Compagnie, vint s'ajouter une autre joie très vive, quand cet officier nous apprit que les frais de cabine et de pension, " berth and meals", se trouvaient compris dans ce que nous avions payé à Québec pour notre billet d'excursion circulaire. Les fines délices, quand on s'attend à payer $25, d'entendre dire que l'on n'a rien du tout à débourser ! C'est, en tout cas, affirmeront bien des gens, une sorte de bonheur qui n'est vraiment pas beaucoup fréquent.

Lorsque les embarras de l'embarquement et du départ se furent un peu calmés, nous allons voir la cabine que nous avons choisie à l'aveugle et pas mal forcément, comme je l'ai dit ; et nous lions connaissance avec le compagnon que les hasards de l'inscription nous ont imposé. C'était un M. Robert Scott, citoyen de Nome, Alaska, un brave homme qui a déjà fait son tour du monde, qui possède un claim là-bas et y ramasse peut-être de l'or à pelletée, peut-être un millionnaire présent ou futur. Si notre première nuit sur les flots du Pacifique ne se passa pas sans encombre, la faute n'en fut pas toutefois à l'émotion que pouvait nous causer la pensée de pareilles possibilités, mais à des incidents d'une toute autre nature.

D'abord, l'abbé Burque, tout pénétré de l'importance du volume de ses poumons, prétendit que jamais il ne pourrait dormir dans une si petite cabine, occupée déjà par deux hôtes à respiration également pulmonaire. J'essayai bien de lui démontrer qu'il faisait erreur ; mais j'en fus pour mes frais d'éloquence. Il allait, disait-il, s'installer sur les banquettes du salon, s'envelopper de sa couverture de voyage, et y goûter un sommeil excellent.

Sur les onze heures, je me rendis donc tout seul à notre cabine, laissant M. Burque en possession complète du salon : car tous les passagers s'étaient déjà retirés pour la nuit.

Qu'on juge de ma stupéfaction lorsque je constatai, en entrant dans la cabine, que le lit destiné à M. Burque était déjà occupé par quelqu'un ! Je ne pouvais pourtant pas admettre, surtout à priori, que mon ami fût l'objet du phénomène si inusité de la bilocation ! En effet, cet hôte inattendu était un voyageur quelconque qui était loin de lui ressembler. Et comme j'aperçus aussitôt qu'il ne dormait pas encore, je jugeai utile de l'informer, avec les précautions oratoires les plus choisies, qu'il ne pouvait être là, dans ce lit retenu par mon compagnon de voyage, que par suite de quelque malentendu. Il fallait bien démolir dès le début sa bonne foi évidente, pour empêcher la prescription de commencer son œuvre ! Au reste, ajoutai-je, dormez en paix ! car mon ami ne viendra pas cette nuit réclamer sa place. Et demain matin, nous irons au fond de l'affaire.

Le matin suivant, j'étais encore à faire ma toilette, lorsque je vis arriver le capitaine et le commissaire, fort en émoi de l'erreur qui avait été commise et très ennuyés de ce que par leur faute, croyaient-ils, un " clergyman " avait dû passer la nuit à la belle étoile. Je ne suis pas sûr d'avoir réussi à les convaincre que c'était de son libre choix que mon confrère avait préféré dormir au salon, tant la chose a dû leur paraître invraisemblable — surtout racontée par moi en un anglais invraisemblable. L'incident, lui, se termina de la façon la plus vraisemblable : on désigna un lit d'une autre cabine à l'hôte surnuméraire, et l'abbé Burque, fort de son expérience personnelle, renonça de lui-même à passer sur les bancs du salon les autres nuits que nous fûmes en mer.

On fait vite connaissance, sur les vaisseaux, avec ses compagnons de voyage. Naturellement, nous rencontrâmes là un autre Canadien-Français. Car il n'y a pas d'endroit au monde où l'on ne soit sûr d'en trouver au moins un. Celui-là était un M. Lanouet, originaire de Sainte-Anne de la Pérade, et il a fait du chemin, lui aussi, durant sa vie, Ancien mineur d'Australie et du Transvaal, il habite depuis longtemps la Californie. Cela ne l'empêche pas d'être propriétaire d'un claim de valeur en certaine localité du Klondike. Il revient justement de là-bas, s'étant mis en voyage le 2 septembre pour faire soigner un bras qu'il s'était cassé le jour précédent. Il m'en a raconté, des choses du Yukon, sur le long et sur le large ! Il pense souvent à son équipage de huit chiens, d'une valeur collective de $1,200, et qu'il a laissés en pension, pour la durée de son absence, au prix de cinq piastres par mois pour chacun. Il est utile de connaître ces détails sur le coût de la vie, pour les chiens au moins, dans le Klondike.

Puis, voici deux aimables jeunes gens, de New-York, des catholiques, qui viennent engager la conversation avec moi, un soir, lorsque je prenais des notes de voyage, sur une table de la salle à manger, laquelle, en dehors des repas, constitue le salon du steamer. Ils arrivent justement d'une promenade en Alaska, et me font voir une quantité de photographies qu'ils ont prises durant leur voyage. Ils réussissent très facilement à me faire venir l'eau à la bouche, avec leur causerie illustrée. " Vous devriez, me disent-ils à la fin, aller faire un tour au Klondike et dans l'Alaska. Cela vous intéresserait énormément ! " Eh ! Je le crois bien, que cela m'intéresserait, et que je devrais y aller ! Il n'est pas du tout certain, non plus, que je n'irai jamais jusqu'à cette extrémité — de l'Amérique.

Pour l'instant, nous filons vers le sud en longeant les côtes du territoire de Washington, de l'Orégon et enfin de la Californie. Mais cela se fait sans que nous nous en apercevions beaucoup : car durant la plus grande partie du trajet le vaisseau tient tellement la haute mer que nous ne pouvons voir la terre.

Durant le premier jour, le ciel est couvert de nuages, la température est désagréable. Heureusement, la mer est assez calme, malgré la forte brise qui souffle constamment. Tout le monde paraît se porter bien, et la table est toujours bien achalandée à l'heure des repas. J'admire le courage de plusieurs jeunes " misses ", que la violence du vent n'empêche pas de procéder à de longues marches sur le pont, afin de prendre leur exercice habituel en dépit des circonstances adverses.

On croit peut-être qu'il est tout simple d'arriver par mer aux Etats-Unis ? C'est une erreur très profonde, comme on va le voir par quelques-uns des détails qui vont suivre.

Dès la première journée de notre séjour à bord, chacun des passagers eut à comparaître devant un officier tout galonné, pour répondre à un interrogatoire relatif à son passé, à son présent et à son avenir. *D'où venez-vous ? Avez-vous l'intention de résider aux Etats-Unis ? N'y venez-vous qu'en passant ?*... et cent autres questions, entre autres celles-ci que je n'oublierai pas de sitôt : *Avez-vous déjà séjourné en prison ? dans un asile d'aliénés ?* Remarquons la délicate courtoisie de ces demandes ; car on aurait pu tout aussi bien nous dire : " Avez-vous déjà assassiné quelqu'un de vos amis ? Vous est-il arrivé d'avoir été déclaré fou par des autorités compétentes ? " Aussi, ce fut avec une sorte d'admiration et même de reconnaissance que nous déclarâmes, en face de l'Aigle américain, que jamais encore nous n'avions été enfermés dans les prisons ou les asiles d'aliénés.

Il y a ensuite la question des droits de douane. On enregistre le nombre des colis que le voyageur emmène avec lui, et la quantité de cigares et de liqueurs alcooliques dont il est approvisionné. Il importe de répondre à tout cela avec précision et franchise. Car, au port de débarquement, quand il s'agira de l'examen des bagages, un douanier sera là avec le rapport de l'interrogatoire auquel chacun des voyageurs a été soumis sur le steamer. Et si l'on découvrait alors quelque désaccord entre les déclarations enregistrées et la réalité des choses, il en résulterait des difficultés à faire frémir, surtout si la bonne foi du patient n'était pas évidente. J'ai assisté autrefois, en débarquant à New-York, à une scène de ce genre, dont le héros était un religieux de Paris (c'était l'époque, qui durait depuis plus d'une douzaine de siècles, où il y avait encore des religieux en France, alors que l'on ne s'était pas encore aperçu du formidable danger qui menaçait la nation française tant que l'on n'aurait pas forcé les gens à être vraiment libres, c'est-à-dire à s'abstenir de porter des robes de bure, de chanter matines au milieu de la nuit, etc.) Il se trouva, donc, que ce bon religieux avait trois sacoches, lorsque la feuille d'enregistrement n'en indiquait que deux. Il ne savait pas un mot d'anglais, ni même d'espéranto (qui du reste n'avait pas encore été fabriqué), et il eut du bonheur de nous avoir, l'abbé Provancher et moi, pour le tirer d'affaire — sans quoi il serait peut-être encore, à l'heure qu'il est, sur le quai de Brooklyn, à tâcher de s'entendre avec son douanier, l'un parlant anglais, l'autre parlant français...

Cet étonnant cérémonial par lequel il faut passer pour être autorisé à débarquer sur le territoire des Yankees, ce fut à peu près le seul incident de quelque intérêt qui vint interrompre un peu la monotonie de la maussade navigation que nous fîmes sur l'océan Pacifique. D'ailleurs, cette monotonie dut céder à la fin, sous le coup des éléments.

En effet, le second jour, les phénomènes météorologiques se chargèrent de nous donner quelques émotions. Non seulement, ce jour-là, le temps resta couvert ; mais la pluie vint ajouter au tableau sa note si peu divertissante. Je demande aux voyageurs s'ils connaissent quelque chose de plus ennuyeux que la pluie en mer ! Je ne sais si cela est dû à l'excès " hydrologique " qui nous enveloppe alors de toutes parts : mais on éprouve, en des circonstances de cette sorte, et comme aux beaux jours de la prime enfance, une irrésistible envie de pleurer, sans savoir pourquoi...

Puis voilà le vent qui se fait violent, et voilà la mer qui se démonte. Naturellement, le mal de mer se met de la partie, et beaucoup de passagers disparaissent de la circulation, victimes de cette étrange maladie, et ne s'aperçoivent même pas que l'on s'est rapproché de la terre et qu'on la côtoye toute l'après-midi. La nuit qui suivit, la dernière de notre navigation, fut bien l'une des plus mauvaises que j'aie jamais subies. La tempête croissant toujours en violence, et l'agitation de la mer faisant de même, j'aurais préféré, pour ma part, me trouver ailleurs qu'en ce point précis du globe. Les ténèbres ont toujours pour effet, comme on sait, de décupler les inquiétudes, et l'inexpérience même du voyageur le porte à s'exagérer sans cesse les incertitudes de la situation, surtout quand il est enfermé dans une petite cabine de vaisseau et ne peut juger du véritable état des choses que par les bruits du dehors.

Ces fureurs de l'ouragan, nous les recevions, nous, de première main, si l'on peut dire ainsi. Car notre cabine était située tout à l'avant du navire, où les coups du tangage sont les plus violents ; continuellement la vague venait frapper le steamer à cet endroit et s'y briser avec des fracas effrayants. Le lieu et le moment étaient fameux pour l'exercice de la contrition parfaite !

Le lecteur croira facilement que, malgré tout le calme qui peut régner dans la conscience du voyageur, le sommeil n'est guère profond en de telles circonstances, d'autant plus que les mouvements du navire se font si rapides et si violents qu'il est peu facile de conserver l'équilibre nécessaire ; il est même étonnant qu'à certains moments l'on ne s'échappe pas par la fameuse tangente pour être lancé en dehors de sa couchette.

Je m'attendais donc depuis des heures à toute espèce de catastrophes lorsque tout à coup, sur le matin, le calme le plus parfait succéda soudainement à l'agitation extrême. Que s'était-il donc passé ?

La solution de l'énigme était facile à trouver, même du fond de la cabine. C'est que nous étions entrés dans la passe de la " Golden Gate", qui conduit de l'océan à la baie de San Francisco.

Le doux sommeil, constamment rebuté depuis tant d'heures, put enfin pénétrer dans la place, sa coupe de pavots à la main... Mais nous avions à peine humecté nos lèvres de la bienfaisante liqueur, qu'on battait la diane à la porte de toutes les cabines. Il fallait, proclamait-on partout, se lever à l'instant et se rendre sans délai au salon, pour la visite du médecin, qui doit précéder le débarquement.—Cela voulait dire que le terme de notre navigation s'approchait. En effet, à 7 heures du matin, le vaisseau était en face de San Francisco. Mais la visite du médecin et une nouvelle comparution devant un officier de douane nous retinrent deux heures au large, avant que notre *City of Puebla* eût permission d'accoster au quai — où la douane nous attendait encore.

On le voit donc bien, ce n'est pas la chose la plus simple du monde que d'arriver par mer aux Etats-Unis. On n'en finit plus de montrer patte blanche avant de pouvoir s'installer sous l'aile de l'Aigle américain.

VIII

San Francisco.—Le Palace Hotel.—Un salon merveilleux.—La Californie, et ses prix d'excellence.—" Il pleut, il pleut, bergère ".. —Des côtes comme on n'en voit pas à Québec.—Les Oddfellows.—La Monnaie.—La féerie du Diamond Palace.—L'Institut Hopkins.—A bord de l'Observation Car. —La vogue du " P. Marquette ".—Cliff House.—Les fameux Lions de mer.—Un beau musée.—A l'église Saint-Patrice.—Nouvel indice du véritable site du paradis terrestre.—Chez l'archevêque Riordan.—A la cathédrale.—Chez le curé de Holy Cross.—La tyrannie du programme.

Nous voilà à San Francisco, capitale de la Californie (1). Je le crois à peine ! Un ami de ma famille, qui avait été pris de la fièvre de l'or il y a une cinquantaine d'années, et qui avait été chercher

____

(1) Tout ce que l'on trouvera dans ce chapitre sur San Francisco n'a plus guère qu'un intérêt historique, après l'épouvantable catastrophe du 18 avril 1906 et des jours suivants, où le tremblement de terre et l'incendie ont détruit plus des trois quarts de la ville.

fortune dans les mines alors si renommées de la Californie, nous paraissait comme une sorte de héros. Il faut reconnaître, aussi, qu'en ce temps-là il était plus difficile de se rendre à San Francisco qu'il ne le serait aujourd'hui d'aller prendre un bain dans le lac Tanganika, au centre de l'Afrique.

En débarquant du *City of Puebla*, nous fîmes choix un peu à l'aveugle du Palace Hotel, situé sur la rue principale (Market street) et au cœur même de la ville. Mais, dès nos premiers pas dans l'édifice, nous fûmes tout ahuris de constater que nous étions là dans l'un des plus grands et des plus luxueux hôtels du monde. Comme toutefois nous n'étions pas gens à reculer devant quoi que ce fût, nous en prîmes bravement notre parti, et nous résignâmes, pour une fois, à jouer aux millionnaires durant quelques jours. Cela du reste peut se faire sans frais exagérés, quand on sait un peu mener son affaire.

Parlons donc tout de suite du Palace Hotel pour donner des idées à nos compatriotes des petites villes canadiennes qui auraient l'intention d'ouvrir des " maisons de pension", ou " repos des voyageurs."

L'immense hôtel, qui contient un millier de chambres toutes montées, couvre un terrain de près de trois acres d'étendue. Il a coûté, affirme-t-on, sept millions de piastres. L'édifice est un bloc colossal de sept étages, dont le style est assez joli. L'ameublement est très soigné ; le service s'y fait avec une extrême politesse, par les soins d'une véritable armée de serviteurs.

Mais ce qui est la caractéristique de cet hôtel, et qui est probablement unique au monde, c'est la " Famous Court Lounging Room", comme dit le prospectus de la maison. Essayez donc de traduire cela en français ! En tout cas, c'est une salle dont la superficie est d'un quart d'acre, ce qui représente, paraît-il, douze mille pieds carrés. Elle est couverte, à cent cinquante pieds de hauteur, par un toit en verre. Située au centre de l'hôtel, elle s'élève au travers des cinq étages supérieurs, qui donnent sur ce vaste espace par des galeries bordées de colonnes. Il y a ainsi cinq belles colonnades superposées qui règnent tout autour de la salle, et dont le spectacle est féerique, le soir, lorsque sont allumées les rangées de lampes électriques qui courent le long de toutes ces galeries. Les deux tiers du parquet sont occupés par une sorte de salon, où l'on a réuni à profusion des palmiers et d'autres plantes d'ornement en pleine croissance ; au milieu de ces feuillages réjouissants, il y a partout des canapés, des divans, des causeuses, de grands fauteuils. Là-dedans, après dîner, on fait sa digestion le plus confortablement, le plus aisément et le plus agréablement du monde ! Quant à l'autre tiers du parquet, il est surélevé en une sorte de scène, et séparé du reste par une élégante colonnade demi circulaire et supportant un entablement fort gracieux surmonté lui-même de belles plantes vivantes. Cette scène, c'est le " Court Café", où l'on prend des déjeuners et des dîners aussi fins et aussi pantagruéliques qu'on veut, pour autant que le permettent la puissance digestive dont l'on est doué et surtout la rondeur de son portemonnaie. Car, il n'y a pas besoin de le dire, les prix marqués le long des interminables menus sont fort élevés ; et le voyageur ordinaire qui voudrait " prendre de tout", en aurait pour de longues heures, et surtout en sortirait ruiné par la note formidable qu'il aurait à solder. C'est ainsi que l'administration, qui met les chambres de l'hôtel à un tarif très modéré, escompte la gourmandise de ses hôtes pour se bien rattraper. Enfin, un délicieux orchestre, dissimulé dans un coin du " théâtre", fait d'excellente musique pour assaisonner d'idéal les ragoûts et les sauces savamment combinés.— Si le général Annibal avait eu à loger dans une Capoue comparable au Palace Hotel, l'histoire aurait pour lui une indulgence singulière.

Mais, il en est temps, *paulo majora canamus.*

La Californie, qui s'étend, le long du Grand Océan, entre l'Etat d'Orégon et le Mexique, a beaucoup de particularités qui en font un pays très intéressant à étudier. J'ai là sous les yeux toute une page d'un " Guide " qui énumère les titres par lesquels cet Etat l'emporte sur les autres régions de la république des Etats-Unis.

Par exemple, c'est la Californie qui a produit le plus d'or, de tous les pays de l'univers ; qui possède le plus beau climat du monde ; qui contient la plus haute montagne des Etats-Unis (le mont Whitney, d'une altitude de 15,046 pieds) ; qui est le plus riche, *per capita*, de tous les Etats de l'Union ; qui peut se vanter d'avoir le plus gros arbre du monde (109 pieds de tour), et aussi le plus élevé (365 pieds) ; sans compter encore bien d'autres prérogatives remarquables.

" Le plus beau climat du monde ! " Je veux bien le croire, mais je n'ai pas été à même d'en obtenir la certitude. Nous avons passé trois jours à San Francisco, et il nous a fallu visiter la ville le parapluie tout grand ouvert, une bonne partie du temps. Il y a eu même des heures où la pluie devenait torrentielle, tellement qu'il en est résulté des dommages sérieux dans la ville et dans tout l'Etat. Cette température me rappelait beaucoup la " saison des pluies", dont j'ai vu le commencement aux Antilles ; mais, suivant les usages météorologiques, cette période caractéristique n'arrive ici qu'au mois de novembre, et nous étions encore en septembre. Elle était donc exceptionnelle, cette température désagréable. C'est bien aussi ce que l'on nous disait pour nous remonter l'humeur. Ce refrain-là, ce n'est pas la première fois que je l'entends. On me le chantait aussi, en 1900, à Rome où, sur les seize jours que je passai là au cours du mois d'avril, j'en pouvais compter quinze de pluvieux; à Nice et à Paris, où je grelottais durant le joli mois de mai ! " C'était exceptionnel " pour la saison ! — Un savant et spirituel magistrat de Québec, qui en a vu grand, lui aussi, de la surface du globe, et à qui je faisais des confidences sur cette espèce de "guigne" qui m'accompagne dans mes voyages, me dit que désormais, avant de partir pour quelque pays étranger, il aurait soin de s'informer si je ne devrais pas m'y trouver en même temps que lui, afin d'avancer ou de retarder le séjour qu'il y ferait, et de se préserver ainsi des températures " exceptionnelles " qui me font partout escorte... " Vous êtes bien heureux ! lui ai-je répliqué. Je n'ai pas cette ressource, moi ! "

Eh bien, en dépit de ce déluge qu'ont versé sur nous, avec un zèle persistant et inlassable, les cataractes du ciel, nous avons trouvé que San Francisco est une belle ville. Les édifices publics ou commerciaux des grandes rues sont dans le style des constructions du même genre dans les villes importantes. Mais les maisons particulières sont souvent bâties sur un plan très original, et cela seul suffirait à intéresser l'œil du touriste. Elles sont généralement construites en bois. Comme je demandais si, dans ces conditions, les incendies n'étaient pas fréquents et particulièrement désastreux, on me répondit qu'il n'en est rien, et que l'on n'y passe pas au feu plus souvent qu'ailleurs. La raison du phénomène serait que le bois usité dans ces constructions est le pin de la Californie, dont les facultés " combustives " sont, paraît-il, très restreintes. Qu'il soit bien entendu que je ne me porte pas garant de ces affirmations : car l'occasion m'a tout à fait manqué de faire des expériences pour les contrôler.

Les rues de San Francisco, au moins les principales, sont pleines d'animation. Cela est d'ailleurs assez naturel pour une ville qui compte près de quatre cent mille habitants.

Le terrain sur lequel est établie cette grande ville est très accidenté, et cela lui donne beaucoup de pittoresque. Par exemple, si les yeux du touriste n'ont qu'à gagner à cet état de choses, ses jambes ne sont pas à pareille fête. Car certaines rues de la ville sont presque impossibles à monter, tellement prononcé en est l'escarpement. Je puis même dire qu'en aucune ville du monde je n'ai vu des côtes si raides ; quelques-unes le sont au point d'être coupées en plusieurs échelons, ce qui a sans doute pour but d'en faciliter l'ascension aux pauvres piétons. Le tramway à funiculaire, lui, monte et descend le long de ces déclivités sans paraître essoufflé le moins du monde.

La baie de San Francisco n'est pas une de ces baies à large ouverture, qui ne sont qu'un enfoncement plus ou moins prononcé dans les terres. C'est plutôt une sorte de lac allongé du nord au sud, et ne communiquant avec la mer que par une étroite ouvertuer nommée " Golden Gate." San Francisco occupe la pointe de la langue de terre qui du sud enclot la baie dans sa partie inférieure et vient aboutir à la " Porte dorée." C'est précisément cette situation entre l'océan et l'immense baie qui lui assure un climat si tempéré et si constant. Quant à la baie elle-même, elle constitue un port incomparable, l'un des plus beaux du monde.

Il n'est pas surprenant qu'avec ses avantages de tout genre San Francisco soit l'un des points recherchés par les touristes, sur la côte du Pacifique. Et même, les grandes associations de l'Amérique du Nord ne manquent pas d'y tenir volontiers quelqu'une de leurs conventions ou réunions générales. C'est ainsi qu'il y avait à peine une heure que, le jour de notre arrivée, nous étions installés au Palace Hotel, lorsque le bruit des fanfares et des acclamations nous attira aux fenêtres. C'était simplement une grande parade de la société des Oddfellows, convoqués de tous les points des Etats-Unis et du Canada. Le défilé des sociétaires, portant bannières et insignes, dura près de deux heures. Nous y assistâmes pour nous rendre compte de la puissance de cette association suspecte, fille de la franc-maçonnerie, et par conséquent hostile en son esprit à la seule véritable Eglise de Jésus-Christ, bien que, sans doute, beaucoup de ses adeptes né s'en doutent seulement pas...

Il s'est trouvé que la première institution que vous ayons visitée, à Son Francisco, fût la Monnaie, qui est, affirme-t-on, le plus grand établissement du genre dans le monde entier. Durant l'une des années précédentes, on y aurait frappé des pièces de monnaie pour une valeur de soixante-dix millions de piastres. L'édifice lui-même est imposant. Dès que l'on y est entré, il faut enregistrer son nom et son adresse sur un registre spécial. C'est là une précaution excellente et qui aiderait à vous retrouver si l'on soupçonnait plus tard qu'au cours de la visite, vous avez probablement empli vos poches de lingots d'or ou d'argent.— Puis, en attendant qu'il y ait assez de visiteurs d'arrivés pour que cela vaille la peine de déranger le guide, on examine à son aise une belle collection de médailles des Etats-Unis qui se trouve dans l'une des premières salles.   Enfin, quand il y a assez de gens de r éunis, on parcourt les salles diverses de l'établissement, sous la direction du fonctionnaire chargé de promener les curieux à travers les méandres de ce Pactole.   L'officier vous explique toutes les opérations aux-quelles vous assistez, depuis la fusion du métal, jusqu'à la frappe et au dernier polissage des pièces d'or ou d'argent.   Jamais — je dois l'avouer — je ne m'étais vu si près de la fortune !   Jamais non plus je n'ai vu si bien représenté ce que la mythologie raconte du supplice de Tantale !   Car il est superflu de mentionner que, non seulement on n'a pas la courtoisie d'offrir à chacun des visiteurs, en souvenir de la circonstance, l'une de ces pièces d'or de $20 que nous nous amusâmes longtemps à voir frapper par la machine, mais qu'on a soin de tenir les visiteurs assez éloignés de ces richesses pour qu'ils n'aient pas même la pensée d'un essai de rapine.   Pour moi, je contemplai sans aucune espèce d'émotion deux belles " briques " d'or, et un amas de lames d'or de la valeur d'un million de piastres...

Nous fûmes bien autrement émerveillés par un spectacle d'un autre genre, où les hasards de la promenade nous conduisirent sans que nous en connaissions rien d'avance.   Je veux parler du " Diamond Palace."   Voici en quels termes modestes on en parle sur le prospectus que l'on distribue aux visiteurs : " To visit San Francisco without seeing the DIAMOND PALACE would be like visiting Europe without seeing Paris.   It is a leading feature of San Francisco. A marvel of beauty and elegance, and unquestiona-bly the most magnificent jewelry emporium in the world — the splendid conception of a master mind, a controlling genius... " Est-ce assez " Yankee ", cette réclame à outrance ? —Le Diamond Palace, c'est tout simplement la boutique d'un bijoutier, dans laquelle, par une ingénieuse disposition de miroirs, de lustres et de lampes électriques, on produit un spectacle absolument féerique ; de fait, je n'ai vu nulle part de pareils effets d'éblouissement.   On peut imaginer si les bijoux, les colliers et les bracelets agrémentés de diamants et d'autres pierres précieuses, qui constituent le stock du marchand, brillent avantageusement au milieu de ces illuminations merveilleuses. Enfin, une vingtaine de tableaux, les uns représentant des sujets bibliques, et les autres des scènes de genres divers, ajoutent beaucoup au cachet artistique de l'institution. Des fac-similés des plus célèbres diamants qui existent intéressent aussi la curiosité du visiteur et jouent leur rôle dans les reflets lumineux qui lui donnent l'illusion d'un palais enchanté.

Quittant les éblouissantes splendeurs du Diamond Palace, nous continuâmes notre promenade, dont le but était, ce jour-là, la visite du " Mark Hopkins Institute of Art", où nous arrivâmes après avoir gravi péniblement l'une de ces rues presque perpendiculaires dont j'ai parlé précédemment.

Mais, comme il arrive souvent, nous fûmes bien récompensés de nos fatigues, tout d'abord par le beau panorama qui s'offrit à nos regards du sommet de l'élévation où nous étions parvenus, et d'où la vue embrasse la ville, le port et la baie de San Francisco.

L'édifice du Hopkins Institute est d'un style très original, et l'une des belles constructions de la ville. L'intérieur est très richement décoré, chacune des pièces principales différant des autres par une ornementation particulière. Les ouvrages faits des plus beaux bois de la Californie sont admirables de variété et de perfection artistique. Dans ce riche décor de marqueterie, de menuiserie, d'ébénisterie, rehaussé par des fresques de valeur, sont disposées des collections considérables d'œuvres des peintres et des sculpteurs d'Amérique et de l'étranger.

Les jouissances artistiques qu'offraient le Hopkins Institute nous y firent un peu oublier la marche du temps ; et lorsque ensuite, après une marche rapide, nous voulûmes pénétrer dans l'édifice de la California Academy of Sciences, on nous informa que les portes du musée étaient déjà fermées depuis une heure. Ce fut une contrariété pour moi ; car, étant en relations depuis des années avec cette institution, j'aurais eu un plaisir particulier à visiter ses riches collections d'histoire naturelle.— Mais, comme vont les choses ! et comme la " destinée " se joue des pauvres humains !

Nous n'avons pu visiter un musée d'histoire naturelle que nous voulions voir, et nous en avons visité un autre dont nous ignorions même l'existence. Voici comment nous avons eu cette aubaine.

Au cours de nos recherches sur les choses intéressantes de San Francisco, nous apprîmes qu'il y avait ici un " Observation Car", institution que nous rencontrions pour la première fois au cours de notre voyage. C'est une voiture de tramway, ouverte de toute part, qui deux fois par jour parcourt toute la ville, afin de permettre aux étrangers d'en visiter rapidement les points les plus remarquables.

L' " Observation Car", qui s'appelle " Golden Gate " et sur lequel nous fîmes notre tour de San Francisco, portait des banquettes s'élevant par gradins de chaque côté : c'est une disposition qui fait peu d'honneur à ceux qui l'ont imaginée, parce que les voyageurs ne voient bien que d'un côté de la voie.

Sur la voiture, se tient un cicerone, dont la mission est d'indiquer aux voyageurs ce qui se rencontre d'intéressant le long de la route, et de leur donner sur chaque chose des renseignements précis et concis.

L'édifice le plus remarquable qui se trouve ainsi sur notre route est l'hôtel de ville, dont le plan est loin de toute banalité. On a dépensé six ou sept millions de piastres pour le construire : c'est là un détail qui, aux Etats-Unis, vous dispense tout à fait de vous mettre en frais de description.

Rien ne m'a plus frappé, au cours de cette promenade autour de San Francisco, que les tableaux peints sur de grandes clôtures, en tous les points de la ville, et représentant diverses scènes de la vie du Père Marquette, le découvreur du Mississippi. Il est certainement curieux de voir ce Jésuite représenté ainsi en son costume religieux dans un pays où les ecclésiastiques ne sortent jamais en soutane. Il ne faut pas croire cependant que cette exhibition multipliée de tableaux d'une inspiration si catholique procède de motifs pieux ni de la préoccupation d'honorer aux yeux des jeunes générations l'un des héros de l'histoire ancienne de l'Amérique...

Il s'agit tout simplement d'une réclame commerciale ! Il s'agit d'annoncer je ne sais plus quel produit, du " whiskey", je crois, à qui l'on a donné la désignation de " P. Marquette " ! — Que cela, encore, est bien " Yankee " !

Cependant notre voiture électrique traverse des places et des parcs, côtoie souvent des jardins, et finit par s'élancer en pleine campagne. Cela nous permet de faire un peu connaissance avec la flore du pays. Eh bien, la végétation qui s'offre à nos regards ne ressemble guère à celle de la province de Québec. C'est ici, en effet, la végétation semi-tropicale. On y voit partout des palmiers qui croissent en pleine terre et beaucoup de plantes qui nous sont inconnues. A cette date du 25 septembre, les jardins sont encore parés des plus belles fleurs. Il y a, en ce pays, nous dit-on, des roses aux rosiers durant tout le cours de l'année. Quant aux pelouses, nous les trouvons généralement peu attrayantes, le soleil les ayant brûlées. On nous assure que les pluies de ces derniers jours les feront reverdir. Dans quelques mois, d'ailleurs, commencera la véritable saison des pluies ; car le déluge au milieu duquel nous nous débattons durant notre arrêt à San Francisco, cela ne compte pas du tout dans la série régulière des phénomènes météorologiques du pays : ce n'est que du surcroît.

Mais voici l'océan ; voici une plage superbe pour l'agrément des baigneurs ; voici un hôtel ravissant qui est juché sur un rocher surplombant dans la mer... Il ferait bon s'arrêter ici, et jouir un peu de la vue d'aussi beaux spectacles, dans ce rayon de soleil qui d'aventure s'est glissé, durant cette demi-journée, à travers les grosses nuées chargées de pluie.

Justement, notre " Observation Car " s'arrête et nous donne une heure pour faire connaissance avec toutes les agréables choses réunies en ce lieu, qui s'appelle le " Cliff House", nom que l'on ne manque pas de trouver bien choisi, quand on aperçoit sur quel escarpement on a construit l'hôtel ou casino destiné à extraire tout l'argent possible des complaisants touristes.

Ce séjour enchanté de Cliff House, distant de sept milles du Palace Hotel, se trouve à l'entrée même de la Golden Gate, par conséquent au bout de la presqu'île qui, du côté sud, enferme la baie de San Francisco. De là on a une belle vue sur l'océan Pacifique. Le casino lui-même est vaste et de style fantaisiste. Tout autour règnent de longues galeries où les touristes peuvent déguster à loisir des consommations plus ou moins multipliées, tout en admirant les points de vue merveilleux qui s'offrent à leurs regards. Il y a là, tout à côté, une belle plage de sable, " with wonderful breakers rolling in", disent les prospectus en leur style saisissant. Mais l'attraction que l'on vante surtout, c'est le spectacle des otaries, " Sea-Lions", dont l'on suit les ébats en face même de l'hôtel. Il y a là, à environ deux cents pieds de la côte, des rochers émergeant de la mer et qui sont un séjour favori de ces animaux marins, grands phoques à pelage brun, porteurs d'oreilles fort développées. On les voit, en grand nombre, grimper avec peine sur les rochers et s'y chauffer paresseusement au soleil, en poussant de temps en temps des cris rauques, dont l'étrangeté et la rudesse sont très remarquables. Tout cela intéresse beaucoup les touristes, qui passent des heures à contempler, des balcons de l'hôtel, un spectacle si extraordinaire. Les propriétaires du Cliff House ont eu une inspiration des plus heureuses, lorsqu'ils ont choisi ce lieu pour y dresser leurs filets — destinés, bien entendu, à prendre les innombrables badauds qu'il y a sur cette terre. Car, pour ce qui est des otaries, loin d'avoir l'idée de leur faire la chasse, on veille sans doute avec un soin jaloux à ce que personne ne les regarde même jamais de travers. Ils constituent, en effet, pour l'établissement, une attraction de premier ordre, puisqu'elle est unique et se maintient toute seule et sans aucun frais.

Mais il n'y a pas, en cette place d'eau, que ces plaisirs de la mer et de la plage. Tout auprès du casino, se trouvent de vastes constructions qui contiennent d'abord de grands bassins de natation fort bien aménagés, l'un pour les messieurs, l'autre pour les dames, et qui offrent des ressources précieuses aux gens qui veulent prendre des bains de mer sans avoir à redouter d'être croqués par les requins ou avalés par les baleines.

Il y a surtout un grand musée d'ethnologie et d'histoire naturelle, pour l'instruction des visiteurs. Comme on le voit, l'organisation de ce lieu de plaisance est complète, et l'on n'a rien négligé pour attirer et pour intéresser les gens.

Dès l'entrée du musée, se tient un homme de génie qui a su dresser les plus jolis serins du monde à tirer du canon (non pas, évidemment, de bien grosses pièces d'artillerie), à " faire le mort", sans compter d'autres exercices aussi merveilleux. Nous donnons volontiers quelques sous au grand homme qui a su à ce point établir sa domination sur de tout petits oiseaux, et nous pénétrons dans le musée.

Mais il est très considérable, ce musée. La collection ethnologique renferme une grande quantité d'objets divers propres à renseigner le visiteur sur l'industrie et les mœurs des peuplades sauvages de l'Ouest américain. Puis, c'est une très riche collection de mollusques, et grand nombre de spécimens de mammifères, d'oiseaux, de poissons, de reptiles, et même de monnaies de toutes les parties du monde. Parmi les spécimens les plus remarquables, au point de vue du pittoresque autant que de la science, je mentionnerai un otarie et un morse d'une stature gigantesque, et surtout un bœuf de dimensions absolument extraordinaires. Usant des privilèges du voyageur " qui vient de loin", j'oserai dire que ce bœuf est aussi large que sont longs les bœufs du commun. Enfin, cet animal est vraiment le " Jumbo " de la race bovine. Les gens qui, voilà quinze ou vingt ans, ont pu voir l'immense éléphant ainsi dénommé, comprendront ce que cela signifie — et le diront aux autres.

Il y aurait eu à voir encore, à San Francisco, bien d'autres institutions dignes d'intérêt, si nous avions pu y prolonger notre séjour. Par exemple, il y a peu de voyageurs qui ne visitent pas un peu à fond le fameux quartier chinois, qui couvre une étendue d'une douzaine de " blocs", et qui est habité par une vingtaine de mille Chinois. Mais quand on ne peut rester que trois jours dans une aussi grande ville, et qu'encore il pleut presque tout ce temps, il faut se résigner à remettre à un voyage ultérieur la visite de plusieurs points intéressants.

L'un de nos trois jours passés à San Francisco se trouva être un dimanche. Cette ville comptant vingt-trois paroisses catholiques, nous n'étions pas en peine de trouver le moyen de remplir nos devoirs religieux d'obligation. Ce fut à l'église Saint-Patrice, la plus rapprochée de notre hôtel, que nous nous rendîmes pour cet objet, et nous y fûmes accueillis avec une fraternelle courtoisie par le curé P.-J. Cummins, qui nous retint à déjeuner au sortir de l'église. O le beau privilège des enfants de l'Eglise catholique, de retrouver dans tous les pays du monde une croyance, des cérémonies et des habitudes religieuses identiques à celles de leur propre patrie! O la touchante prérogative des prêtres catholiques, de retrouver des frères dans le sacerdoce, et qui le reçoivent à bras ouverts, en tous les points de l'univers où un tabernacle, humble ou somptueux, contient le Dieu de l'Eucharistie !... Quelque fréquentes qu'aient été pour moi les occasions de toucher du doigt, pour ainsi dire, cette unité et cette charité qui règnent partout dans la société sainte fondée par N.-S. Jésus-Christ, je ne m'habitue pas à la beauté de ce spectacle, et chaque fois que je le vois se renouveler, j'éprouve encore, comme à la première, les mêmes sentiments de joie, d'admiration et de reconnaissance...

Ce fut à la table de l'abbé Cummins que je fis connaissance avec les pommes de la Californie : de beaux et gros fruits, et d'une admirable coloration. Après y avoir goûté, comme après avoir goûté aux pommes européennes, je suis toujours du même avis : on ignore ce que c'est que la pomme, quand on n'a pas mangé des pommes du Canada.— C'est même de là que je partirai, quelque jour où j'aurai du loisir, pour édifier, au grand ahurissement des exégètes et autres savants, la thèse que voici : à savoir que le paradis terrestre de jadis se trouvait dans la vallée du Saint-Laurent. Cela est d'autant plus vraisemblable, me semble-t-il, que c'est encore là qu'il est aujourd'hui, le paradis terrestre...

Ce même dimanche, qui était le dernier jour de notre arrêt à San Francisco, je fis aussi d'autres visites dans le monde ecclésiastique de la ville.

J'allai d'abord présenter mes hommages à l'archevêque, S. G. Mgr Riordan, qui avait passé plusieurs jours, quelques semaines auparavant, à l'archevêché de Québec, et qui même est l'un de nos compatriotes, puisqu'il est originaire de Chatham, N.-B. Comment peut-on naître au Nouveau-Brunswick, et arriver à occuper un siège épiscopal sur la côte du Pacifique ? Il n'y a sans doute pas de recette assurée pour obtenir ce résultat. Toutefois, *generaliter loquendo*, on peut dire que la moindre des conditions qu'il y ait à remplir, est bien celle de quitter d'abord le Nouveau-Brunswick. Pour ce qui est de Mgr Riordan, c'est à Chicago, au milieu d'un ministère paroissial très actif et très fructueux, que les Bulles pontificales vinrent le chercher pour l'envoyer présider aux destinées de l'Eglise de la Californie.

L'archevêque de San Francisco est certainement l'un des prélats distingués de l'épiscopat des Etats-Unis. Il brille également par une science remarquable, par d'aimables qualités sociales, par ses talents administratifs, et surtout par le " sentiment catholique " le plus intense. C'est lui qui, en ces dernières années, obtint gain de cause, au tribunal de La Haye, dans ce procès célèbre où le gouvernement des Etats-Unis se vit condamné à restituer à l'Eglise de l'Ouest une somme très considérable qui lui était due comme conséquence de l'acquisition de la Californie, jadis possession mexicaine, et qu'il s'était refusé jusque-là à solder.— Après m'avoir reproché, avec une vivacité toute aimable, de n'être pas descendu à son palais en arrivant à San Francisco, Sa Grandeur voulut bien m'exprimer aussi son regret de ce que je n'eusse plus que quelques heures à passer en cette ville, et de ce qu'Elle n'avait plus même le temps de me faire visiter son superbe séminaire, établi à une assez longue distance de la ville.

Du palais provisoire de l'archevêque — qui dans peu de semaines ira occuper le nouveau palais qu'il achève de construire—, je me rendis au presbytère de la cathédrale, pour rendre visite à l'abbé Chs-A. Ramm, qui avait accompagné Mgr Riordan dans son récent voyage à Québec. Le bon P. Ramm m'accueille fort bien, et, lui aussi, me fait reproche de n'être pas venu le voir beaucoup plus tôt, désireux qu'il aurait été de nous faire connaître un peu mieux San Francisco. Il me conduisit, cependant, à la cathédrale. Ce que cette église offre de plus beau à voir, ce sont les vitraux de Munich qui sont à ses fenêtres, et surtout son maître autel, qui est en marbre blanc, avec colonnettes en onyx.

Il me restait encore une visite à faire dans le clergé de San Francisco. En effet, Mgr l'archevêque de Québec m'avait recommandé d'aller saluer de sa part M. John McGinty, curé de Holy Cross, qu'il avait bien connu autrefois à Rome. Father McGinty fut absolument ravi du bon souvenir que lui témoignait son illustre ami. Lui non plus ne se fit pas faute de me blâmer vertement — en sa qualité d'Irlandais, probablement — de n'être pas venu tout d'abord m'installer à son presbytère : et cela prouve enfin, de façon définitive, le grand esprit d'hospitalité qui règne dans ce clergé de San Francisco. En tout cas, ce sympathique Father McGinty, ne sachant que faire pour montrer combien lui était agréable cette visite de quelques minutes que je lui faisais, prit le parti de recourir aux grands moyens. M'entraînant dans la salle à manger, il me présenta ses deux vicaires, et fit couler le blond champagne dans les coupes de cristal... " C'est, sans doute, monsieur le curé, du champagne de la Californie que nous buvons là ? demandai-je fort honnêtement.— Certainement non ! répliquat-il. Le champagne de la Californie n'est pas assez bon pour qu'on le boive à la santé de Monseigneur Bégin ! "

Voilà ! Il fallait partir de San Francisco au moment même où les choses se mettaient à aller si bien. Mais il y avait l'impérieux programme de voyage... Ah ! les programmes !...

IX

Départ de SAN FRANCISCO. — Un paternel agent de chemin de fer. — Où nous avons trouvé que nous étions des héros.—OAKLAND.—Le nord de la Californie.—La navigation, en chemin de fer. —Eloge des Yankees.—Wagon-café-salle de lecture.—Le désert du Névada.—L'Utah.—En Pullman sur les eaux du Grand Lac Salé.—Comment on récolte le sel.—OGDEN.— SALT LAKE CITY. — Le catholicisme y est florissant. —Un reporter qui a du toupet.

Le lundi, 26 septembre, nous quittions San Francisco et cet inoubliable établissement du Palace Hotel, un hôtel où les voyageurs ont la joie de ne pas trouver affichée dans leur chambre cette pancarte accoutumée, contenant l'interdiction de fumer et dix autres défenses aussi intelligentes, sans compter une douzaine d'injonctions auxquelles le voyageur doit se soumettre sous peine de graves complications. Non ! au Palace Hotel, on ne vous enlace pas dans les réseaux d'une discipline sévère, et les choses n'en vont pas plus mal pour cela.

La sagesse nous faisait une loi de retenir d'avance, à San Francisco même, nos places dans les wagons Pullman, pour le jour et pour la nuit, durant tout le trajet que nous aurions à faire jusqu'à Saint-Louis, où nous devions faire une station prolongée. Renvoyés d'une agence à l'autre, nous dépensâmes toute une matinée à cette œuvre importante, et qui était assez compliquée parce que nous devions faire deux ou trois arrêts en route. Au moins, il nous fut donné de rencontrer, dans l'un des bureaux de billets où nous fîmes affaire, un agent qui prit un soin paternel de nos intérêts. J'avais dressé, pour obtenir les billets qu'il fallait, un programme adapté aux circonstances de lieu et de date où nous voyagerions sur telle ou telle ligne de chemin de fer, et de façon à arriver à Saint-Louis le samedi soir suivant. Or ce fonctionnaire, d'une idéale obligeance, voulut bien me laisser entendre que j'avais disposé les choses avec l'habileté d'un aveugle qui entreprendrait de peindre un tableau ; et, à la place du programme que j'avais si péniblement élaboré, il nous en dressa un autre qui nous permettrait de passer de jour dans les endroits les plus renommés pour leurs sites merveilleusement pittoresques. Par exemple, comme on ne saurait tout avoir et qu'il faut toujours bien, dans un voyage accéléré, se résoudre à passer de nuit en quelques localités, avec ce nouvel itinéraire, nous dûmes sacrifier à peu près la visite de deux villes importantes que nous aurions aimé à voir un peu en détail.

Avant tout, qu'on me laisse chanter, un moment, l'héroïsme dont il fallait être animé pour oser, à cette époque-là, monter en chemin de fer. Il régnait, en effet, durant cet été de 1904, une sorte d'épidémie d'accidents sur les voies ferrées des Etats-Unis (1). Chaque matin et chaque soir, en ouvrant le dernier journal paru, nous avions au déjeuner et au souper quelque catastrophe plus ou moins sérieuse à nous mettre tout d'abord sous la dent. En achetant le journal, nous en étions venus à nous demander, comme dans une sorte de pari, à quel endroit avait bien pu avoir lieu la plus récente collision de trains : " Tiens, c'est à X., sur la ligne du... ! Peuh ! c'est un petit accident : il n'y a que dix morts et trente-cinq blessés !... " — Et nous allions entreprendre un trajet de 3,000 milles, sur ces chemins de fer des Etats-Unis !

Tant que nous avions voyagé sur le C.P.R., nous nous étions toujours crus en parfaite sécurité. Car les accidents, comme on le sait, sont très rares sur notre grand chemin de fer canadien, soit

---

(1) D'après l'*Accident Bulletin No 13* de " l'Interstate Commerce Commission", il y eut durant ces mois de juillet, août et septembre, 411 personnes tuées et 3,747 blessées dans des accidents de trains de chemin de fer aux Etats-Unis. En ajoutant à ces chiffres ceux des accidents d'autre nature arrivés sur les voies ferrées de ce pays, on arrive à l'effrayant total de 1,032 morts et 13,207 blessés pendant cette période. A ce compte, pour une année entière, le total serait de 4128 personnes tuées, et 52,828 blessées. En somme, à ce point de vue, les trois mois dont il est question ont été les plus désastreux qui se soient jamais rencontrés. (Voir le *Scientific American*, 25 février 1905, p. 158.) — Suivant une autre statistique, qui serait dressée d'après des chiffres "officiels", et que l'on trouvera exposée dans le *Tablet* (Londres) du 16 septembre 1905, il y eut en l'année 1904, sur les chemins de fer des Etats-Unis, 10,046 personnes tuées (dont 441 voyageurs), et 84,155 blessées. Total : 94,201. Et si l'on veut savoir quelle est la valeur relative de ces chiffres, de la même source nous apprendrons qu'en l'année 1904, il y a eu, aux Etats-Unis, *un tué* sur 1,622,267 voyageurs, et, en Angleterre, *un tué* sur 199,758,000 voyageurs ; et, quant aux *blessés*, il y en a eu *un* sur 78,523 voyageurs, aux Etats-Unis, et sur 2,244,472, en Angleterre.

parce que la voie est très bien entretenue, soit parce que le service y est parfaitement organisé, soit parce que le trafic n'y est relativement que peu actif.   Mais désormais c'est aux voies ferrées du pays des accidents de chemin de fer que nous allions avoir affaire ; nous allions nous engager sur une sorte de champ de bataille... Il le fallait bien, pourtant.   Nous n'étions pas pour nous fixer à San Francisco et y finir nos jours !   Nous ne pouvions guère non plus noliser un vaisseau et aller tourner le cap Horn pour revenir à Québec !

J'avoue, d'ailleurs, qu'une fois en route, nos appréhensions n'étaient pas beaucoup vives.   Le jour, surtout, quand il fait si beau soleil et que le convoi va si bien, on ne s'imagine pas aisément que, d'un instant à l'autre, une locomotive d'un autre train va nous arriver comme cela sur la tête... La nuit, c'est différent : davantage, l'on sent qu'on marche dans l'inconnu.   Sur l'océan comme sur les chemins de fer, la crainte est centuplée par l'horreur des ténèbres.   Et lorsqu'on s'éveille, au matin, on est presque surpris de se retrouver encore vivant, et l'on regarde comme un devoir, avec raison, évidemment, de remercier Dieu d'avoir échappé par sa divine protection aux périls que l'on a redoutés.

Nous n'étions toujours pas les seuls qui, ce 26 septembre, avions l'effronterie, la témérité ou l'héroïsme de nous exposer au péril d'être broyés d'un moment à l'autre : car la foule des voyageurs qui partaient en même temps que nous était considérable. C'est bien aussi ce que nous avons remarqué toutes les fois que nous avons voyagé sur les chemins de fer des Etats-Unis : les trains étaient toujours encombrés, malgré les accidents qui se produisaient tous les jours.   C'est que, malgré tout, si l'on croit facilement que les autres sont exposés aux accidents, on n'imagine pas aisément — du moins *le jour*, comme j'ai dit — que soi-même l'on en pourrait être victime...

Sur un " Ferry " de belle allure nous commençons par traverser la baie de San Francisco, la gare du *Southern Pacific* se trouvant à Oakland, ville qui fait vis-à-vis à la capitale de la Californie.

Oakland est une ville dont la population dépasse 70,000 âmes, et qui mériterait bien sans doute d'être visitée. Mais nous n'avons le temps que d'y mettre le pied, pour monter tout de suite dans le train.

Le chemin de fer côtoie longtemps la baie de San Francisco, en montant vers le nord. Dans les campagnes que nous traversons, j'observe souvent des champs complètement inondés. On le serait à moins, après les jours de pluie que nous venons de subir ! Le gazon des prairies est brûlé,— d'où il est facile de conclure que durant les mois précédents le soleil n'a pas constamment tenu le rôle effacé qu'il a joué ces jours derniers. Par contre, le feuillage des arbres est toujours verdoyant, et les jardins sont toujours parés de belles fleurs.

Une heure environ après le départ, je m'aperçois tout à coup, en levant les yeux du Bœdeker où je cherchais une direction pour mes futurs enthousiasmes de touriste consciencieux, que nous étions en pleine navigation... Par exemple, voilà qui était un peu fort ! Nous étions toujours dans le " Parlor Car", et tout de même nous nous sentions balancer sur la mouvante surface des eaux... On ne sait jamais, avec ces Américains, à quel moment l'on passe de l'ordinaire à l'extraordinaire ! Le mystère, toutefois, ne fut pas long à percer. Notre train, tout simplement, pour traverser une sorte de grand lac formé au nord par une expansion de la baie de San Francisco, s'était installé sans bruit sur un " bateau passeur", qui nous laissa débarquer de même, sans plus de commotion, sur l'autre rive, d'où le chemin de fer continue à s'avancer au nord-est, traversant dans sa largeur l'Etat de Californie. Les endroits les plus remarquables que nous rencontrâmes, le reste du jour, furent les villes de Sacramento et de Reno, cette dernière se trouvant dans le Névada ; nous ne fîmes d'ailleurs que les entrevoir en passant. Mais le pays que nous avons traversé, cette après-midi, est tout à fait intéressant pour le touriste. La voie ferrée circule à travers la chaîne des Rocheuses, et les paysages très pittoresques n'y manquent pas. Par moment, on côtoie de vrais abîmes, et l'on éprouve des émotions de la plus rare fraîcheur, non seulement à la vue de spectacles si peu ordinaires, mais aussi à la pensée de la figure que l'on ferait si l'on allait, à bord de son " Parlor Car", *débouler* là-dedans et jusqu'au fond... Et comment remonter de pareils précipices ? — Mais c'est là une préoccupation très négligeable ; car, en pratique, lorsqu'on a descendu si vite dans ces gorges effroyables, pour l'ordinaire on y reste.

Dans ces montagnes, nous rencontrons parfois des exploitations de bois de commerce ; en d'autres endroits, c'est le travail des mines que l'on voit en pleine opération. Dans les vallons, on aperçoit des établissements agricoles, et surtout des vergers fort intéressants. Toutes ces petites distractions ont leur prix pour intéresser et instruire le touriste, qui ne peut qu'emporter un excellent souvenir de ce riche pays de la Californie. D'ailleurs, à part ces beautés de la nature au milieu desquelles il circule durant des heures, le touriste jouit encore des longues causeries avec ses compagnons de voyage, qui deviennent promptement des amis — qu'il ne reverra jamais de sa vie. Pour moi, je me liai surtout durant ce premier jour avec un jeune citoyen de l'Angleterre, qui s'en retournait dans la " dear old country", après quelques années de séjour au Japon. Nous fîmes aussi connaissance avec nombre de Yankees, et j'ai du plaisir à reconnaître que chez tous ces Américains, négociants ou industriels de tout acabit, j'ai rencontré beaucoup de courtoisie, de savoir-vivre, de largeur d'idée et de parfait bon sens. Quant aux conditions matérielles du voyage, j'en ai rarement vu d'aussi bonnes que sur ce train " Overland limited, Electric lighted, Vestibuled " du *Southern Pacific*. C'était, pour ne signaler qu'un petit détail, la première fois, par exemple, que nous voyions des wagons-dortoirs, où il y a à la tête de chaque lit une petite lampe électrique — qui permet au voyageur de voir clair dans ses affaires en se préparant au doux sommeil. Mentionnons encore cet admirable wagon-café-salle de lecture, où le voyageur trouve : de beaux fauteuils pour fumer son cigare en attendant la visite du dieu Morphée,— un complaisant négrillon pour lui préparer les plus

fameux grogs,— un pupitre et de la papeterie au chiffre du S.P.R.
pour faire sa correspondance,— une bibliothèque de livres et de
revues pour lui permettre de varier un peu ses jouissances.   Bref,
la vie est assez supportable dans ces conditions ; il faudrait même
être d'un bien méchant caractère pour oser parler des " fatigues
du voyage " en de pareilles circonstances.

. . . Nous disions donc, je crois, que dès la soirée de ce premier
jour de chemin de fer, nous avions quitté la Californie pour entrer
dans le Névada.   Nous fûmes toute la nuit et toute la matinée
suivante à traverser, en nous dirigeant vers le nord-est, ce grand
Etat du Névada.   Toutefois nous n'en pûmes voir, le jour, qu'environ le tiers oriental, consistant en des plaines incultes, parfois
même tout à fait arides.   Ce n'est assurément pas moi qui con-
seillerai à mes compatriotes, qui ne sauront bientôt plus où se
diriger dans leur répugnance pour les sentiers battus, d'aller par là
faire de la colonisation.   L'aspect de cette région désolée n'a donc
rien de réjouissant pour le touriste.   Par bonheur, il y a çà et là,
à l'horizon, des montagnes coiffées de neige, qui jouent dans le
paysage un rôle excellent.

Voici, au milieu du jour, que nous pénétrons dans la partie
septentrionale de l'Utah.   Nous revoyons ici de beaux établissements agricoles, où les céréales croissent vigoureusement, et où les
vergers produisent des fruits d'une admirable venue.   En effet,
l'Utah, avec la variété de ses climats, offre de grandes ressources ;
on n'a commencé à le coloniser que depuis à peine cinquante ans,
et sa population est déjà de trois cent mille âmes.

Le Grand Lac Salé est certainement l' " attraction " la plus
remarquable de l'Utah ; certains même sont d'avis que c'est l'une
des merveilles de la création.   Si le temps nous manqua pour aller
voir ses places d'eau — dont l'une, " Saltair Beach", reçoit à elle
seule, affirme-t-on, jusqu'à trois cent mille visiteurs durant la saison
des bains,— du moins il nous fut aisé de contempler le lac lui-même,
puisque nous l'avons traversé tout entier dans sa partie supérieure,

non pas en bateau, ni à la nage, mais en chemin de fer ! Traverser un lac immense en chemin de fer ; voilà encore qui est bien Yankee, et bien propre à plonger des Latins dans un abîme de stupéfaction. Donc, ils se sont dit, les Américains, que la ligne droite étant la plus courte il serait ridicule de s'amuser à contourner la partie nord du lac pour allonger inutilement la route à parcourir ; et ils ont lancé le chemin de fer à travers le lac, tout simplement. Le terrassement qu'il a fallu faire est long, ai-je lu quelque part, de vingt milles ; mais il a été relativement facile à élever, à cause du peu de profondeur de cette partie du lac, lequel d'ailleurs ne dépasse nulle part, dans toute son étendue, la profondeur de trente-trois pieds (1). Mais comme il est pittoresque de voguer ainsi, commodément installé dans une luxueuse voiture, à travers les ondes de la plaine liquide ! La surface du lac, à ce moment, reflétait les nuances les plus riches et les plus variées, où dominaient les teintes vert clair de l'émeraude.

On attribue au Grand Lac Salé une superficie de 2,500 milles carrés. Sa plus grande longueur serait de cent milles, et sa plus grande largeur de soixante. Cette vaste étendue d'eau assure aux contrées voisines un climat d'une douceur remarquable.

L'eau du lac contient en solution environ vingt pour cent de sel, ce qui la rend assez " épaisse " pour que les baigneurs n'aient pas à se préoccuper du péril d'aller au fond : tout leur soin se borne à se maintenir dans un équilibre tel qu'ils n'aient pas trop souvent ni trop longtemps la tête en bas pendant leurs exercices aquatiques. Naturellement, il n'y a pas de poissons qui habitent dans une saumure pareille. Il paraît pourtant qu'il y vit une sorte de petite crevette, dont la taille atteint les dimensions d'une tête d'épingle.

Puisqu'il y a tant de sel dans ces eaux, il était tout simple de chercher à profiter de l'aubaine, en utilisant une mine d'une telle

----

(1) On dit que la profondeur de cette nappe d'eau diminue d'une façon constante, et qu'il suffira de quelques douzaines d'années pour amener la disparition totale du Grand Lac Salé. Cet abaissement des eaux serait en effet d'un pied environ par année.

richesse et d'un accès si facile. L'histoire ne dit pas que les riverains du grand lac se soient jamais avisés de s'en servir comme d'un saloir énorme, préparé par la nature obligeante, pour la conservation de leur provision de viande. Mais du moins on extrait des eaux du lac de grandes quantités de sel. Comme on le sait, cette opération d'extraire le sel des eaux n'a rien de beaucoup compliqué. Elle consiste, pour ce qui concerne le Grand Lac Salé, à établir sur ses rivages et un peu plus bas que le niveau du lac, d'immenses plateaux bien aplanis, dits " marais salants", puis à y laisser pénétrer les eaux et à fermer ensuite les conduits qui les ont amenées. Au bout d'un certain temps, l'élément liquide s'est évaporé en laissant là le sel dont il était chargé. Il n'y a plus qu'à ramasser ce précieux " chlorure de sodium", comme disent les chimistes. Ces collines d'une blancheur de neige que l'on voit auprès des marais salants, ne sont que des amas de sel extrait des eaux et que le commerce va distribuer, partout, dans les villes et les campagnes.

Cependant, le train a fini sa navigation, il a repris pied sur la terre ferme, et il arrive en peu de temps à Ogden, point de jonction de maintes lignes de chemin de fer. Les " Guides " destinés à " monter " les touristes disent des choses excellentes de cette petite ville, la deuxième de l'Utah en importance, et où résident 20,000 descendants du premier homme. Pour finir le panégyrique d'Ogden et en donner au lecteur une idée " adéquate", je citerai seulement une phrase de l'un de ces Guides: " It is an up-to-date town, full of enterprising, pushing people, who know what they want and go right out and fight for it." Après ce couplet, la lyre me tombe des mains — et nous nous hâtons de changer de train. Nous changeons même de ligne de chemin de fer, puisque le *Southern Pacific* ne dépasse pas Odgen, du côté de l'est. C'est le *Rio Grande Western* qui, en trois quarts d'heure, nous conduisit à Salt Lake City. Nous y arrivâmes le mardi 27 septembre, à 3 heures de l'après-midi, c'est-à-dire vingt-neuf heures après notre départ de San Francicso.

Salt Lake City ! Voilà encore que se réalise... ce que je n'ai

17

seulement pas osé jamais rêver. Non, jamais je n'avais pensé qu'un jour je verrais cette ville, le " Diamant du désert", l' " Orgueil de l'Utah", la " Ville sainte des Mormons."

Salt Lake City est située à une douzaine de milles de la rive du Grand Lac Salé. Sa population est de plus de 80,000 âmes. Centre d'un pays où les richesses minières et agricoles sont très grandes, capitale d'un Etat dont le développement rapide a été merveilleux, desservie par d'importantes lignes de chemin de fer, jouissant d'un climat délicieux, cette ville est — après Québec, évidemment,— l'une des plus intéressantes que l'on puisse visiter en Amérique.

En débarquant à Salt Lake City, nous allons rapidement nous installer à l'hôtel " Kenyon", — qui est loin d'être une bicoque, puisque, par exemple, chacune des chambres de l'établissement est munie d'une boîte de téléphone pour communications locales et à longue distance. Puis, M. l'abbé Burque et moi, nous sautons dans une voiture pour faire le tour de la ville.

Il faut reconnaître que les Mormons ont bien organisé leur cité sainte. Peu d'autres villes pourraient se comparer à cette ville comme modèle d'installation moderne.

La ville est toute divisée en carrés réguliers et égaux comme ceux d'un damier. Chacun de ces " blocs " occupe une superficie de 660 pieds carrés. Les rues, qui sont donc toutes à angles droits, sont uniformément larges de 132 pieds. Elles sont pavées en asphalte ou en pierre. Dans les quartiers importants, les trottoirs en pierre sont aussi larges que certaines rues de Québec. Le long des trottoirs et au bord de la chaussée court un filet d'eau — recouvert aux traverses des rues par une petite passerelle en fer — qui joue un rôle important pour la propreté et l'assainissement des voies publiques. Je n'ai vu pareille chose, dans mes voyages, que dans les villes des Antilles. Tous les poteaux de télégraphe, téléphone, tramway et éclairage, sont placés en ligne au milieu de la chaussée : cette régularité même de leur disposition donne à la ville un cachet d'originalité, et l'on en arrive à trouver que c'est décoratif. Peu de villes, en outre, ont autant d'arbres pour ombrager les rues : c'est comme une forêt au milieu de laquelle des voies régulièrement tracées seraient bordées d'édifices. Ces arbres, ce sont principalement des érables négondo, des ormes, et des peupliers de Lombardie d'une très belle venue. D'une façon générale, la ville est très bien bâtie. Il y a de riches magasins et beaucoup de résidences élégamment construites.

Moi, je pensais qu'à Salt Lake City il n'y avait que des Mormons ; et je voyais d'abord, en tous les individus que nous rencontrions, des " Saints du dernier jour." Eh bien, dans les affaires municipales, les Mormons sont tout à la veille de perdre l'avantage de la majorité : cela démontre bien que la ville compte un grand nombre de gens qui ne sont pas Mormons. Au point de vue religieux, s'il y a là vingt-trois églises mormonnes, il y en a aussi d'autres de toutes les dénominations. Mais ce qui me surprit par-dessus tout, ce fut d'apprendre que Salt Lake City est le siège d'un évêché catholique. Outre un beau palais épiscopal, les catholiques y ont aussi un grand collège, un couvent, un hôpital. Nous eûmes même le plaisir de contempler la belle maçonnerie en pierre, que l'on terminait, d'une grande cathédrale, laquelle remplacera avantageusement le pauvre édifice qui a servi jusqu'à présent d'église catholique.

Il n'y a pas jusqu'à l'Armée du Salut qui n'ait profité du régime de liberté qui règne en ces lieux. Nous en eûmes la preuve pendant la soirée, lorsque passa, en face de notre hôtel, un bataillon de salutistes en jupon, chantant des cantiques avec accompagnement de tambours.

Mais il y a aussi des journalistes, à Salt Lake City, et je suis en mesure de rendre témoignage de leur " up-to-date-*isme*." Qu'on me pardonne la hardiesse de ce mot extraordinaire : car les expressions usuelles ne sauraient suffire pour qualifier le haut fait que voici :

Donc, le lendemain, en sortant du déjeuner, je demandai les journaux du matin — pour apprendre sur quelle ligne de chemin de fer avait eu lieu la catastrophe quotidienne. Par une étrange aventure, personne n'avait perdu la vie ce jour-là sur les chemins de fer des Etats-Unis. "Pas d'accident depuis vingt-quatre heures... Voyons, ces journaux ne sont guère informés !" m'écriai-je très ennuyé ; et j'allais rejeter l'inepte journal, lorsqu'un titre attira mon attention : c'était, ni plus ni moins, le compte rendu d'une interview que j'avais donnée la veille !... Voici la traduction de ce document inattendu, publié sur la *Salt Lake Tribune* du 28 septembre 1904 :

> L'abbé Huard, accompagné du Révérend F.-X. Burque, de Québec, Canada, est descendu hier à l'hôtel Kenyon. L'abbé Huard fait un grand voyage aux Etats-Unis, et s'est arrêté ici en route pour l'Est. Il a passé l'après-midi à se faire voiturer à travers la ville, et il se dit vivement impressionné par la beauté de Salt Lake.
>
> "Votre ville, a-t-il dit, est fort différente de la mienne. Nos rues ont été tracées il y a des siècles, et elles sont joliment étroites et tortueuses, tandis que les vôtres sont larges, bien pavées et entretenues. Naturellement, nous regardons Québec comme la ville reine de l'hémisphère occidental, mais je dois féliciter les citoyens de Salt Lake de leur ville magnifique ".

Or, je n'ai pas besoin de dire que, pendant nos quelques heures de séjour à Salt Lake City, nous n'avons parlé à aucun journaliste. Les seules personnes qui ont pu connaître nos impressions, la veille, ce sont le cocher qui nous a promenés dans la ville, le gérant de l'hôtel où nous étions descendus, et un négociant de Minnéapolis avec qui nous avions lié connaissance sur le train du *Rio Grande Western*, et que nous revîmes sur la rue durant quelques minutes dans la soirée. Il est possible, après tout, que le reporter de la *Tribune* ait interrogé à notre sujet quelqu'un de ces personnages, après avoir vu nos noms et adresses sur le registre de l'hôtel. Mais il est tout aussi probable qu'il aura imaginé l'interview de toutes pièces : ce serait d'ailleurs tout à fait conforme aux mœurs de la presse contemporaine, aux Etats-Unis surtout.

X

Salt Lake City.—Le Tabernacle.—Le Temple.—*Livre de Mormon.*—Où l'on
va savoir enfin ce qui s'est passé dans l'Amérique préhistorique.—Histoire
des Jarédites et des Néphites —Grandeur et décadence.—La question
juive dans nos grands bois.—Joseph Smith fonde l'Eglise des Mormons.
—La théologie du mormonisme.—Aperçu de l'organisation administrative.—L'une des choses qui nous étonneront durant toute l'éternité.—
Dernier coup d'œil sur la capitale de l'Utah.

Cependant, après avoir pris connaissance, la veille, de l'aspect
général de Salt Lake City, il nous restait à visiter les monuments
qui en font la renommée, et dont les plus intéressants, pour les
touristes, sont évidemment les édifices religieux des Mormons.

Nous nous dirigeâmes donc, avant tout, vers les " Temple
Grounds", vastes terrains enclos par un mur de pierre, plantés
d'arbres et parfaitement entretenus. En y pénétrant, on trouve
d'abord un élégant édifice qui est le " Bureau of Information and
Church Literature." Nous y sommes accueillis avec grande courtoisie par un Ancien (*Elder*) de l'Eglise mormonne, M. C.-H.
Wilcken, qui se met à notre entière disposition et nous fait une
abondante distribution de brochures sur l'Utah et sur l'organisation
de l'Eglise mormonne. Après nous avoir priés d'inscrire nos noms
sur le régistre des visiteurs qui se trouve là, M. Wilcken nous
accompagne au Tabernacle. Originaire d'Allemagne, et élevé dans
le protestantisme, il se convertit plus tard à la foi des Mormons.
C'est maintenant un vieillard, d'un air fort respectable, et dont la
bonne foi possible, et vraisemblablement réelle, ne peut qu'inspirer
une véritable pitié pour son état d'ignorance de la seule vraie
religion.

Le fameux Tabernacle est bien l'un des édifices les plus curieux
de l'univers. Long de 250 pieds et large de 150, il est de forme
ellipsoïde ; son toit, sans ouvertures d'aucune sorte, rabattu et
arrondi sur les côtés, fait l'effet de l'une des moitiés d'un œuf
colossal coupé dans le sens de la longueur. La hauteur de l'édifice
atteint 100 pieds, au centre. Les murs, percés de vingt portes très

grandes, ont douze pieds d'épaisseur.   La merveille, c'est qu'il n'y
a ni piliers ni poteaux pour supporter la voûte colossale.   Quant à
la capacité de cette immense salle, toute remplie de bancs en toutes
ses parties, une brochure publiée sur l'Utah par la Compagnie du
chemin de fer *Union Pacific* dit que 13,462 personnes peuvent s'y
asseoir en même temps ; mais l'une des publications mormonnes
n'assure des sièges qu'à 8,000 personnes, ce qui forme déjà une
assemblée fort passable.   Comme les Mormons doivent mieux
connaître leur affaire que l'*Union Pacific*, retenons ce chiffre de
8,000,— quitte à laisser les autres 5,462 s'arranger comme elles
pourront.

Mais une autre merveille de cet édifice unique au monde, c'est
la perfection de ses propriétés acoustiques.   De l'une des extrémités
de la salle immense, on entend un faible chuchotement proféré à
l'autre extrémité.   Dans ces mêmes conditions nous avons très
bien perçu le bruit causé par la chute d'une épingle, à une distance
de près de 250 pieds.

Notre " Elder " ne manque pas de nous dire, d'un air parfaitement convaincu, que les Mormons ont été l'objet d'une particulière
assistance de Dieu, pour la construction d'un édifice aussi extraordinaire.   Il ajoute qu'il n'y est pas entré un seul clou, et que
tout a été fabriqué sur place par les Mormons eux-mêmes, y compris
le grand orgue, qui s'élève à l'endroit où serait placé l'autel s'il y
en avait un.   La boîte de cet instrument est de style très curieux ;
les deux tourelles de sa façade ont une élevation de 58 pieds.   Les
qualités de son de ces orgues sont, paraît-il, absolument remarquables.   Enfin cet instrument serait l'un des plus beaux de l'univers, si même il ne l'emporte pas sur tous les autres.   Une organisation chorale de plus de 500 membres est chargée de la musique
vocale aux assemblées religieuses qui se tiennent dans le Tabernacle,
tous les dimanches, à 2 heures de l'après-midi.   M. Wilcken nous
invita gracieusement à venir à la réunion du dimanche suivant,
pour jouir de l'excellente musique qui s'y fait : invitation que nous
déclinâmes pour plus d'une raison valable.

Il y a encore, à quelque distance du Tabernacle, l' " Assembly Hall", bel édifice gothique qui peut contenir près de 3,000 personnes, et dont la construction a coûté $150,000.

Mais le plus riche des monuments élevés par les Mormons, c'est assurément le Temple, masse importante de granit qui occupe une superficie de 18,562 pieds, et dont la construction, qui s'est poursuivie de 1853 à 1893, a coûté quatre millions de piastres. Il est d'un style architectural différent de tout ce que nous avons jamais vu. Sa longueur est de 186½ pieds, et sa largeur de 99. A chacune de ses extrémités s'élève trois hautes tours carrées et surmontées de clochers en forme de pyramide. La plus haute de ces tours est élevée de 210 pieds, et supporte un ange colossal en cuivre recouvert d'or.

Dans le Temple, on administre le baptême aux enfants âgés de huit ans. " Car, nous dit l'Elder, nous ne croyons pas au péché originel, dans notre Eglise, et les enfants sont réputés innocents de toute tache." On utilise encore les pièces du monumental édifice pour diverses réunions cultuelles. C'est là tout ce que nous pouvons dire de l'intérieur du Temple. Car nous n'y avons pas pénétré, les profanes n'y étant jamais admis. Il faudrait se faire recevoir Mormon, pour avoir permission d'y entrer. Or, n'est-ce pas ? s'il y eut jamais un jeu qui n'en vaut pas la chandelle, c'est bien celui-là !

Avant de laisser là les Mormons, le touriste jette encore un regard sur quelques autres choses plus ou moins dignes d'intérêt. Mentionnons, par exemple, le monument de Brigham Young, surmonté de sa statue, et qui est situé assez près du Temple ; le petit enclos où furent enterrés les restes mortels de ce deuxième chef des Mormons ; l' " Amelia's Palace", nommé aussi " Gardo House", très élégante villa qui devint la résidence de l'épouse No 1 du " grand homme " ; enfin, la fameuse Eagle Gate, qui est une sorte d'arche en fer surmontée d'un grand aigle à ailes déployées, et qui primitivement donnait entrée sur le terrain possédé par ledit prophète.

Au cours de notre visite, M. Wilcken nous témoigna que jamais les catholiques n'ont persécuté les Mormons d'aucune façon ni en aucun endroit. Le compliment était sans doute beaucoup plus extraordinaire dans la pensée du brave homme qu'il ne l'est en réalité. Ce n'est pas chez nous, en effet, que l'esprit de persécution s'est jamais manifesté à travers les siècles.

Mais il me semble que le lecteur réclame quelques aperçus sur le Mormonisme et son histoire. Cette exigence est raisonnable, et me voici tout disposé à la satisfaire.

Le titre officiel de l'Eglise mormonne paraît être celui-ci : " Eglise de Jésus-Christ des Saints du dernier jour." C'est bien un peu long pour notre époque et notre continent américain ; et l'on peut prévoir que certain jour on désignera cette religion, si elle continue d'exister, par quelque nom d'allure plus rapide.

Donc, une fois, il y avait un homme qui s'appelait Joseph Smith. Il était né en 1805, à Sharon, Etat du Vermont, Etats-Unis. Dès ses jeunes années, il avait grande piété. Ce fut à la suite d'une de ses ferventes oraisons, qu'il reçut un jour (21 septembre 1823) la visite d'un ange, du nom de Moroni, qui jadis avait été un mortel comme nous et même un prophète... d'Amérique. Dès cette première apparition, Moroni révéla à Smith l'existence du *Livre de Mormon*, composé de feuilles d'or de huit pouces sur sept et formant une épaisseur d'environ six pouces. Ce fameux Livre était caché dans le sol, non loin de la demeure de Smith. Mais ce ne fut que le 22 septembre 1827 que Moroni lui permit de prendre possession du dépôt précieux. D'ailleurs, lorsque Smith eut fait la traduction du Livre d'or, l'ange se le fit remettre, et personne ne saurait plus le revoir. Cela est fort commode pour le traducteur du volume divin ! Or, il faut savoir que les Mormons vénèrent ce Livre comme renfermant la parole de Dieu, au même titre que la Bible elle-même ; c'est une Révélation faite en faveur des habitants de l'Amérique, comme—disent-ils—la Bible est la Révélation faite aux peuples de l'Orient. Et les Mormons croient aux enseignements de l'une et de l'autre.

Qu'est-ce donc que ce " Livre de Mormon ? "

D'après les détails du titre qu'il porte, dans la traduction publiée en 1830, c'est un récit fait par la main de Mormon, qui lui-même le rédigea d'après les plaques de *Néphi ;* c'est un résumé des annales du peuple de Néphi, et aussi des Lamanites, descendants de la maison d'Israel : écrit par voie de prophétie et de révélation ; écrit, scellé et caché sur l'ordre du Seigneur ; découvert plus tard par la permission de Dieu, pour qu'on en fasse la traduction ; puis scellé de nouveau par Moroni et caché dans le Seigneur,— pour être redécouvert à l'époque qu'il faudra par le moyen des Gentils. Du reste, je prie qu'on ne me presse pas trop sur ces questions, où je ne vois pas beaucoup clairement.

Ce Livre est un abrégé, fait par Mormon et son fils Moroni, des annales des peuples qui habitaient les Amériques à une époque très reculée. Et puisque se présente ce sujet de l'Amérique préhistorique, qui reste toujours pour les savants à l'état de problème insoluble, levons donc enfin un coin du voile sur ce passé mystérieux. Nous allons savoir un peu à quoi nous en tenir, grâce au Livre de Mormon, pendant que les " Américanistes " et autres doctes ethnologistes vont continuer à chercher et à ne rien trouver.

Les nations les plus importantes de l'Amérique préhistorique furent les Jarédites, les Néphites et les Lamanites.

Jaredites.—Lors de l'événement de la Tour de Babel et de la Confusion des langues — ce qui, vraiment, est d'une passable antiquité, — Jared et son frère obtinrent du Seigneur pour eux et pour leurs amis d'être préservés de la dispersion. Guidés par une direction divine, il atteignirent les rivages de l'océan, et y construisirent huit petits vaisseaux sur lesquels ils s'embarquèrent. Après une navigation de 364 jours, ils abordèrent sur la côte de l'Amérique septentrionale, probablement au nord de l'isthme de Panama. Comme on le voit, ce n'est pas d'hier que notre continent est habité! En tout cas, les Jarédites devinrent une nation prospère, grâce sans doute à la " protection " qu'ils surent maintenir —, hormis que ce fût plutôt le " libre-échange " qui eut leur préférence : car ce

point-là a été laissé dans l'ombre par les annalistes.   Mais voilà !
— solennelle leçon pour nos partis politiques ! — des factions se
formèrent, qui luttèrent entre elles avec un zèle si intense que tout
le monde se tua réciproquement, excepté le roi *Coriantumr*, qui dut
son salut, évidemment, à ce qu'il avait su rester impartial entre
les divers partis, dont aucun ne pouvait probablement le traiter en
adversaire.   Remarquons que cette destruction totale des Jarédites
eut lieu près de *Cumorah*, où l'on devait plus tard retrouver le
Livre de Mormon, et vers l'an 590 avant l'ère chrétienne, où les
Néphites arrivèrent en Amérique.   Quant à Coriantumr, le dernier
des Jarédites, il finit dans ses courses solitaires par rencontrer la
nation de Mulek, dont les ancêtres avaient aussi émigré de Jérusalem dans l'Amérique du Nord, et dont les descendants vinrent
en contact avec les Néphites, vers l'époque de Moïse.   Tous ces
détails expliquent que le Livre de Mormon, écrit sous les Néphites,
en sache si long sur les origines américaines.

Néphites.—Ceux-ci constituent le groupe qui s'éloigna le
dernier de Jérusalem, sous la conduite de Lehi, prophète de la
tribu de Manassé et dont l'un des fils, Néphi, donna son nom à la
nation qui sortit de ce groupe.   Nos émigrants côtoyèrent d'abord
la mer Rouge, traversèrent l'Arabie, et parvenus au rivage de la
mer d'Arabie, construisirent un navire sur lequel ils partirent à la
garde de Dieu.   Ils traversèrent l'océan Indien, puis le Pacifique
et vinrent aborder sur la côte de l'Amérique méridionale, à peu
près à l'endroit où l'on voit aujourd'hui la ville de Valparaiso, au
Chili.   Ce fut l'an 590 avant Jésus-Christ, que se fit l'arrivée des
Néphites en terre d'Amérique.

Ce peuple nouveau se multiplia prodigieusement en cette
espèce de terre promise.   Mais après la mort du prophète Lehi, la
nation se scinda, les uns reconnaissant pour chef son fils Néphi, les
autres se mettant sous la direction de Laman, le fils aîné du défunt,
et prenant le nom de Lamanites.   Disons tout de suite que les
Lamanites pratiquèrent une existence nomade, oublièrent le Dieu
de leurs pères, tombèrent dans les ténèbres de l'ignorance, et

finirent même par voir leur peau se noircir. Eh bien, messieurs
les Américanistes et autres savants, apprenez ici que ces Lamanites
sont les ancêtres en ligne directe de tous nos sauvages d'Amérique,
qui habitaient ce continent nouveau quand les Européens du 15e
siècle y abordèrent. Donc, les Iroquois, les Montagnais, les
Aztèques, les Cris, les Esquimaux, etc., toutes ces peuplades descendent des Lamanites, et par eux, en remontant bien loin, des
Hébreux de Jérusalem ! Ce sont tous des Juifs à la soixante-
quinzième génération.— Et voilà comment, sans l'avoir prévu,
nous rencontrons ici la " question juive ", qui n'est donc pas si
nouvelle en Amérique...

— ... Et les Néphites ?

— Eh bien, les Néphites, après la sécession des Lamanites qui
finirent par détester cordialement leurs frères de jadis, les Néphites
poussèrent fort loin les arts de la civilisation, édifièrent des villes
considérables, établirent des Etats puissants. De temps à autre
ils oubliaient le Seigneur ; et le Seigneur les châtiait en faisant
triompher leurs ennemis. Dans le cours des siècles, ils s'avancèrent
vers le nord de l'Amérique méridionale, et traversèrent l'isthme de
Panama, pour s'établir ensuite dans tout le territoire occupé aujour-
d'hui par les Etats-Unis du sud, du centre et de l'est.

Les Lamanites étant aussi fixés dans ces mêmes régions, on
pouvait prévoir que les choses finiraient par tourner mal. Cela ne
manqua pas, non plus, d'arriver.

La lutte suprême entre les deux peuples rivaux s'engagea vers
l'an 400 avant l'ère chrétienne. Les Néphites y furent non seulement vaincus, mais anéantis jusqu'au dernier près. Il n'en resta
qu'un pour verser des larmes sur le sort de sa malheureuse nation :
c'était Moroni, le fameux Moroni ! Traqué de toutes parts par les
vainqueurs, il put néanmoins, avant de passer de vie à trépas,
écrire la fin du Livre de Mormon, et enterrer ce trésor à Cumorah
— Cumorah, dans l'Etat de New-York, localité voisine de l'endroit
où Joseph Smith devait résider vingt-deux siècles après. Et ce

Moroni, c'est le personnage céleste qui ressuscita en 1827 pour confier à Joseph Smith le Livre fameux...

Voilà donc, en résumé, l'histoire ancienne de l'Amérique ; et, si je ne m'abuse, on me devra de la gratitude pour avoir pris la peine de la raconter, pour la première fois, à ces ignorants de Canadiens-Français à qui l'on n'en a jamais dit un mot dans les écoles primaires, secondaires ou supérieures de la province de Québec.

Il y a probablement un grand nombre de braves Mormons qui ajoutent une foi parfaite à cette mythologie américaine, dont la contexture ne paraît pas beaucoup solide. Leur malheureux aveuglement est bien digne de pitié.

En réalité, tout ce conte à dormir debout n'est qu'un roman écrit en 1812 par un ministre protestant du nom de Spaulding et retouché par Smith, qui avait besoin, pour assurer quelque succès à son entreprise d'une religion nouvelle, de frapper l'imagination des simples et des ignorants par des récits merveilleux et même par une prétendue révélation divine. Du reste, là ne s'arrêta pas l'intervention du Ciel en sa faveur ! Car, avant même la publication (1830) de sa traduction du Livre de Mormon, c'est-à-dire en 1829, saint Jean-Baptiste vint lui conférer le sacerdoce suivant l'ordre d'Aaron, et les apôtres Pierre, Jacques et Jean, à leur tour, l' " ordonnèrent " *Apôtre*.

Tout était donc préparé, en 1830, pour l'organisation de l'Eglise mormonne, qui fut en effet mise en fonctionnement cette année-là même, le 6 avril. Mais en 1838, le siège de la nouvelle religion dut émigrer jusqu'en l'Etat d'Illinois, les autres sectes religieuses ne pouvant sans doute supporter ni la doctrine ni les pratiques du mormonisme, malgré la grande liberté qui règne à cet égard dans les Etats-Unis. Les 12,000 Mormons qui purent échapper aux vexations fondèrent en 1839 la ville de Nauvoo, dans l'Illinois. En 1844, le prophète Joseph Smith fut tué par les ennemis des " Saints." Brigham Young devint alors le chef des Mormons, qui à la fin se virent forcés de quitter l'Illinois. Lors de cet exode, il parcoururent quinze cents milles dans les conditions les plus misérables, et parvinrent ainsi jusqu'auprès du Grand Lac Salé, où ils s'établirent loin du reste de l'humanité. En 1850, cette région fut organisée administrativement sous le nom de Territoire de l'Utah, ayant pour capitale Salt Lake City. De temps à autre, les Mormons eurent maille à partir avec le gouvernement des Etats-Unis, qui ne pouvait reconnaître l'existence légale d'une communauté où règne la polygamie.

Aujourd'hui, les Mormons ont pour chef Joseph F. Smith, élu après John Taylor, le successeur immédiat de Brigham Young qui mourut en 1877 ; ils sont au nombre de plusieurs centaines de mille, répandus aux Etats-Unis, au Mexique, en Angleterre, au Danemark, mais surtout dans l'Utah où ils ont trouvé une sorte de terre promise.

Voici un exposé très sommaire de la doctrine des " Saints du dernier jour."

Ils paraissent admettre l'existence d'un Dieu en trois personnes; ils croient aussi à l'immortalité de l'âme et à la résurrection des morts. Selon eux, la Bible contient la parole de Dieu, mais le Livre de Mormon la renferme aussi : en un mot, celle-là est la Révélation faite aux peuples de l'Orient, celui-ci est la Révélation faite aux peuples de l'Occident, comme ils disent et comme je l'ai mentionné déjà.

Les Mormons admettent plusieurs sacrements, notamment le baptême et l'eucharistie. Mais, pour ce qui est de cette dernière, le pain qu'ils mangent au " Lord's Supper " n'est qu'une représentation du corps du Fils de Dieu.

Quant au baptême, qui se donne par immersion, on ne le confère pas aux enfants : comme, en effet, les Mormons ne croient pas au péché originel, ils regardent les enfants comme innocents devant Dieu. A huit ans, par exemple, ils les admettent dans l'Eglise en les baptisant. Ce sacrement est d'ailleurs, chez eux, le grand moyen de purification ; c'est ainsi que les excommuniés ne sont réhabilités qu'en se faisant baptiser de nouveau. Mais, à coup sûr, l'une des plus fortes originalités de la doctrine mormonne, c'est le baptême pour les morts ! Cela ne veut pas dire, sans doute, que l'on baptise les défunts, mais bien que les vivants se font administrer ce sacrement en leur nom et pour les purifier de leurs fautes. D'après ce système commode, il n'y aurait qu'à trouver des gens de bonne volonté pour vider complètement l'enfer.

Le mariage, suivant la foi des Mormons, est chose honorable, " qu'il soit monogame ou polygame." Mais cette forme de la polygamie a été, comme on sait, la plus en vogue chez eux, et c'est là ce qui explique la répulsion dont ces sectaires ont été de tout temps l'objet aux Etats-Unis, où l'on a même pris des mesures légales pour éteindre cette pratique. Tout le succès que l'on a obtenu jusqu'à présent, ç'a été, semble-t-il, d'empêcher la polygamie mormonne de s'afficher aussi publiquement que dans le passé.

Afin de soutenir leur Eglise, les fidèles sont tenus, pour commencer, de lui abandonner la dixième partie de ce qu'ils possèdent; après cela, ils doivent au cours de leur vie lui verser la dixième partie de tous leurs revenus.

L'Eglise mormonne professe que l'ère des révélations divines, des prophéties et autres manifestations miraculeuses n'est aucunement fermée, mais qu'on peut compter en tout temps et en tout lieu sur ces preuves de la puissance de Dieu.

Quant à la partie administrative de l'Eglise, l'organisation en est assez compliquée. Elle se partage en tant de divisions et de subdivisions, qu'il doit être difficile pour les individus de ne pas se voir appelé à faire partie de quelque conseil ou bureau.

Tout en haut de la hiérarchie, il y a le Premier Président du Haut Sacerdoce, qui remplit le rôle de voyant, de prophète, et gouverne toute l'Eglise avec l'assistance de deux conseillers.

Ensuite, vient le conseil des Douze Apôtres, en qui repose l'autorité suprême depuis la mort du Premier Président jusqu'à l'installation de son successeur.

Les " Seventies " comprennent soixante-dix conseillers ; les Grands Prêtres forment aussi des conseils particuliers ; les Anciens

(Elders) sont organisés en bureaux de quatre-vingt-seize membres; il y a ensuite les Prêtres, les Instituteurs et les Diacres, chacune de ces catégories comprenant des conseils respectivement de quarante-huit, de vingt-quatre et de douze membres.

Enfin, les diverses branches de l'Eglise composent des " Stakes of Zion", correspondant pour l'ordinaire, dans l'Utah, aux divisions des comtés, et que je m'abstiens forcément de désigner par un nom français, dans l'impossibilité où je me vois d'en trouver un qui paraisse raisonnable.

Le simple aperçu que voilà, sur le côté doctrinal et le corps hiérarchique du Mormonisme, est suffisant pour donner quelque idée de la secte des " Saints du dernier jour."

Il me semble que l'un des sujets d'étonnement qui ne cesseront pas de s'imposer à notre attention durant toute l'éternité, ce sera la vue des extrémités qu'aura atteintes, durant la carrière terrestre du genre humain, la puissance de divagation de l'esprit de l'homme. Avant l'ère chrétienne, les hommes avaient abouti déjà, comme on sait, à de jolis systèmes de philosophie et de religion. Et pourtant, le Créateur avait non seulement donné à sa créature la lumière de la raison, mais il lui avait révélé les vérités nécessaires pour la direction de ses idées et la pratique de sa vie morale ! Sous l'ère chrétienne elle-même, les hommes n'ont pas cessé de s'écarter du vrai chemin, pour s'égarer en toutes sortes de voies fausses, et se sont épuisés à inventer toujours de nouveaux systèmes philosophiques et religieux, remarquables surtout par les absurdités et les incohérences de leurs charpentes. Et pourtant, le Fils de Dieu avait poussé l'intérêt, en faveur du genre humain, au point de venir ici-bas vivre de notre pauvre vie et fonder une société religieuse dont il avait lui-même formé les chefs dans la vérité doctrinale comme dans la plus haute direction morale ! Et voilà que, après dix-neuf siècles, la moitié du genre humain ignore encore le nom du vrai Dieu ; moins d'un quart accepte en leur entier les enseignements de Jésus-Christ et l'organisation religieuse qu'il a établie. Quant à l'autre quart, il s'obstine à fermer les yeux à la lumière venue du ciel et se laisse aller à tout ce que son imagination déréglée peut trouver en fait de systèmes divers et contradictoires...

La conclusion de ce coup d'œil sur l'histoire du genre humain, c'est que l'homme n'a pas sujet de se vanter beaucoup de la façon dont il se comporte sur ce globe terrestre où s'écoule son existence temporelle...

Cependant, de ce que le genre humain est d'un " comportement " si déraisonnable, de ce que les hommes, en leur ensemble, ont accumulé tant de sottises à travers les siècles, il ne s'ensuit pas qu'il n'y a plus qu'à se livrer désormais au chagrin le plus amer. Il faut, au contraire, se consoler par la pensée qu'il y a toujours bien, sur cette terre, deux cent cinquante millions de personnes sensées, les catholiques,— et, en attendant mieux par la grâce de Dieu, achever la visite de Salt Lake City.

Car, à part les monuments religieux des Mormons, il y a aussi dans cette ville des édifices profanes, encore dignes de quelque intérêt.

Mais il restait si peu de temps à notre disposition, qu'il nous fallut nous borner à visiter l'édifice dénommé " City and County Building." Comme son nom l'indique, c'est une sorte d'hôtel de ville, où se transigent les affaires de la ville et du district. La construction en est très élégante ; elle a coûté un million de piastres. L'intérieur, qui ne contient que des bureaux, ne retient pas longtemps le visiteur. Il est pourtant très soigné, ainsi qu'on en jugera par le fait que la boiserie du premier étage est recouverte d'onyx.

On peut encore citer le " Salt Palace", rotonde très belle à voir en gravure, et les édifices de l'Université d'Etat, qu'il nous fallut, faute de temps, laisser de côté. Enfin, il y a dans la ville quatre grandes écoles publiques, dont la construction a coûté près de trois millions, et dont la beauté ferait la joie de quelques Canadiens trop portés à croire que la valeur de l'éducation est en raison directe de la perfection du style architectural et du mobilier de la maison d'école.

Notre dernière visite, à Salt Lake City, fut pour le Fort Douglas, poste militaire établi sur une hauteur voisine de la ville, au pied des monts Wasatch, et d'où le regard s'étend sur toute la région avoisinante. On y voit des casernes, où habite tout un régiment américain, et aussi les jolies résidences des officiers, et surtout l'on a de cette hauteur une belle vue d'ensemble de la ville et du district qui l'entoure. Enfin, la visite du Fort Douglas est toujours bien une course agréable en tramway, et je la recommande aux personnes qui liront ces lignes — et qui se seront rendues jusqu'en Utah. Car il serait bien illusoire de rester à se chauffer les pieds à la grille de la cheminée et de s'attendre que Salt Lake City va venir toute seule vers soi, à l'imitation de ce brave disciple de Bacchus qui, voyant tout tourner, attendait patiemment que sa maison vînt à passer pour rentrer chez lui...

XI

Départ de Salt Lake City.—A travers le Colorado.—Denver.—Un déjeuner qui ne donne pas d'indigestion.—Victoire des Anglo-Saxons sur les races latines.—Une locomotive qui tombe malade.—Visite écourtée de Kansas City.—Tribulations sur tribulations.—Narration d'un incendie possible. —Une journée délicieuse.—Première vue du Mississipi.—Arrivée à Saint-Louis.

A trois heures de relevée, le 28 septembre, nous quittions Salt Lake City, par un train du *Denver & Rio Grande & Western Railroad*, auquel les indicateurs ajoutent les modestes qualifications de " Great Salt Lake Route " et de " Scenic Line of the World."

La voie du chemin de fer, de Salt Lake City jusqu'à la frontière orientale de l'Utah, décrit un quart de cercle très régulièrement tracé. La région est montagneuse et très pittoresque. Une partie des arbres ont encore leur feuillage, jauni par l'automne ; dans ce paysage un peu triste les têtes rougies des érables jettent souvent leurs tons plus gais.

18

Durant la nuit suivante, le ciel est pur et la lune brillante revêt de nuances variées les sommets des montagnes que nous traversons rapidement. Je jouis de ces spectacles au hasard du sommeil, ou plutôt du réveil : c'est-à-dire que, de temps à autre, quand le sifflet de la locomotive ou le brusque arrêt du train à quelque station me tirait de l'inconscience, j'avais l'indiscrétion de soulever l'épais rideau qui fermait la fenêtre de mon compartiment du " sleeping " (comme on dit... en France), pour jeter un coup d'œil sur les choses du dehors. C'est ainsi que je pus apercevoir, je ne sais à quel moment de la nuit, que nous passions dans une plaine couverte de neige.

Au cours de la soirée nous avions traversé les deux branches du fleuve Colorado, et vers minuit nous entrions, sans tambour ni trompette, dans l'Etat du même nom.

Toute la journée du lendemain, 29 septembre, nous la passâmes à parcourir presque tout le Colorado, dans sa partie centrale : région parsemée de plaines et de montagnes, et renommée par ses paysages d'un pittoresque intense. Pour user du style des journaux " jaunes", on voit là " the most gorgeous mountain scenery in the known world." L'éloge est si gros que cela paraît impossible à bien rendre en français ; toutefois, je le regarde comme assez juste. Renonçant, et pour cause, à tout essai de description de ces merveilles de la nature, je me contente de mentionner, à titre d'endroit particulièrement extraordinaire, le Royal Gorge : pour en avoir quelque idée, que l'on se représente un étroit défilé circulant à travers des montagnes du genre des caps Eternité et Trinité de notre rivière Saguenay. La voie ferrée passe tout au fond de cette gorge, en côtoyant la rive d'une petite rivière.

En remontant vers le nord, sur le versant oriental des montagnes du Colorado, on passe auprès de Colorado Springs, vers les deux heures de l'après-midi. Malgré la pluie et le brouillard, nous pouvons apercevoir les grands hôtels de ce lieu renommé et cher aux touristes.

Cependant, la ligne du chemin de fer est redevenue droite ; le train y marche à grande allure ; il y glisse plutôt, à ce qu'il semble, tellement la voie et les wagons sont évidemment des ouvrages exécutés avec perfection.

A mesure qu'on approche de Denver, les campagnes nous montrent de belles cultures. Souvent les foins et les céréales sont encore dans les champs, ramassés en moyettes. Le feuillage des bosquets, dans ces plaines, n'a pas beaucoup souffert des morsures de l'automne, qui n'a peut-être pas en ce pays les dents aussi longues que celui du Canada. Les jardins sont encore remplis de belles fleurs.

Enfin, à 4 heures du soir, et vingt-cinq heures après le départ de Salt Lake City, nous descendons à Denver. Nous descendons : cela n'est qu'une façon de parler, car Denver n'est guère dans les bas-fonds, son altitude étant de 5,197 pieds. Au reste, jamais encore nous ne nous étions tenus sur les sommets comme durant ces derniers jours. Salt Lake City est déjà à une élévation de 4,225 pieds, ce qui en vaut la peine. Or la voie que nous venons de suivre est établie à des hauteurs de six, sept et même dix mille pieds au-dessus de la mer.

Si quelque lecteur se propose, par hasard, de rédiger un travail sur la capitale de l'Etat du Colorado, je crois devoir lui conseiller fortement de chercher des matériaux ailleurs que dans ces pages. Car nous n'avons pu rester à Denver que cinq heures, dont le repas du soir a pris une notable partie, grâce aux conditions dans lesquelles se fait le service alimentaire des hôtels et des restaurants, dans tous les pays du monde. Je ne suis donc guère en état d'entrer dans beaucoup de détails sur les mœurs, les usages, les ressources commerciales, industrielles, littéraires ou artistiques des citoyens de Denver.

Nous avons pourtant fait notre possible pour avoir au moins une idée de cette ville.

A peine avions-nous mis pied à terre, à la gare, que nous nolisions, pour faire le tour de la ville, une voiture de la " Transfer Company " du lieu. Une belle institution, ces compagnies de transport des grandes villes des Etats-Unis, qui mettent des voitures très convenables au service des gares et des hôtels, et à prix très modestes.

Une course d'une heure nous donna une certaine connaissance de la ville. Les rues sont tirées au cordeau, larges, pavées en asphalte, et très vivantes. Le commerce et l'industrie y occupent des blocs considérables et de bel aspect. Le capitole et l'hôtel de ville sont des édifices remarquables, au moins à l'extérieur : car il ne pouvait être question, en un temps si court, d'entrer nulle part. Enfin, malgré la pluie battante qui tombait, et la nuit qui prenait, nous avons pu voir un peu cette ville de Denver et garder de notre visite une impression satisfaisante.

A 9 heures du soir, nous étions de nouveau installés à bord du train qui devait nous rapprocher encore un peu plus du " sweet home." Nous voyageons maintenant par le *Chicago, Rock Island & Pacific Railway.* On n'imaginerait pas quelle satisfaction il y a à se promener sur des lignes de chemin de fer qui ont des noms d'une pareille envergure ! Et ce plaisir va durer au delà de vingt heures, puisque nous avons à faire une course de 635 milles, de Denver à Kansas City.

Durant la nuit, on passe subitement du " Mountain Time " au " Central Time " : cela signifie qu'il faut tout d'un coup avancer sa montre d'une heure entière. Des voyageurs distraits et qui ne s'occuperaient pas de détails de ce genre seraient exposés, par exemple, à ne se lever qu'à 8 heures, le matin suivant, lorsqu'ils croiraient sortir du lit à 7 heures : cela pourrait avoir, en des circonstances spéciales, des conséquences dommageables.

Donc, ce matin du vendredi 30 septembre, on constate qu'il s'est passé une heure qu'il semble qu'on n'a pas vécue. On fait paresseusement sa toilette, puis l'on récite pieusement les prières accoutumées. A 8 heures, on va trouver le bon nègre qui est de service, pour lui dire :

— On peut aller déjeuner, à cette heure-ci, n'est-ce pas ?

— Non, monsieur !

— Alors, dans combien de temps le déjeuner sera-t-il prêt ?

— Je ne sais pas, monsieur !

Et l'on apprend alors toute une série de malheurs dans lesquels on est tombé sans s'en apercevoir.

D'abord, tandis que l'on dormait si béatement, le train a pris quatre heures de retard. Le résultat le plus lamentable de cet événement, c'est que le char-buffet, qui porte notre déjeuner, n'est pas là, il s'en faut bien ! Car l'on doit bien imaginer que, sur des chemins de fer bien administrés, on ne traîne pas des voitures inutiles, et que, par conséquent, les " Dining Cars " ne sont attachés aux trains que durant le jour. Notre train ne devait donc accrocher son wagon-restaurant qu'à Phillipsburg, dans le Kansas, à 7 heures du matin. Mais, avec ce retard intempestif, nous ne serons pas à cette station avant 11 heures de l'avant-midi.

Ce jour-là, il fallut donc rayer du programme le repas du matin. Ce fut le seul " accident de chemin de fer " dont nous fûmes victimes, durant l'immense parcours que nous avons effectué d'un océan à l'autre. Il faut reconnaître que, en une année où les catastrophes furent presque quotidiennes, beaucoup de voyageurs ont été moins protégés que nous.

A 11 heures, enfin, le train stoppait à Phillipsburg, et nous apercevions, sur une voie d'évitement, le " Dining Car " qui devait mettre fin à la famine.

L'abbé Burque, qui supporte le jeûne d'un pied léger, était bien résolu d'attendre qu'il n'y eût plus de presse autour des tables pour aller lui aussi casser sa croûte. Pour moi, au contraire, il importait beaucoup en la circonstance que les choses allassent très rapidement.

" Vous allez voir ! dis-je à mon ami. Depuis le temps que l'on chante sur tous les tons que les Canadiens-Français ne sont pas pratiques... Je vais leur montrer, moi, à ces Yankees, ce que sait faire un Canadien-Français... "

Et dès l'entrée en gare je descendis — quatre à quatre — les trois degrés du marchepied du wagon, et montai à l'assaut du char-buffet pour y prendre une place tout de suite, avant même qu'on commençât à manœuvrer pour l'accrocher au train. Seulement — siècles futurs, le pourrez-vous croire ? — tous les sièges étaient déjà remplis quand je pénétrai à l'intérieur du char ! Qu'il soit donc à jamais entendu que s'il y a un domaine où les races latines ne sauraient triompher des Anglo-Saxons, c'est bien celui où l'on joue du couteau et de la fourchette.

Ajoutez que, malgré l'esprit d'initiative dont j'avais donné un si mémorable exemple, il me fallut faire une heure durant le pied de grue avant de m'asseoir à la table : 1° à cause de la lenteur du service ; 2° parce que j'avais dû céder mon tour à des petites dames presque défaillantes ; 3° parce que mon tour me fut volé plus d'une fois par des gentlemen d'une éducation peu raffinée.

Cependant, après un arrêt de quelques minutes à Phillipsburg, le train repartit, et se mit en frais, lui, de dévorer l'espace. Il y fit preuve, je suppose, de trop de gloutonnerie et en attrapa une indigestion. Car, au beau milieu de l'après-midi, voilà notre locomotive détraquée et incapable de faire un pas de plus, soit en avant, soit en arrière. Il fallut qu'un employé courût à la prochaine station du chemin de fer et télégraphiât je ne sais où pour requérir l'envoi immédiat d'une locomotive en bonne santé qui vînt nous secourir. Tout cela prit deux bonnes heures, pendant lesquelles l'ennui des voyageurs atteignit des proportions considérables.

Vous croyez que c'est tout, et que ce chapitre de malheurs est fini ? Eh bien, non, nous n'avions pas fini d'être victimes de la brutalité des choses.

Comme d'une part, on ne pouvait prévoir l'indisposition subite de la locomotive, et que, d'autre part, notre train devait se trouver vers les 6 heures du soir à la station nommée McFarland, dont le restaurant serait juste à point pour nous offrir le souper tout prêt, on n'avait pas manqué de décrocher le wagon-buffet dès qu'il n'y eût plus de clientèle pour en justifier la présence. La conséquence, ce fut qu'il fallut attendre jusqu'à 8 heures pour prendre, à McFarland, le repas du soir.

Comme des contretemps de ce genre peuvent arriver sur toutes les lignes de chemin de fer, même les mieux organisées, je suis tenté de donner aux voyageurs présents et futurs le conseil d'avoir toujours quelques provisions de bouche dans leur sac de voyage, pour les cas imprévus. Mais un avis de cette sorte serait parfaitement inutile : car il est admis que si les leçons de l'expérience ont quelque valeur, ce n'est jamais que pour soi qu'elles servent à quelque chose. S'il en était autrement et si les hommes tiraient profit de l'expérience du prochain, il y a longtemps que le genre humain tout entier serait adonné à toutes les vertus, et que la terre ne serait habitée que par des saints.

Au milieu de toutes ces tribulations, auxquelles s'est encore ajoutée la pluie qui n'a presque pas cessé de la journée, nous avons aujourd'hui traversé l'Etat du Kansas, de l'ouest à l'est. Il n'y a pas d'arbres dans ces plaines que nous avons parcourues. On n'aperçoit partout, à perte de vue, que des champs de blé d'inde, dont l'on a déjà récolté les épis. Et le spectacle de ces tiges à demi-desséchées, qui constituent pour le moment la seule végétation qu'il y ait à la surface du sol, n'a rien de réjouissant. Ce jour du 30 septembre fut donc pour nous bien triste, bien ennuyeux et même interminable dans sa désolation. Car on se trompe beaucoup, si l'on pense que l'ère de nos malheurs s'était close avec notre tardif repas du soir. Oyez plutôt, lecteurs sympathiques, le récit lamentable de la fin de cette journée si fâcheuse.

Dans les conditions ordinaires, nous aurions dû arriver à Kansas City, l'un des points d'arrêt inscrits sur notre programme de voyage, peu après 5 heures du soir. Là, comme à Denver, une course d'une heure nous aurait permis d'avoir quelque connaissance de la ville. Mais à 5 heures du soir nous étions encore bien loin de cette localité. Nous n'y arrivâmes qu'après 1 heure du matin, malgré l'effroyable vitesse que l'on fit prendre au train durant la nuit, et qui par moment me donna à craindre que ce ne fût *notre* catastrophe qui servirait à distraire les gens attablés pour prendre leur déjeuner, le jour suivant.

Mais la bonne Providence continua de nous protéger, et, à 1 heure et 20 minutes, sains et saufs nous descendions solennellement du train, à la gare de Kansas City. Il pleuvait comme au temps de Noé ; et à son exemple nous nous précipitâmes dans une sorte d'arche portée sur quatre roues et traînée par deux quadrupèdes apprivoisés, qui s'arrêtèrent, après un quart d'heure de marche, en face d'un vaste hôtel.

Lecteur bénévole, imagine, si tu le peux, la stupéfaction qui nous envahit, lorsque le garçon de bureau nous annonça qu'il n'y avait plus une seule chambre de libre dans l'hôtel...

— Suicidons-nous ! dis-je à l'abbé Burque, qui entend bien la plaisanterie.

— Non ! fit-il. J'aime mieux vivre, pour voir comment tout cela va finir.

— En effet, répliquai-je, l'aventure en vaut la peine... Eh bien ! vivons, et continuons de lutter !

Qu'auriez-vous fait à notre place, à deux heures du matin, sur une terre étrangère, sans savoir où reposer votre tête ?

Il est vraisemblable que vous auriez fait comme nous, qui, sur les indications qu'on nous donna, partîmes à la recherche d'un autre hôtel. Après avoir longé le nombre de blocs indiqué, et avoir tourné à gauche, puis à droite, comme il fallait, nous arrivâmes à destination.

Ici encore la presse était grande, puisqu'on dut nous loger au sixième étage. Va-t-on me dire si tout le monde s'est donné le mot pour être en même temps, aujourd'hui, à Kansas City et nous y causer tant d'embarras ! Doit-on y brûler quelque pauvre nègre dont l'on n'est pas bien sûr qu'il n'est pas le criminel que l'on recherche ? Enfin, qu'y a-t-il ici d'extraordinaire, ce 1er octobre ? — Voilà le point d'interrogation dont je vais désormais, durant tout le cours de mon existence, traîner le poids écrasant.

Il y a des gens, et j'en suis, qui redoutent toujours, dans ces hôtels d'Amérique, de se voir tirer du sommeil par le crépitement des flammes déjà en train de lécher les poteaux de leur couchette.

De toute évidence, rien ne vaut, pour les paresseux, cette méthode de réveil parfait et de lever rapide. Mais, par ailleurs, cette crémation sur le vif se fait dans des conditions telles que la seule idée de cette perspective vous glace le sang dans les veines.

— Qu'est-ce, dans ce coin, que cette machine-là ? m'écriai-je en pénétrant dans mon logis du sixième étage.

Cette machine, c'était un câble enroulé près d'une fenêtre et destiné à servir d'appareil de sauvetage en cas d'incendie... A la bonne heure ! Le cas échéant, il sera facile de s'échapper !... Et d'avance j'établis par l'imagination la scène de l'événement. C'est tout simple ! Les cris et les cloches d'alarme vous éveillent brusquement... L'odeur de la fumée vous dit aussitôt ce dont il s'agit, et, comme mû par un ressort d'une force inconnue, vous vous précipitez du lit à la porte, pour trouver le corridor rempli d'une fumée âcre et épaisse, et l'escalier déjà en flammes... Très bien !... On sait ce qu'il y a à faire ! On rentre, on ouvre la fenêtre : c'est bien haut, cet abîme de six étages... Mais que voulez-vous !... On déroule le fameux câble, et avant de le jeter en dehors, on commence à lire la feuille, collée à la muraille, où sont détaillées des instructions sur la manière de se servir de l'appareil, lequel comprend une sorte de siège qui doit glisser le long du câble à une vitesse que l'on règle en tenant un levier. Mais au moment où l'on s'efforce de déchiffrer cet anglais et ces termes techniques, voilà, naturellement, la lumière électrique qui s'éteint... Naturellement aussi, on ne trouve pas d'allumettes pour continuer sa lecture... A ce moment, voilà le plancher qui commence à flamber ! On s'installe alors tant bien que mal sur l'appareil, et l'on se laisse aller dans le vide... Naturellement, toujours, une gerbe de feu sort de la première fenêtre que l'on rencontre en descendant... Naturellement, enfin, on lâche tout à ce contact de la flamme, et l'on s'abat sur le pavé de pierre... On se relève avec le crâne défoncé, les bras et les jambes rompus : mais, au moins, on s'est sauvé de l'incendie.

Voilà le doux spectacle auquel on assiste en imagination au moment où l'on se met au lit, cette nuit-là, et il faut s'endormir en pensant que tout cela est au moins possible, sinon probable. Mais en l'espèce, si nous fûmes " dans le feu", ce fut par la hâte extrême avec laquelle il fallut agir pour le sommeil et pour le déjeuner. Car, nous devions partir par le train de 8 heures du matin, pour arriver à Saint-Louis avant le dimanche. Nous n'avons donc vu Kansas City qu'en nous rendant, de nuit, de la gare à l'hôtel, et, le jour, de l'hôtel à la gare. Cela est insuffisant pour donner de cette ville une description beaucoup plus détaillée, et pour tracer ici le tableau de ses institutions... et de ses lois. Tout ce que j'en puis dire, c'est que l'on y voit des rues bordées d'édifices dont les uns sont très élevés et les autres moins élevés. Ces particularités sont peu saisissantes à entendre ; mais au moins elles sont authentiques.

Notre premier soin, en arrivant à la gare, est d'acheter un journal du matin, et dès le premier coup d'œil, nous y trouvons une dépêche d'Ottawa qui annonce que les chambres fédérales sont dissoutes et que les électeurs sont convoqués aux urnes électorales pour le 3 novembre. C'était là la première nouvelle du Canada que nous recevions depuis notre séjour dans l'Ouest américain, où les journaux ne paraissent guère savoir que nous existons. Il faut avouer aussi qu'il ne se passe pas, au Canada, beaucoup d'événements propres à émouvoir la presse étrangère, et il n'y a certainement pas lieu d'en être chagrin.

La gare de Kansas City est un édifice très vaste, et la foule que nous y voyons est très considérable.

Nous prenons, pour nous rendre à Saint-Louis, le *Chicago and Alton Railway*, " the only way", ainsi qu'il est dit sur son indicateur, et ce qui signifie qu'il n'y a pas dans l'univers d'autre ligne de chemin de fer qui soit digne de ce nom. A la fin, on arrive à s'habituer à l'enflure de ces réclames américaines.

Qu'il soit vrai ou non que le Chicago and Alton Railway ait autant de perfection, je dois reconnaître que, ce 1er octobre, nous avons passé une journée délicieuse sur sa voie, de Kansas City à Saint-Louis. Nous avions été si malheureux les jours précédents, que nous avons joui avec suavité de cette journée de bonheur sans mélange.

D'abord, il faisait beau soleil, et cela nous disposait tout de suite à prendre les choses par le bon côté. Et puis, nous voyagions dans un bijou de char qui était à la fois un "Smoking Car", un " Parlor Car", un " Observation Car " et un " Dining Car." Nous n'étions là-dedans que cinq ou six voyageurs, et nous y coulâmes, grâces à Dieu, des heures de joie, en achevant de traverser l'Etat du Kansas, et en parcourant ensuite une bonne partie de celui du Missouri.

Maintes petites villes se trouvaient sur notre route, mais aucune ne parut avoir assez de cachet pour mériter qu'on la mentionne seulement. Les campagnes étaient beaucoup plus intéressantes. Car nulle part encore, dans tout notre voyage, nous n'avions trouvé la végétation si bien conservée, à cette date avancée de la saison. Une grande partie des blés d'inde étaient encore debout. Dans les prairies, paissaient de grands troupeaux de cochons, les uns noirs, les autres roux : poussant à ses extrêmes limites l'audace littéraire, j'oserai dire que je voyais là d'immenses jardins, émaillés de fleurs mouvantes, aux tons criards...

En approchant de Saint-Louis, vers le soir, nous arrivons enfin sur la rive du Mississipi fameux, qu'un pont de vastes dimensions traverse auprès de la grande cité. On est sans doute content de voir de ses yeux ce fleuve si renommé ; mais combien l'on ressent peu d'enthousiasme, à l'aspect de ce cours d'eau boueux, grisâtre et peu large. Je veux bien croire qu'en traversant les Etats du Sud, le " Père des fleuves " se revêt de majesté, lorsqu'il acquiert l'ampleur qu'on se plaît à lui supposer. Mais enfin je ne puis le décrire autrement que je ne l'ai vu ; et tel que je l'ai vu, au centre du Missouri, il paraît misérable. Après cela, je reconnais volontiers que lorsque l'on a passé sa vie sur l'une ou l'autre rive du Saint-Laurent, on n'est peut-être pas dans les meilleures conditions pour formuler une appréciation impartiale du Mississipi.

Ce qui acheva de m'inspirer des sentiments plutôt tièdes sur le compte du grand fleuve de l'Ouest américain, ce fut l'aspect des bateaux à vapeur, dont plusieurs aux vastes proportions, que nous aperçûmes le long des quais de Saint-Louis. Trapus, noircis par les influences des divers phénomènes météorologiques, enfin dépourvus de toute marque d'élégance, voilà quels ils nous apparurent ; et nous leur comparions, malgré nous, nos vapeurs de l'Est, aux formes gracieuses, à l'air de propreté, retenant presque toute la saison la blancheur de la toilette qu'on leur donne chaque hiver.

En résumé, nous n'arrivâmes pas à la capitale du Missouri sous l'empire d'une admiration bien vive pour tout ce que nous voyions de part et d'autre.

Pour ce qui est de l'Etat du Missouri dont nous avions parcouru une bonne partie dans la journée, nous avons gardé de son aspect général une impression favorable. Il nous a paru, excepté dans sa partie centrale, plus accidenté, partant plus pittoresque, que le Kansas.

Entre cinq et six heures du soir, nous arrivions donc à Saint-Louis, et descendions dans une gare immense, sillonnée d'innombrables voies ferrées. Des flots de voyageurs affairés, arrivant ou partant, remplissent tous les espaces. Le bruit des locomotives et des wagons en mouvement ; les cris assourdissants qui retentissent de toutes parts, annonçant des départs de train, des noms d'hôtels, des titres de journaux du soir : tout ce tapage d'enfer affole tout d'abord le pauvre Québecquois, habitué au calme des choses, et qui tombe à l'improviste dans un lieu pareil...

Quoi qu'il en soit, voyant sur les affiches qu'il se tenait dans le moment une Exposition universelle à Saint-Louis, nous décidâmes de nous y rendre sur le champ...

XII

Pour être franc, je dois avouer que j'ai quelque peu tenté de
me payer la tête du lecteur, en lui donnant à penser, à la fin du
chapitre précédent, que nous ignorions, avant de mettre le pied à
Saint-Louis, qu'une Exposition universelle y fût en pleine opération.
Juste ciel !... Ce n'est ni en ce siècle, ni en un pays comme les
Etats-Unis, ni à propos d'une Exposition universelle, qu'une chose
pareille serait possible !

Nous savions donc si bien ce qu'il en était à cet égard, que
Saint-Louis figurait à notre programme de voyage pour une semaine
tout au moins.   Nous le savions d'autant plus que notre logement
y était retenu depuis six mois !   Car ces Yankees-là, dès l'hiver
précédent, avaient inondé l'Amérique du Nord sous une vague de
" circulaires " finement dressées, et illustrées, naturellement, où
l'on vous proposait déjà son ours, c'est-à-dire tel hôtel confortablement aménagé, pour le cas où vous vous proposeriez de visiter
l'Exposition de Saint-Louis.   Bien entendu, l'on avait eu soin de
vous représenter d'avance que le genre humain tout entier allait
affluer à Saint-Louis, et qu'il serait d'un esprit avisé de retenir tout
de suite sa chambre d'hôtel.   Comme on doit bien le penser, nous
nous étions empressés, en naïfs Canadiens que nous étions, de nous
jeter, la tête la première, dans ce panneau si habilement entr'ouvert
sous nos yeux " anticipativement " effarés par la pensée de la
catastrophe que ce serait — de nous voir obligés de coucher à la
belle étoile, pendant notre séjour à Saint-Louis...

Non seulement, donc, nous avions retenu des chambres à
l'hôtellerie dénommée *Inside Inn ;* nous avions même dès le mois
de mai payé d'avance une partie des frais du séjour que nous y

ferions ; et, suivant les instructions suprêmes que l'on nous avait enjoint de suivre, nous avions télégraphié, depuis déjà plusieurs jours, que nous arriverions le 1er octobre pour prendre possession de nos chambres. Et si nous n'attendions pas qu'en débarquant du train nous trouverions là un équipage envoyé à notre rencontre, du moins nous jouissions de l'avantage d'avoir, en mettant pied à terre, l'esprit tranquille sur la question du logement, de prendre même l'air de gens qui sont au-dessus de leurs affaires.

Nous fîmes connaissance tout de suite avec le service des tramways de Saint-Louis. Les voitures y sont très vastes et commodément aménagées. Ce qui m'intéressa le plus, ce fut d'y voir, au bout de chacune des banquettes transversales, un bouton électrique dont les voyageurs peuvent se servir pour informer le mécanicien de leur intention de descendre au prochain coin de rue. N'est-ce pas un détail administratif très digne d'admiration ? — Les petits vendeurs de journaux ont permission d'entrer dans ces tramways de Saint-Louis et d'y offrir aux gens les plus récentes éditions des gazettes de la ville. Ayant moi-même accepté l'une de ces feuilles, je fus très amusé de l'effarement qui se peignit sur la figure du petit vendeur, lorsque je refusai de prendre l'appoint de la pièce de monnaie que je lui avais donnée : de toute évidence, c'était la première fois de sa vie qu'il rencontrait un monsieur si généreux — ou si faible d'esprit — ou si étranger aux mœurs américaines.

Il faisait nuit lorsque le tramway nous déposa à l'entrée principale des terrains de l'Exposition. Moyennant le prix d'une demi-piastre, nous pénétrâmes dans l'enceinte, d'où l'on voyait, au travers et au-dessus des arbres, briller cent dômes et façades tout embrasés de feux électriques... Ce n'est pas toutefois que nous nous proposions beaucoup de visiter l'Exposition dès le premier soir de notre arrivée à Saint-Louis ; mais c'est que notre hôtel se trouvait sur le terrain même de l'Exposition. Voilà encore une idée bien américaine, qu'il était déjà beau de concevoir, et que l'on a été jusqu'à réaliser pleinement ! Et l'attrait était grand pour les badauds, et pour d'autres encore : être rendu tout de suite, soit pour visiter les palais, soit pour rentrer à sa chambre après des courses fatigantes ; et puis n'avoir à payer qu'une seule fois le prix d'entrée sur les terrains. Mais, pour ce qui est de ce dernier avantage, on peut croire qu'il est plus apparent que réel, et que l'on n'épargne rien de ce chef. Car les frais de logement dans cet hôtel, à qui seul on a permis de s'installer en pareil lieu, ne sont pas remarquables par leur modicité.

Dès que nous eûmes pénétré à l'intérieur de l'enceinte, nous aperçûmes une immense enseigne formée des mots INSIDE INN, en lettres tracées par des lampes électriques. C'était bien notre hôtel. — Quel effroyable tintamarre, dans la salle d'entrée où se trouvent les divers bureaux de l'hôtel ! Cette salle est longue d'environ 350 pieds, et large d'environ 75 ; plusieurs centaines de personnes y causent, y fument, les unes assises, les autres circulant ; tout à côté, et séparées de cette salle par des cloisons qui ne vont qu'à mi-hauteur, il y a deux immenses salles à manger, chacune d'environ 150 pieds carrés, et toutes deux remplies de convives attablés, et mangeant au son d'un orchestre de douze à quinze musiciens... Quelle que soit la faculté imaginative du lecteur, je le défie bien de se faire une idée un peu juste de la tonitruante rumeur qui s'élève du sein de ces foules exubérantes. " Mais comment pouvez-vous rester dans un pareil brouhaha ? demandai-je à l'un des commis du bureau.— C'est amusant ! me répond-il. D'ailleurs, nous nous relevons de temps à autre."

Sachant d'avance que cet hôtel temporaire était construit en bois, exposé par conséquent à flamber d'un moment à l'autre, nous exigeâmes que l'on nous donnât des chambres au rez-de-chaussée même, où nous étions entrés et où se trouvaient les pièces dont je viens de parler. En effet, après un trajet de je ne sais combien d'*arpents*, à ce même étage, le garçon qui nous conduisait nous désigna nos chambres. Seulement, dès que j'ouvris la fenêtre, je constatai que nous étions bel et bien logés au troisième étage, c'est-à-dire sous le toit même ! La nuit noire qu'il faisait nous avait empêchés de voir que la façade de l'hôtel reposait sur le sommet d'un coteau, et que le reste de l'édifice était établi sur la déclivité même de la hauteur... Je fus d'ailleurs rassuré en voyant qu'en dehors et auprès de chaque fenêtre courait, le long du pan de l'édifice, une échelle en bois dont le pied touchait au sol. Cette préoccupation d'un moyen de sauvetage, ajouté aux autres ressources ménagées dans l'intérieur même de l'édifice, démontre que les propriétaires s'étaient bien rendu compte du péril qu'il y avait en la demeure. Ces ressources additionnelles, c'étaient les issues qu'il y avait à chaque bout des immenses couloirs ; c'étaient des rouleaux de tubes en caoutchouc fixés çà et là aux conduits de l'aqueduc et tout prêts à fonctionner ; enfin, tout auprès de l'hôtel, se trouvait installé un poste de pompiers muni de tous les appareils utiles. Mais cela n'empêche pas que si le feu s'était déclaré, la nuit, dans quelque coin de la vaste construction, tout aurait été consumé en une demi-heure, et les victimes auraient été nombreuses. Il est même étonnant que, durant les sept mois qu'a duré l'Exposition, cette catastrophe ne se soit pas produite, et il convient d'en remercier la Providence.

Aussi bien, puisque nous voilà engagés à fond dans cette question de l'Inside Inn, il est sage d'épuiser la matière, pour n'avoir plus à y revenir.

Quoique personne ne l'ait dit encore ni peut-être y ait seulement pensé, j'émets l'avis que cette institution de logement a été la merveille, le " clou " de l'Exposition de Saint-Louis.

Imaginez donc un hôtel qui s'étend sur une longueur de 800 pieds et une largeur de 400 ! Le palais législatif de Québec, qui est pourtant de belles dimensions, n'a que 300 pieds de façade à chacun de ses côtés. L'Escurial, en Espagne, atteint à peine 630 pieds dans sa plus grande longueur.

C'était donc un colossal parallélogramme, dont les deux plus longs côtés étaient reliés l'un à l'autre par une dizaine de bâtisses transversales et longues d'environ 350 pieds chacune. Au milieu de chaque corps d'édifice courait un interminable couloir, bordé de chambrettes à droite et à gauche. Tous ces couloirs, étroits, numérotés par des lettres peintes sur des enseignes, s'ouvraient à chaque bout sur le vaste corridor qui régnait tout le long de l'édifice. Tout cela rappelait bien un quartier de ville, avec ses rues et ses avenues, et une circulation toujours active.

L'installation et l'ameublement des chambres étaient assez sommaires, et ressemblaient à ceux des hôtels que l'on voit dans les villes d'eaux. On pouvait y loger, à son choix, suivant le " plan européen " ou le " plan américain." A part les deux immenses salles à manger, dans l'une desquelles on était servi " à la carte", et dans l'autre à table d'hôte, il y avait aussi un café-restaurant. Le prix des repas à table d'hôte était peu élevé, ce qui n'empêchait pas le menu et le service d'être très convenables et plus satisfaisants, en tout cas, que ceux de la plupart des autres restaurants qui fonctionnaient sur les " World's Fair Grounds."

Combien y avait-il de chambres, dans ce colossal hôtel ? Le prospectus de l'établissement annonçait que chacune des quatre classes d'appartements, répartis suivant le prix de location, comprendrait au moins 500 pièces, ce qui aurait donné un total de 2,000 chambres. Mais la chambre que j'occupais portant le numéro 4,715, faut-il croire qu'il y en avait réellement autant de milliers que ce chiffre peut l'indiquer ? N'est-il pas plus vraisemblable que l'on aura majoré les nombres pour jeter plus de poudre aux yeux ? Avec les Yankees, on n'est jamais sûr de rien... Il y a bien, dit-on, des éditeurs parisiens qui donnent le premier tirage d'un volume comme étant la troisième ou quatrième édition, pour mieux attirer le client naïf. Si l'on pratique à Paris un pareil escamotage, on peut bien soupçonner que des hôteliers du Missouri aient pu se tromper de quelques mille numéros dans une énumération de... deux mille ! J'ajoute, pour porter à son comble l'ébahissement du bon lecteur, qu'à en juger par le numéro de la carte qui me fut délivrée par le caissier, je fus le 58,836e pensionnaire inscrit — à moins qu'ici encore l'on n'ait fait, sans s'en apercevoir, quelque erreur d'addition !

Mais ce qui mérite une mention toute particulière, c'est la merveilleuse organisation qui régnait dans cette gigantesque institution. Avouons, aussi, que rien n'était plus nécessaire, et qu'une administration " à la diable " eût été désastreuse pour les propriétaires et insupportable pour les clients. Or, tout était parfaitement ordonné, jusque dans les détails, et l'immense machine fonctionnait admirablement, tant les rouages en étaient bien ajustés.

La domesticité était nombreuse, bien dressée et toujours polie. Le service de propreté était soigneux et même irréprochable.

Au coin de chaque rue — je veux dire, évidemment, au bout de chacun des couloirs, se tenait en permanence un garçon, qui avait pour mission de plonger constamment ses regards entre les deux blocs — je veux dire entre les deux rangées de chambrettes qu'il avait à desservir, et cela pour être prêt à répondre aux signaux — de détresse quelconque — que pourraient faire les citoyens et les citoyennes du quartier. Quant à ce système de signaux, c'était ce qu'il y a de plus simple et de plus ingénieux à la fois. Soit, si vous voulez, le désir qui vous prend d'avoir de l'eau à la glace... Vous voyez ce cordon qui descend près de la porte, à l'intérieur de votre cellule ? Vous voyez aussi, tout contre, collée sur le mur, cette affiche où l'on vous dit que, pour vous faire apporter de l'eau à la glace, vous devez tirer le cordon jusqu'à la boucle No 2, que vous passerez dans le clou qui est là, tout prêt ? Eh bien, sachez qu'en tirant ce cordon jusqu'à la boucle No 2, vous avez fait se projeter dans le couloir, au-dessus de la porte de votre chambre, une planchette indicatrice, et lui avez fait prendre une inclinaison de 45°. Le garçon sentinelle a vu cela tout de suite, de son poste d'observation, et il est parti comme l'éclair pour aller chercher de l'eau à la glace. Deux minutes après, l'eau à la glace vous arrive, vous remerciez, vous donnez un pourboire, et tout est dit. Par exemple, voilà bien à ma connaissance le seul hôtel du monde où il faille payer jusqu'à un verre d'eau ! — Que si vous aviez accroché le cordon par sa boucle No 3, cela aurait signifié que vous aviez besoin de telle autre chose, je ne sais plus quoi ; et ce serait venu aussi bien, par train rapide toujours.

Cependant, revenons à cet immense " Parlor", où se trouvent les bureaux de l'hôtel et qui est aussi la salle d'entrée. Tout ce qui peut accommoder le voyageur, inquiet de quoi que ce soit, est rassemblé là. Voici les guichets des commis qui enregistrent votre nom et le nombre de jours que vous vous proposez de passer à l'hôtel. Voici le guichet du caissier, qui vous fait payer d'avance ce séjour tout entier. " Vous avez là, lui dis-je en déliant les cordons de ma bourse, un système d'une remarquable sagesse... — Cela sauve du temps, en nous évitant de faire de la tenue des livres. — Surtout, répliquai-je, cela vous préserve du péril de loger des pensionnaires qui pourraient songer à prendre, avant le fameux quart d'heure de Rabelais, une dose convenable de poudre d'escampette."

Plus loin, c'était des bureaux de change, de poste, de télégraphe, de téléphone, d'agences de messageries et de chemins de fer. Puis, voici des magasins de journaux et revues, d'articles de papeterie, de cigares et cigarettes, d'objets de fantaisie, d'articles de lingerie ; enfin, une pharmacie, regorgeant des remèdes les plus efficaces pour les maladies les plus variées.

Il est superflu d'ajouter que, donnant sur le " Parlor", se trouve aussi un salon de barbier et de parfumeur, où l'on vous fait la tête suivant les procédés les plus perfectionnés qui se puissent concevoir.

Mais tout cela, c'est de la vie temporelle, et l'homme sage doit se préoccuper bien davantage des intérêts de son âme, même au cours d'une Exposition universelle, même aux Etats-Unis... Nous devions donc, dès le soir de notre installation à Saint-Louis, un samedi, prévoir la façon dont nous pourrions satisfaire, le lendemain matin, au précepte dominical.—" Y a-t-il quelque église catholique de ce côté de la ville ? demandâmes-nous au garçon qui nous conduisait à nos chambres.— Certainement, il y en a une à quelques

blocs d'ici… Mais vous pourrez entendre la messe à l'hôtel…
— A l'hôtel ?… — Parfaitement, il y a, le dimanche, au salon
No 2, une messe à 6½ heures, et une autre à 9 heures.''

Voilà, à coup sûr, le plus extraordinaire de tous les avantages
qu'offrait l'Inside Inn à ses hôtes d'occasion.

En effet, dans chacune des chambres et en plusieurs autres
endroits de l'hôtel, il y avait des cartes fixées au mur et où l'on
pouvait lire l'indication de l'heure et du lieu des messes du dimanche
matin.

Ce premier dimanche, nous ne pouvions célébrer nous-mêmes
la sainte messe, faute de vêtements ecclésiastiques, nos bagages
n'étant pas encore arrivés de la gare. Nous assistâmes donc à la
messe de neuf heures, en compagnie d'environ deux cents personnes,
dont le maintien recueilli était fort édifiant,— cependant que, au
salon No 1, situé au-dessous de la salle convertie en chapelle, une
miss quelconque exécutait sur le piano je ne sais quel chef-d'œuvre,
et qu'au dehors retentissait la voix flûtée de quelque '' American
boy '' répétant à tous les échos : '' Sunday Morning Paper ! …
Sunday Morning Paper ! ! ! '' — Lorsqu'il eut achevé la messe, le
célébrant prononça un court sermon sur la dévotion au Saint
Rosaire.

Quant à la messe de 6½ heures, elle est fréquentée surtout par
les employés de l'hôtel, dont un bon nombre sont des catholiques :
ce qui tient sans doute à ce qu'ils sont habitants de Saint-Louis,
qui est une ville peut-être à moitié catholique.

Ce que l'on vient de lire sur l'Inside Inn est suffisant pour
donner une idée de ses vastes proportions et de sa merveilleuse
organisation. On aurait même peut-être sujet de penser qu'aucune
entreprise de logement n'a jamais égalé celle de l'Inside Inn, et
cela me justifierait absolument de la présenter comme le '' clou''
de l'Exposition de Saint-Louis.

Il reste pourtant un détail administratif que je n'ai pas mentionné encore et que je me reprocherais de ne pas indiquer — pour
porter à son comble l'admiration du lecteur.

J'ai déjà dit de quelle façon on faisait son entrée à l'Inside Inn. Comme on s'en souvient peut-être, l'arrivant devait tout d'abord indiquer le nombre de jours qu'il avait l'intention de séjourner à l'hôtel, et payer à l'instant, d'avance, le prix correspondant à cette durée. Mais que se passait-il à la fin de ce séjour? La vigilante administration de la maison avait également pris ses précautions pour empêcher toute négligence de se produire à ce moment.

Quant à nous, en arrivant un samedi soir à l'Inside Inn, nous avions payé pour un séjour de six jours à l'hôtel. Eh bien, le samedi suivant, en sortant le matin de nos chambres, nous trouvâmes apposée à la porte de chacune de nos cellules une carte imprimée dont la lecture nous intéressa grandement. Il y était dit que la période déterminée pour notre séjour à l'Inside Inn était achevée ; que dans le cas où nous voudrions y rester plus longtemps, il nous fallait aller au bureau dès le matin et y faire de nouveaux arrangements ; faute de quoi, nos bagages seraient enlevés de nos chambres, s'ils y étaient encore, à dix heures de l'avant-midi, et remisés je ne sais où.

A la bonne heure ! Voilà des gens qui aiment les situations claires et nettes ! Mais, aussi, voilà une administration qui suit son affaire !

Or, comme nous voulions passer encore un jour à l'Exposition, on peut imaginer avec quel zèle nous nous précipitâmes au bureau de l'hôtel, où l'on nous traita tout comme de nouveaux arrivants, à peine débarqués du train de New-York, du Congo ou de Honolulu... (1).

____

(1) Avant de cesser, à jamais, de parler de l'Inside Inn, je m'en voudrais de ne pas reproduire ici une fantaisie littéraire sur la désignation " Inside Inn." Ce morceau, qui a paru en 1904 dans le journal *Baltimore American*, est un spécimen curieux de l'humour " yankee ", et j'ai de la joie à penser que je vais procurer à la postérité le plaisir de le savourer. S'il est quelque lecteur, incapable de lire l'anglais, qui soit tenté de me reprocher de ne pas faire suivre ce chef-d'œuvre de sa traduction française, je le prie de me dire comment cela se pourrait bien traduire en une langue quelconque !

AT THE INSIDE INN

The visitor to the World's Fair walked timidly up to the clerk at the hotel desk and asked:

Mais il convient, assurément, de ne pas commencer par la fin le récit de notre séjour à Saint-Louis. Laissons donc là, pour le moment, la façon dont on part de l'Inside Inn, et revenons plutôt aux premières heures que nous passâmes dans l'enceinte de la World's Fair.

Donc ce samedi soir, 1er octobre, après avoir dîné à l'un des vastes restaurants de l'hôtel, constatant qu'il n'était que neuf heures et que les palais de l'Exposition étaient encore brillamment illuminés, je décidai d'aller faire une promenade sur les terrains, à travers les édifices des Etats : car la plupart des Etats de la république avaient érigé un palais particulier, reproduisant plus ou moins les installations anciennes ou contemporaines des demeures de leurs habitants. L'Inside Inn était précisément situé tout près de la partie de l'Exposition où se trouvaient tous ces palais. Or chacun des Etats célébrait, à une date déterminée, un jour de fête particulier, où il y avait grande réception dans son palais, avec discours, musique, illumination. Il se trouva que, le 1er octobre, c'était la fête de l'Indian Territory, et la féerique illumination de son palais me jeta dans un ravissement complet.

Du reste, je ne prolongeai pas beaucoup ma petite promenade

"Excuse me, sir; is this the Inside Inn? And, if so, is the proprietor of the Inside Inn in?"

"Yes", replied the clerk, with a faraway look in his eyes, "this is the Inside Inn, and you will find the proprietor of the Inside Inn outside by the inn's door. He has been keeping the Inside Inn for several weeks. He tells me that once when he took an ocean trip he couldn't keep his inside in, but that was inside information, and he didn't intend it to get outside."

"All right", said the guest; "if this is the Inside Inn, we want to see its inside as well as its outside before we look inside any of the outside inns. If we like the Inside Inn's inside and outside better than we like the outside inn's outside and inside, we may bring our things from the outside inside and stop inside the Inside Inn. Because we won't have to go from the inside outside or come back from the outside inside when we're seeing the fair, but can remain inside or outside the Inside Inn, it being the only inn inside the grounds. The other one, the one on the outside, can furnish no more comforts for the guests inside or outside than does the Inside Inn with exhibits close outside at the inn's side—that is, the Inside Inn's side. In—"

But the clerk had fainted and fallen inside the Inside Inn's desk and bell-boys were hurrying with water for his outside and brandy for his inside, though in their excitement they got that which was meant for his inside outside, and that which was for his outside inside.

nocturne, parce que les chemins étaient encore humides d'une pluie récente, mais surtout parce que je craignais de m'égarer à travers ces bocages plus ou moins éclairés et sillonnés de routes qui se croisaient en tout sens. Sans compter, me dis-je, que demain c'est dimanche : les palais devront être fermés, sans doute, mais au moins on pourra circuler partout, et contempler les décorations extérieures des édifices et des terrains.— Seulement, il m'arriva quelque chose d'analogue à l'aventure de cet écolier, que j'ai bien connu, et qui, devant entrer dans tel collège nouveau pour lui et y arrivant vers sept heures du matin se dit, avant de s'y rendre, qu'il valait mieux différer jusqu'après le déjeuner de fumer sa bonne pipe accoutumée du matin. Il fut très bien accueilli par le vénérable supérieur ; il déjeuna de bon appétit, et fut ensuite informé que l'usage du tabac était strictement interdit au collège. Tête du jeune homme ! Et, de même, tête de l'abbé Huard, lorsque, le dimanche matin, il sortit de l'hôtel, après déjeuner, pour aller contempler l'extérieur des grands palais de l'Exposition. Il constata que tout autour de l'Inside Inn courait une haute palissade dont les barrières étaient, ce jour-là, solidement cadenassées !

C'est le Congrès des Etats-Unis, je crois, qui en votant une forte subvention à la compagnie de l'Exposition avait mis pour condition à sa générosité que la World's Fair serait fermée le dimanche. La condition était strictement observée, comme on voit, et plus à la lettre qu'à Buffalo, en 1901, où du moins l'on pouvait le dimanche se promener sur les terrains de l'Exposition. Il est très permis de penser que l'on poussait un peu loin, à Saint-Louis, la sévérité du règlement : car on ne voit pas comment la promenade autour des édifices et des pièces d'eau de l'Exposition était plus une violation du respect dû au Jour du Seigneur, que les promenades que l'on pouvait faire dans les parcs de la ville de Saint-Louis. Toutefois, un chrétien sincère ne peut s'empêcher de penser avec admiration à cette reconnaissance officielle, quoique exagérée, du repos du dimanche ; et l'on souhaiterait de voir imiter dans plus d'un pays, dit catholique, l'exemple donné en 1904 par la grande république, dite protestante, des Etats-Unis.

Pour nous, nous entrâmes tout à fait dans l'esprit de cette ordonnance générale de repos, et nous trouvâmes agréable et utile ce calme parfait qui régna toute la journée dans l'Inside Inn. Il nous était bon de nous reposer des fatigues de la semaine si mouvementée que nous venions de passer, et qui devait être suivie d'une semaine beaucoup plus pénible encore. Car il y a peu d'occupations au monde — à part le métier de bûcheron et quelques autres — qui exigent une dépense aussi considérable de force que la visite des Expositions.

Beaucoup de pensionnaires de l'Inside Inn employèrent le dimanche à visiter la ville de Saint-Louis, dans laquelle on pouvait librement pénétrer ce jour-là : ce n'est que durant les autres jours de la semaine que, pour communiquer de l'Inside Inn à la ville ou vice versa, il fallait absolument passer par l'enceinte de l'Exposition et payer, en rentrant, les 50 sous du tarif.

Dans la tiède soirée qui suivit, l'excellent orchestre Fisher, qui tous les jours faisait de la musique aux restaurants de l'hôtel, durant le dîner, donna un beau concert, sur le balcon d'avant de l'Inside Inn ; quelques dames chantèrent des romances en je ne sais quelle langue, probablement en anglais. Et le bonheur, que l'on n'obtient guère ici-bas que goutte à goutte, coula ce soir-là avec des allures de joli ruisseau gazouillant à travers les fleurs de sa rive...

XIII

Spéculations philosophiques sur les Expositions universelles.—Où l'on rassure
le lecteur inquiet.—Pressant appel à l'imagination publique.—A travers
les Philippines.—Une horloge pour les gens myopes.—Pavillon du Canada.
— La Garde républicaine ; Guilmant. —Merveilleuse illumination de
l'avenue centrale.—Le " Pike ".—Chez les autruches.—Les Esquimaux.
—Exercices d'animaux savants.—La Création du monde.—L'Exposition
irlandaise —Le "jour" de l'Etat de New-York.— A Jérusalem.— Aux
armes ! La Boer War.— Plaidoyer pour Cronje.—Colenso et Paarderberg.
—Au pôle nord.—Exhibits du Vatican, et des Jésuites canadiens.—
Triomphe des bois et des fourrures du Canada.—Bombardement de Port-
Arthur, par les Japonais.—Le palais de la France, où il faut des gants
blancs pour entrer.—Où l'on dit son fait, en termes peu voilés, au gouvernement français.—Le palais du gouvernement des Etats-Unis.—Un gendarme qui n'a pas envie de rire.—Une après-midi avec Arthur Preuss.—
Le jardin botanique de Saint-Louis.—Dernières courses dans l'Exposition.—*Santa Lucia.*—Poignant adieu.

" J'étais donc encore destiné " sinon, comme Bossuet, *à rendre
quelque devoir funèbre à très haute et très puissante princesse Henriette-
Anne d'Angleterre,* du moins... à visiter encore une Exposition
universelle.

On entend dire quelquefois : " Celui qui a vu une Exposition
universelle a vu toutes les autres. C'est toujours la même chose ! "
Ce propos n'est pas juste. Sans doute, il y a des caractères communs à toutes ces institutions et que l'on retrouve partout ; mais
il y a aussi toujours du nouveau. Cela est dû à ce què certains
pays prennent une part plus grande à telle Exposition qu'ils ne
l'ont fait à d'autres Expositions ; cela est dû, surtout, à ce que la
science, l'industrie et les arts n'arrêtent pas de faire des progrès,
et peuvent fournir par conséquent des produits nouveaux ou plus
perfectionnés en telle année courante que cela n'était possible
quelques années plus tôt.

Des personnes ont dit : " L'Exposition de Saint-Louis,.. cela
ne valait pas beaucoup la peine... Qu'y avait-il donc là de si
intéressant ! "

Il faut avoir une certaine dose de témérité ou d'audace pour
parler de la sorte.

Que ce soit à Saint-Louis ou ailleurs, une grande Exposition est quelque chose de merveilleusement beau et intéressant. Voir, en un parc où toutes les beautés de la nature ont été réunies ou reproduites, d'innombrables et immenses palais élevés et ornés d'après toutes les ressources de l'architecture, remplis de tout ce que les climats divers et les arts industriels ont produit de plus parfait, et illuminés, la nuit, avec toute la splendeur que peut réaliser ici-bas le pouvoir du génie humain : assurément, c'est là le plus beau spectacle que, dans l'ordre matériel, l'œil de l'homme puisse contempler. Et il est à plaindre, celui que n'intéresse pas la vue de tant de richesses naturelles, artistiques et industrielles, réunies en un même lieu.

Seulement, à Saint-Louis, il faut le reconnaître, ce " même lieu " était d'une étendue considérable : il comprenait une superficie de 1,240 acres. Il semble que cette Exposition de Saint-Louis ait eu, pour la différencier des précédentes, ce caractère de dimensions considérables des terrains occupés, aussi bien que celui des vastes proportions des palais affectés aux sections diverses. On a même fait reproche aux organisateurs d'avoir trop voulu faire grand : car il est bien entendu qu'il faut toujours trouver en quoi que ce soit quelque chose à blâmer, et il y a des gens qui ont le tempérament si fâcheux qu'ils n'ont pas de repos tant qu'ils n'ont pas découvert enfin la " petite bête."— Et moi, je vous demande quel mal il y avait à ce que l'Exposition fût répartie sur une étendue de 1,240 acres (1) ? Deux ou trois mille acres ne m'auraient pas offusqué davantage, puisqu'il y avait un tramway électrique, dit Intramural, très bien organisé, dont les trains étaient fréquents et nous transportaient très rapidement en un point quelconque de l'Exposition...

L'Exposition de Saint-Louis portait la désignation officielle de " Louisiana Purchase Exposition." Cette appellation voulait dire

---

(1) L'Exposition de Philadelphie (1876) couvrait 236 acres ; celle de Chicago (1893), 633 acres ; celle de Paris (1900), 336 acres ; celle de Buffalo (1901), 300 acres.

que l'on s'était proposé de commémorer l'acquisition, faite un siècle auparavant par les Etats-Unis, de toute la région, appartenant à la France, que l'on désignait alors sous le nom de Louisiane. Cette région, qui forme environ le tiers de tout le territoire actuel des Etats-Unis, est arrosée par le Mississippi et le Missouri, et est occupée aujourd'hui par les Etats de la Louisiane, du Kansas, du Missouri, du Nébraska, de l'Iowa, du Montana, des Dacotas, etc. En mémoire du pays de France qui découvrit et posséda tout d'abord cette grande et riche région, on avait donné à deux des plus belles places de l'Exposition les noms de Place Saint-Louis et de Place d'Orléans.— Voilà le minimum de ce qu'il faut savoir, au point de vue historique, de l'Exposition de Saint-Louis.

Et maintenant, si le lecteur redoute que je lui fasse la liste des empires, des royaumes, des républiques et des provinces qui ont pris part à cette Exposition ; que je lui raconte, pour l'ébahir, que le palais de l'Art, bâti en matériaux incombustibles, avait coûté $945,000, et que ses dimensions étaient de 836 pieds sur 422, — pour donner ensuite les mêmes renseignements sur tous les autres palais ; que je lui décrive toutes les sortes d'automobiles, de pelles à charbon, de perches de ligne, de lampes à l'acétylène, de locomotives et de rateaux qui étaient étalés dans les palais des Machines, de la " Transportation", de l'Electricité, des Mines, etc. ; si le lecteur éprouve vraiment la crainte de se voir soumis au colossal amas d'ennui que lui vaudrait la lecture de descriptions et de statistiques de ce genre : il peut calmer ses inquiétudes et reprendre goût à l'existence. Je ne dirai pas un mot de tous ces sujets, qui constituent pourtant l'essence même de l'Exposition, mais qu'il serait beaucoup trop long de traiter.

Nous avons assurément visité à peu près tous ces innombrables palais, où l'on voyait réunies presque toutes les productions de la nature et de l'industrie ; mais nous les avons parcourus presque en courant. Et la plupart des visiteurs ne peuvent faire autre chose, dans ces Foires colossales, que de voir tout " à la grosse." Il faudrait des semaines et même des mois pour examiner les exhibits un peu en détail.   Or, d'ordinaire, on ne passe que peu de jours à l'Exposition, et l'on se contente, faute de pouvoir faire autrement, d'une vue très générale des choses, et seulement d'une étude de quelques objets particuliers.

Mais alors, et puisqu'il en est ainsi, ces institutions, organisées avec tant de peine et surtout de dépenses, ont donc bien peu de résultats utiles ?   Il y a des esprits sages qui sont précisément de cet avis.   D'autres personnes, dont je suis,— et que pour cette raison, peut-être, je trouve encore plus sages,— estiment au contraire que les Expositions sont très utiles.   Il est vrai, disent-elles, qu'aucun visiteur n'a le goût ni le loisir d'examiner tous les objets exhibés par les différents pays.   Mais outre qu'un simple aperçu de l'ensemble est déjà pour chacun une grandiose leçon de choses, il est impossible qu'il n'y ait pas, dans cette réunion de richesses naturelles et industrielles, des catégories d'objets qui intéressent fortement telles classes de gens et retiennent leur attention durant un temps plus ou moins long.   D'où il suit que tous les visiteurs retirent quelque profit, suivant leurs préférences particulières, de leurs courses à travers une Exposition, outre l'œuvre d'éducation générale dont les effets sont communs à tous.— Donc, sans aller plus outre dans la philosophie des Expositions universelles, que l'on organise encore des Expositions universelles : ce n'est jamais de l'argent perdu, sinon souvent pour les actionnaires de ces entreprises, et cela ne nous importe guère, ni à mon lecteur, ni à moi.

Pour ce qui est de l'abbé Burque et de son compagnon de voyage, les spécialités auxquelles nous nous arrêtâmes davantage, c'étaient les objets d'histoire naturelle qui se trouvaient répartis dans les exhibits des diverses nations.   Et il y en avait un peu partout : mammifères, oiseaux, insectes et autres personnages zoologiques, minéraux, bois de commerce, plantes d'herbier et plantes cultivées.   Ici encore, je m'en tiens à cette énumération très générale, et de nouveau j'épargne au lecteur l'ennui de trouver sur sa route des listes interminables et des descriptions d'une effroyable aridité.

Voilà comment, chroniqueur et lecteur, nous nous tirons, d'un trait de plume, pour ainsi dire, du soin de décrire les millions d'articles intéressants qui, disposés toujours avec art, remplissaient les immenses palais des Manufactures, de l'Agriculture, de l'Horticulture, etc. D'ailleurs, il faut savoir utiliser la puissance imaginative dont chacun est plus ou moins doué, et grâce à laquelle il peut se représenter, avec encore assez d'exactitude, cette collection de voitures de chemin de fer, ces amas de houille, ces pyramides formées de flacons de liqueurs douces, et dix mille autres exhibits qui ne sont pas plus intellectuels... Et alors, disons que, par un procédé si simple, tout le monde a vu l'Exposition de Saint-Louis !

Il reste ce que l'on peut appeler le côté pittoresque de l'Exposition, et qui varie d'une Exposition universelle à une autre. Ici, l'imagination a moins de chances de reproduire fidèlement les choses. Ce sont ces accessoires qui souvent attirent et retiennent le plus longtemps les visiteurs.

Si le lecteur veut bien me suivre, nous dirons quelques mots des " attractions " de la " Louisiana Purchase Exposition " ; et pour qu'on ne puisse pas me reprocher d'en avoir traité sans aucune espèce d'ordre, nous en parlerons suivant l'ordre dans lequel nous les avons visitées, et en dressant ainsi une sorte de journal de la semaine que nous avons passée à l'Exposition... Chemin faisant, nous trouverons bien aussi l'occasion de jeter un coup d'œil sur les merveilles de l'art et de l'industrie que l'on avait réunies à l'Exposition.

Lundi.—C'est par les Philippines que nous avons commencé notre visite de l'Exposition. Cette section, établie sur un vaste espace, aurait pu constituer à elle seule une Exposition intéressante. Le gouvernement avait eu la préoccupation évidente de bien faire connaître au peuple des Etats-Unis la valeur considérable de cette riche colonie qui venait de passer sous sa domination. Aussi n'avait-on rien épargné pour donner une idée complète de ce grand archipel. Des pavillons distincts étaient consacrés à l'agriculture, à l'éducation, à l'ethnologie, etc., de ces îles. On avait même élevé une enceinte, une forteresse et un grand pont, reproduction des ouvrages militaires de Manille, la capitale. On avait, en outre, fait venir un régiment de jeunes Philippins, qui ont passé l'été sous la tente, leur campement n'étant pas l'une des choses les moins dignes d'intérêt de l' " exhibit " des Philippines. Ces jeunes gens, tous catholiques, ont fait bonne impression par leur air intelligent et la correction de leur conduite. Ils avaient là un champ de manœuvre et y faisaient l'exercice militaire tous les jours. On a fait grand cas de leur corps de musique ; nous n'avons pas réussi à l'entendre, à mon vif regret.

Voilà pour la partie civilisée des Philippines. Mais, comme on le sait, il s'y trouve encore beaucoup de peuplades sauvages. Plusieurs d'entre elles étaient représentées par des groupes importants, qui formaient des villages en miniature, établis sur la rive d'un lac allongé et étroit, qui bornait le côté nord du terrain consacré à l'Exposition des Philippines. Des huttes en paille établies çà et là abritaient des familles d'indigènes de races diverses, qui se livraient à des travaux d'industrie ou à des soins domestiques ; à certaines heures, quelques-uns de ces " barbares " se livraient dans une sorte d'arène à des jeux d'adresse qui n'avaient rien de beaucoup passionnant ; de jeunes enfants " barbares " procédaient dans l'eau froide du lac à des exercices de plongée, de natation ou de canotage. Somme toute, ces barbares à l'air pacifique ne faisaient mine de manger personne ; et les blancs qui passaient se retiraient avec l'illusion d'avoir pu, à si peu de frais, contempler dans ses détails la vie sauvage.

Nous consacrâmes ensuite quelques heures à parcourir le palais de l'Agriculture et celui de l'Horticulture. Comme le premier couvrait une superficie de *vingt acres*, et que le second s'étendait sur *mille pieds* de longueur et *trois cents* de largeur, on peut imaginer si nous en avons contemplé : des machines agricoles, des sortes de rateaux, des variétés d'oignons, des rosiers en fleurs, des poires en conserve, et autres choses très importantes pour l'utilité ou l'agrément de l'humanité.

Tout à la suite du palais de l'Agriculture, il y avait sur une pente du terrain cette fameuse "horloge florale", dont le cadran avait cent pieds de diamètre, et dont les chiffres des heures étaient en vie — végétative, au moins, puisqu'ils étaient formés de plantes en fleurs disposées aux points qu'il fallait sur le cercle tracé par le bout de la colossale aiguille.

Auprès de cette merveille de l'horlogerie pittoresque, se trouvait le pavillon du Canada, que le patriotisme nous engagea à visiter dès ce premier jour. C'était un édifice d'allure correcte, et qui, somme toute, faisait honneur à notre pays. La clientèle n'y manquait pas ; car, au moment de notre visite, la circulation y était difficile. On s'arrêtait avec complaisance devant nos riches collections de fourrures, d'articles industriels de tout genre et d'œuvres artistiques.

Toute cette fin de jour fut du reste marquée pour nous par des jouissances artistiques fort variées.

Ce fut d'abord un concert de la Garde républicaine, de Paris. Il suffit, heureusement, d'énoncer ce fait, pour être dispensé de rien ajouter : c'est le plus parfait corps de musique du monde, et l'entendre, c'est, pour l'amateur de musique, l'une des heures les plus fortunées.

Un auditoire aussi nombreux se trouva réuni le soir, pour une audition d'orgue donnée par l'illustre Guilmant, de Paris. Nous fûmes grandement étonnés de voir avec quel enthousiasme cet auditoire acclama l'artiste, durant tout ce concert, qui venait à la suite de bien d'autres auditions données par le même organiste et au même endroit. L'habileté de cet artiste est sans doute bien connue, et voici bien le cas de répéter le fameux cliché : " Son éloge n'est plus à faire." Je dois pourtant avouer, pour ma honte éternelle, que l'exécution consécutive d'une dizaine de morceaux d'orgue me laissa bien froid. C'est que, sans doute avec bien d'autres personnes, j'aime beaucoup l'orgue à l'église, mais non ailleurs, tellement le royal instrument paraît s'identifier avec les solennelles fonctions du culte sacré. Cet orgue, où jouait Guilmant, n'était pourtant pas le premier venu, puisqu'il avait 10,000 tuyaux et 145 registres.

Ces deux concerts se donnèrent dans le Festival Hall, grande rotonde dont la voûte s'élevait à deux cents pieds de hauteur.

Ce palais, destiné aux auditions musicales, était comme le centre de l'Exposition. Il était au milieu d'une colonnade grandiose qui s'étendait en demi-cercle, terminé à chaque extrémité par un élégant pavillon. Il était situé sur une hauteur, et de sa façade, du pied de laquelle s'échappait une grande cascade à plusieurs échelons, la vue s'en allait sur une longue et large avenue, occupée d'abord par une immense pièce d'eau, dite le Grand Bassin, et ensuite par la Place Saint-Louis. De chaque côté, cette avenue était bordée par les plus beaux palais de l'Exposition. Cet ensemble, que nous contemplâmes avant de pénétrer dans le Festival Hall, était plein de magnificence, et valait peut-être celui que l'on apercevait du portique du Trocadéro, à l'Exposition de Paris en 1900.

Mais lorsque nous sortîmes d'entendre la Garde républicaine, il faisait nuit, et le spectacle qui s'offrit alors à nos regards nous jeta dans un véritable enivrement. Tous ces palais immenses qui bordaient à perte de vue la grande avenue centrale, et les dômes des autres palais de l'Exposition que nous apercevions de toutes parts au-dessus des massifs d'arbres ménagés çà et là, tout cela nous apparut soudainement comme revêtu de feu ; c'était de tout côté un embrasement lumineux qui ne saurait se décrire. L'un des palais les plus rapprochés, celui de l'Electricité, dont l'architecture était fort élégante, brillait d'un éclat particulier, au milieu de tous ces feux, par une profusion plus grande de fleurons électriques disposés de toutes les façons.

Nous descendîmes lentement le long de cette avenue féerique. Parvenus au pied du Grand Bassin, creusé en forme de rectangle allongé, et où se reflétaient avec un éclat sans pareil les palais enflammés qui l'encadraient, nous restâmes longtemps à contempler

le spectacle éblouissant qui s'offrait à nos yeux. Au fond du
tableau, et sur le ciel noir, dominaient la rotonde du Festival Hall
et ses deux pavillons latéraux, reliés ensemble par cette colonnade
en demi-cercle dont j'ai parlé et qui avait tant de cachet : tout cet
ensemble passait successivement du blanc au rouge et au vert,
chaque coloration ne durant que quelques minutes. L'escalier
monumental de la façade, sur les degrés duquel descendait une
cascade bruissante, était lumineux, lui aussi ; et sa coloration constante en vert tendre, le faisait paraître comme garni entièrement
d'un tapis vert aux reflets les plus riches.

Il ne me paraît pas que le génie humain ait jamais pu réaliser
un spectacle aussi splendide que celui qui s'offrait à nos regards ce
soir-là, et qui d'ailleurs se renouvelait tous les jours. Sans doute,
j'ai exprimé une appréciation semblable à Paris, en 1900, et à
Buffalo en 1901. Mais rien ne me porte à penser que j'aie fait
erreur en l'une ou en l'autre de ces appréciations. Bien qu'il soit
difficile et hasardeux de comparer ce que l'on voit à ce que l'on a
vu il y a quatre ou cinq années, j'ose exprimer l'avis que l'illumination de Buffalo l'emportait sur celle de Paris, et que celle de
Saint-Louis les surpassait toutes deux. Il n'y a rien d'étonnant à
ce qu'il en soit ainsi, les moyens d'action se perfectionnant si vite
à notre époque, et le désir de surpasser ses devanciers étant si
naturel à l'homme. Je ne doute même pas que, s'il y a quelque
part une autre Exposition universelle, dans un nombre quelconque
d'années, on ne réussisse à y produire une illumination encore plus
belle que tout ce qui aura été fait jusqu'alors.

Mardi.—La veille, nous avions parcouru à la grosse à peu près
toute l'Exposition, et nous en avions une idée générale assez exacte.
Mais il y avait aussi le " Pike", dont on parlait tant. Il fallait voir
le " Pike", au moins en une visite rapide. Il y a bien, paraît-il,
des gens qui ont passé là tout le temps de leur séjour à Saint-Louis!
Ce terme américain de " Pike", qui remonte au moins, je crois,
à l'Exposition de Chicago, s'applique, je ne sais pourquoi, à cette

20

partie d'une Exposition où l'on a relégué tout le côté plus ou moins frivole et pittoresque, les " attractions " proprement dites, en un mot. Pour ce qui est de l'Exposition de Saint-Louis, cela consistait en une avenue longue d'un mille, et où les installations ont coûté plus de cinq millions, a-t-on affirmé. Il y avait là une réunion de toutes sortes de curiosités et de spectacles, dont un grand nombre n'avaient aucun rapport possible avec l'objet essentiel d'une Exposition. Le tintamarre le plus extravagant y régnait du matin au soir. Les toiles peintes sur les baraques — dont plusieurs étaient des palais du style le plus fantaisiste — ne suffisant pas à attirer les clients, on avait recours à tous les moyens imaginables pour surprendre les braves badauds : ici, c'était un petit orchestre, exécutant à la porte des ouvertures endiablées ; là, c'était un individu armé d'un mégaphone, pour centupler la force du boniment ; ailleurs, c'était un gong, un tam-tam, une trompette, par quoi l'on s'efforçait d'appeler l'attention des passants ; ou bien, sur un balcon, deux ou trois acteurs ou actrices jouaient une petite scène, à seule fin d'amorcer des auditeurs... Le Pike était toujours l'endroit où la foule des visiteurs se portait davantage : cela soit dit pour la confusion de l'humanité contemporaine. Car, je vous le demande, plutôt que de se précipiter pour voir le " Magic Whirpool " ou l'attraction dénommée " Hereafter " (dont j'ignore absolument la nature), n'aurait-il pas été plus sage et plus utile d'aller comparer par exemple les diverses sortes de bicyclettes ou de locomotives dans le palais de la " Transportation " ? Mais, en appréciant la conduite des humains, il faut bien tenir compte du fait que l'homme, à ce qu'on affirme, n'est toujours qu'un grand enfant, et il faut se garder d'y aller de ses " O tempora ! O mores " chaque fois qu'il cède un peu à sa curiosité ou au désir de s'amuser.

Il est probable qu'il y avait bien, dans certaines attractions du Pike, des choses dont le pouvoir d'édification était assez léger. Du moins, j'ai du plaisir à mentionner ici, à la gloire du peuple des Etats-Unis, que, suivant l'opinion généralement exprimée, il n'y avait dans toute l'Exposition rien de sérieusement opposé à la décence.

Pour nous, parmi les attractions du Pike, nous avions décidé de ne visiter que celles où l'histoire naturelle pouvait sembler plus ou moins intéressée.

Ce fut le parc aux autruches qui nous attira tout d'abord. Il y avait là une quarantaine de ces grands oiseaux, amenés probablement de la Californie, et qui au moment de notre visite procédaient à leur toilette du matin. A voir l'extrême placidité de leur allure et le soin méticuleux qu'ils mettaient à lisser leurs plumes opulentes, on jugeait aussitôt qu'ils étaient loin de se douter qu'ils travaillaient à l'avance pour l'ornementation de ces chefs-d'œuvre que les dames de notre époque édifient à grands frais sur leur tête, sous prétexte de se protéger contre les redoutables rayons du soleil.

Des autruches, nous passâmes aux Esquimaux, transition qui n'est peut-être pas beaucoup d'accord avec les règles de l'art, mais que les circonstances nous forcèrent d'accepter. Ce camp des citoyens de la région polaire ressemblait beaucoup à celui que je visitai à Buffalo, en 1901 ; les horizons arctiques, y compris les classiques montagnes de glace, y figuraient de la même façon sur des décors de toile peinte. Il y avait cependant quelque chose de plus, à Saint-Louis : c'était un musée d'ethnologie et d'histoire naturelle. Je vis là pour la première fois un représentant du genre lamantin (vache marine). Ce Lamantin, mammifère marin d'une douzaine de pieds de longueur et dont le physique est tout à fait dépourvu de grâce, se donnait là des airs polaires qui étaient loin d'être justifiés : car ces sortes d'animaux ne vivent que dans les mers tropicales, et l'espèce américaine remonte au plus jusqu'aux rivages du golfe du Mexique. Il faut ajouter que, voilà un nombre considérable d'années, il y en avait une espèce particulière qui vivait dans les environs du détroit de Behring ; mais on lui a fait une chasse si active qu'il n'en existe plus, depuis longtemps, un seul individu. En tout cas, ce Lamantin de Saint-Louis me tomba tellement dans l'œil que, peu de semaines après, je négociai son admission au musée de l'Instruction publique de Québec, où il fait l'admiration des visiteurs de tout âge, de toute langue, de toutes croyances politiques, etc.

Du campement des Esquimaux, nous passâmes à la ménagerie d'Hagenbeck, où il y avait beaucoup d'animaux de tous les ordres zoologiques et de tous les pays. Lorsque nous eûmes bien fait le tour des compartiments où logeaient toutes ces bêtes, il se trouva que la " performance " allait commencer, ce qui était une aubaine extrêmement précieuse.

Le premier numéro du programme, ce fut un exercice étonnant qu'exécutait un gros éléphant. On amena l'énorme animal jusqu'au sommet d'un grand rocher artificiel, d'où partait un plan incliné, long d'une trentaine de pieds et dont la base était immergée dans une pièce d'eau d'assez forte étendue. Quand on pense que l'éléphant, sur un signal de son cornac, s'agenouillait sur le sommet du plan incliné et s'y laissant glisser jusqu'au bas plongeait la tête la première dans le bassin d'eau froide... Qui aurait cru qu'un animal d'habitudes terrestres pouvait se plier à une prouesse aquatique aussi extraordinaire ?

Le reste du programme, qui fut exécuté sur la scène d'une sorte de théâtre, comprenait des exercices variés, et absolument merveilleux, faits par des chiens, des chèvres, des lions, des ours bruns, et des ours polaires — oui, des ours polaires. Ces ours blancs, au nombre de sept, témoignèrent d'un dressage parfait. Je suis à peine revenu de la stupéfaction que j'éprouvai, en voyant qu'on réussissait à dompter et à dresser des animaux aussi féroces que ceux-là.

Pour terminer notre visite au Pike, nous allâmes assister au spectacle de la Création du monde. Ce n'est pas tous les jours que l'on peut être témoin d'événements de pareille envergure, et nous ne pouvions manquer l'occasion... La production et le développement des choses, tels que nous les vîmes se dérouler à nos yeux, confirmaient admirablement la théorie de Laplace. Je m'en étais toujours douté, aussi, que cette théorie avait du bon...

Nous aperçûmes donc, à l'origine de tout, le brouillard initial formé des éléments de la matière simplement tirée du néant, et pourvue par son Auteur des propriétés et des forces nécessaires à l'organisation et au fonctionnement de l'univers... La lumière radieuse apparut dans ces vapeurs ténébreuses... Les astres s'allumèrent dans le firmament... Les montagnes s'élevèrent, se creusèrent de vallons, et la végétation verdoyante apparut partout... Oh ! la splendeur de la première aurore, qui répandit sur la nature toutes les nuances les plus riches du rose, du safran et de l'or, jusqu'à l'instant où s'ouvrirent les portes de l'Orient, pour donner passage au magnifique Roi du jour, qui s'élança sur son char de feu vers la voûte des cieux... — Ce panorama grandiose, avec ses décors parfaitement agencés, était certainement l'une des plus saisissantes " attractions " que l'on pût voir.

Comme fin d'une journée déjà pas mal remplie, nous allâmes passer la soirée dans la section de l'Irlande, " The Gem of the Exposition", disait le programme, alléchés que nous fûmes par un boniment plein de promesses que nous entendîmes à la porte de l'enceinte, et par une jolie saynette que jouaient sur le balcon extérieur du pavillon deux gentils petits Irlandais. Nous n'eûmes d'ailleurs qu'à nous féliciter d'avoir cédé à notre esprit de curiosité. Car les deux heures que nous passâmes là furent pleines d'intérêt. Après avoir contemplé des reproductions de plusieurs édifices célèbres de l'Irlande, nous parcourûmes avec admiration les grandes salles où étaient réunis d'innombrables spécimens de l'art et de l'industrie du peuple irlandais. Pour ma part, j'ignorais complètement qu'il se faisait en Irlande de si belles et de si bonnes choses, en fait de tissus et de tous les autres produits industriels et artistiques. On aurait donc grand tort de croire qu'il n'y a dans ce pays que de pauvres chaumières et des champs de pommes de terre !

En revenant à l'hôtel, au sortir de l'Exposition irlandaise, il nous fut donné de contempler encore un spectacle de grande beauté. Ce 4 octobre, c'était le " jour " de New-York, et le palais de cet Etat, avec ses alentours, était illuminé d'une manière absolument merveilleuse ; je puis même dire que cette illumination surpassait peut-être, comme effet général, tout ce que j'ai jamais vu de mieux. Le plus étonnant, et qui en faisait l'originalité, c'est que l'on avait soigneusement exclu de la fête toute lampe électrique. Je vis là que la brillante fée de l'Electricité pourrait un peu baisser son caquet, qui domine peut-être trop à notre époque, et qu'après tout on peut, en y mettant du soin et de l'argent, se passer de son concours pour faire d'incomparables fêtes de nuit.

MERCREDI.—Ce troisième jour, nous avons visité des '' attractions '' extraordinaires, et qui sans doute n'ont jamais figuré dans les Expositions.

Ce fut d'abord une reproduction de Jérusalem, de ses murailles, de ses rues et de ses constructions les plus intéressantes. Au dire des affiches qui annonçaient ce spectacle et à la rédaction desquelles avaient présidé la modestie et la mesure habituelles des impresarios yankee, c'était là : '' The pride of the Fair'', '' A wonderful reproduction of the most interesting city in the World — The largest and most costly concession ever built — The Fair's greatest educator.'' On admettra qu'il aurait fallu avoir le cerveau et le cœur formés de granit, pour ne céder point à d'aussi alléchantes amorces.

Cette concession occupait, disait-on, douze acres de terrain, et valait en effet la peine d'être visitée. L'église du Saint-Sépulcre, la mosquée d'Omar, la Voie douloureuse, les ruines du temple de Salomon, des rues étroites et bordées de vieux édifices, des caravanes, des Orientaux aux costumes étranges : tout cela était intéressant et donnait quelque idée de la ville sainte. Un guide, Syrien ou Arabe, dirigeait les visiteurs dans le dédale des ruelles et des couloirs, et donnait sur tout de copieuses explications en un anglais si excellent que je n'y comprenais à peu près rien — ce qui a plus de bon sens que cela n'en a l'air.

Naturellement, comme il s'agit en ces affaires d'exploiter le visiteur le plus qu'on peut, les restaurants et les bazars ne manquaient pas dans les rues de cette Jérusalem, et il fallait de l'énergie pour ne pas se laisser vendre trop de " souvenirs " par les marchands et les marchandes d'articles de fabrication plus ou moins orientale.

Somme toute, il y avait dans toute cette reconstitution beaucoup de couleur locale, et j'aurais finalement versé dans l'illusion de me croire réellement en Palestine, si je n'avais lu à la devanture d'un café cette enseigne par trop moderne : " Drink a bottle of Coca-Cola for sale here." C'en fut fini de l'illusion que nous avaient donnée tous ces vieux murs de l'aspect le plus antique ! Secouant alors la poussière de nos pieds légers, nous nous enfuyons de cette Jérusalem où le passé et le présent jurent vraiment de se mêler si confusément.

Si nous allions un peu, maintenant, à la guerre ? C'est que plusieurs fois par jour on entendait d'un coin de l'Exposition une vive fusillade et de terribles explosions de bombes. On apprend vite que ces phénomènes bruyants se produisent au cours de la représentation de la guerre des Boers. D'ailleurs, partout on rencontre des affiches invitant les gens à se rendre à la " Boer War "; du matin au soir, on entend les mégaphones répétant au loin l'annonce de la " Boer War." Allons donc à la " Boer War", pour en avoir le cœur net. C'est, au dire du programme, " The Biggest Attraction of the World's Fair."

Ce spectacle était, assurément, d'un très grand intérêt pour la plupart des gens. Il y a peu de personnes, heureusement, et surtout en Amérique, qui aient assisté à de vraies batailles ; en voir une représentation assez fidèle, c'est déjà une satisfaction rare, étant donné surtout que les morts et les blessés ne font qu'avoir l'air de l'être.

Cela se passe en un colossal amphithéâtre couvert, disposé en gradins, et entourant un vaste terain qui est le champ de bataille.

Et cela commence par le défilé des figurants. Défilaient d'abord 300 hommes, représentant diverses armes des troupes anglaises et commandés par des vétérans de la guerre du Transvaal; puis 400 vétérans boers, à la suite desquels s'avancent Viljoen, le célèbre général boer, et enfin le général Cronje, le héros de Paarderberg, en l'honneur de qui s'élèvent d'enthousiastes acclamations de la foule, à mesure qu'il passe le long de l'amphithéâtre.

On s'est déclaré choqué, en mains endroits, de voir un grand homme comme Cronje condescendre à jouer un rôle dans une sorte de cirque ; c'était, a-t-on dit, une disgrâce pour la noble profession militaire. Le héros a cru devoir répondre à ces critiques dans un grand journal de New-York. Dans son touchant plaidoyer *pro domo*, il représenta qu'il ne pouvait déshonorer le métier des armes, puisqu'il n'avait jamais été soldat : c'est comme patriote qu'il a combattu les ennemis de sa patrie. Ensuite, d'un ton plein de mélancolie, il exposa qu'après son retour de captivité, il trouva son pays absolument ruiné ; tous ses enfants avaient péri à la guerre, et lui-même, resté seul avec leur mère, était absolument sans ressources, et trop âgé pour recommencer la lutte de l'existence. " J'étais, dit-il, trop vieux pour me remettre en arrière de la charrue, presque trop vieux pour vivre. Témoins de mes larmes, mes compatriotes ont voulu me secourir de leur misère. Ils étaient aussi pauvres que moi." Une occasion s'est présentée de gagner sa vie : il a cru devoir en profiter, pour éviter d'être à charge à personne.

Je crois que le lecteur sera de mon avis, si je dis qu'on ne saurait blâmer Cronje d'avoir consenti à tenir un rôle sur une sorte de théâtre militaire... Aurait-on préféré le voir mendier de porte en porte jusqu'à la fin de ses vieilles années ? On peut très bien regretter que les circonstances aient imposé à ce héros des conditions si dures ; mais, loin de voiler sa gloire, le sacrifice aussi généreusement accepté ne fait que la grandir et lui attirer encore plus de sympathie (1).

Venons-en maintenant à la représentation elle-même, dont la durée totale était d'une heure au plus. C'est la bataille de Colenso qui est en tête du programme. Les Boers, à l'abri des rochers qui

---

(1) Lorsque l'Exposition fut terminée, l'"attraction" fut transférée à New-York et, durant l'été suivant, à Coney Island, où elle eut grande vogue. Vers le mois de novembre 1905, Cronje reprit le chemin de sa patrie, pour y finir sa carrière dans la paix et la tranquillité.

dominent la rivière Tugela, font un feu terrible sur les troupes anglaises, dont la plupart des soldats tombent l'un après l'autre... Lorsque la bataille est finie, les ambulances viennent relever les morts et les blessés — plusieurs de ces derniers se relevant eux-mêmes pour s'en aller, y compris un beau cheval de l'Imperial Light Horse qui pousse la perfection de l'art jusqu'à ne se porter que sur trois pattes ! Puis des toiles s'élèvent en avant des longues estrades... pour masquer le changement des décors.

Le second numéro comprend la fameuse bataille de Paarderberg, où c'est l'artillerie qui joue le grand rôle et fait un tapage d'enfer. Cronje est réduit à se rendre à l'ennemi avec sa petite troupe ; les vainqueurs ébranlent le ciel et la terre de leurs acclamations (qu'ils n'ont jamais eu l'occasion de prodiguer beaucoup durant les trois années de la campagne). Enfin, pour terminer, c'est une grande parade où tout le monde figure à sa place, les Anglais, les Boers avec femmes et enfants dans les fameux chariots traînés par les bœufs.

Ce spectacle, si nouveau pour la plupart des assistants, était d'un intérêt poignant ; la fusillade et la canonnade lui donnaient un cachet de réalité terrifiante.

Ce fut là sans doute la principale attraction de l'Exposition de Saint-Louis, et celle qui fut la plus fréquentée. On peut affirmer, je crois, que personne n'est allé à cette Exposition sans assister au moins une fois à la Boer War. C'est dire que l'individu ou la compagnie qui organisa cette représentation a dû encaisser d'énormes bénéfices. Le prix d'entrée était de 50 sous à une piastre, suivant que les places étaient plus ou moins bonnes. On donnait trois représentations par jour. A celle où nous avons assisté, et qui était la 199e, les gradins étaient couverts de spectateurs, dont j'ai estimé le nombre à une dizaine de milliers. Si les recettes ont été aussi fortes à la plupart des représentations, on n'a pas dû craindre beaucoup la faillite. Il convient d'ajouter que les dépenses occasionnées par le montage d'une pièce aussi extraordinaire ont dû être très considérables.

Au sortir de ce drame de l'Afrique australe, nous nous dirigeâmes vers les régions boréales, sans trop nous arrêter à la pensée que cette démarche nous classerait parmi les gens qui passent facilement d'un extrême à l'autre. Cela n'est, au reste, qu'une transition plus ou moins adroite pour dire que nous nous rendîmes ensuite à l'attraction désignée sous ce nom : " De New-York au pôle Nord." Cette institution, c'était un " kinétorama électrique", où par une succession de tableaux l'on suivait un navire depuis New-York jusque dans les mers arctiques. C'était encore un spectacle supérieurement organisé, frappant de réalité et très intéressant à voir. On apercevait d'abord le navire de l'expédition dans le port de New-York, durant une belle soirée. On reconnaissait parfaitement l'aspect de la grande ville, qui peu à peu s'illuminait à mesure que la nuit se faisait noire. Puis le navire lève ses ancres, et se met en route, croisant d'autres vaisseaux qui arrivent. Voici un beau lever de soleil en mer ; voici la pleine mer, et bientôt la classique tempête, avec ses vagues énormes, les éclairs et le tonnerre. Voici les icebergs, et ensuite les champs de glace, la nuit des pays arctiques, l'aurore brillante du soleil de minuit. Enfin, c'est le pôle nord, et le drapeau étoilé qui s'y déploie. Le capitaine Bernier le disait bien, qu'avec tous ces atermoiments que les Canadiens mettaient à lui fournir les soixante mille piastres qu'il réclamait, les Américains finiraient par nous devancer. Il est vrai que ce n'est pas en un kinétorama que notre énergique compatriote veut atteindre le pôle nord !

Nous terminâmes une journée si bien employée — et qui le fut encore plus que je n'ai dit, puisque je n'ai pas parlé des exhibits industriels et autres dont nous avions entremêlé les attractions où nous allions nous reposer de temps à autre,— en assistant à un merveilleux concert de la Garde républicaine, où l'exécution d'extraits des " Meistersingers of Nuremburg", de Wagner, porta notre enthousiasme à un degré de considérable altitude.

JEUDI.—Voici une journée qui n'a pas beaucoup d'histoire, et où les grands spectacles ont beaucoup manqué, à notre point de vue personnel, bien entendu. Ce fut surtout pour nous une journée d'étude.

Nous visitâmes d'abord le palais de l'Anthropologie. Il faudrait je ne sais combien de centaines de pages pour énumérer tous les objets ethnologiques et autres devant lesquels nous avons passé. Mais ce que nous tenions principalement à voir, c'était l'exhibit du Vatican. On a dit, et avec raison, que ce qui importait surtout en l'espèce, c'était le fait même de la participation du Saint-Siège à l'Exposition de Saint-Louis. Car pour ce qui est des articles exposés, à part un certain nombre de belles mosaïques, on n'avait envoyé que des fac-similés d'un certain nombre des précieux manuscrits et enluminures des archives vaticanes. On ne devait pas s'attendre, naturellement, que l'on exposerait aux hasards d'un pareil voyage les trésors inestimables de la bibliothèque ou des musées du Vatican.

Les Jésuites de Montréal, beaucoup moins craintifs que les habitants de l'Europe, n'avaient pas hésité à faire courir les risques d'un long trajet sur les chemins de fer américains à une superbe collection de manuscrits et autres précieux documents relatifs à l'histoire du Canada. J'ai passé un bon nombre de... minutes à contempler ces richesses, parmi lesquelles j'ai particulièrement remarqué une lettre, datée du 31 mars 1791, de M. J.-O. Plessis, le futur évêque de Québec, sur la dernière maladie de " Bernard Wells " et autres sujets, et une Relation (13 mars 1730) du P. Laure, S. J., sur les missions du Saguenay.

Le palais désigné sous les dénominations de " Forestry, Fish and Game" nous a longtemps retenus. C'est ici, en effet, que l'amateur d'histoire naturelle trouvait davantage à se mettre sous la dent ou plutôt, ce qui revient au même, dans les yeux et dans le cerveau. Les Etats-Unis et beaucoup de pays étrangers s'étaient mis en frais pour y exposer ce qu'ils avaient de plus beau en fait de bois de construction et d'ornement, d'animaux à fourrures, d'oiseaux et de poissons utiles pour l'industrie ou l'alimentation. Plusieurs pays avaient même installé des aquariums plus ou moins vastes, pour y montrer à l'état vivant leurs espèces ichtyologiques les plus intéressantes, et il y avait toujours des foules stationnant devant ces spectacles nouveaux.— Quant au Canada, il triomphe dans ce palais, avec ses riches collections d'animaux à fourrure, grands et petits, et de bois de toutes sortes. " Rangés en bataille (écrivait le correspondant enthousiaste d'une revue de Paris), des bois de construction et d'ébénisterie présentent des teintes qui affoleraient le Faubourg Saint-Honoré et le Faubourg Saint-Germain. Pourquoi n'expédie-t-on pas cela en France ! "

Après avoir tant donné aux études sérieuses, nous pensâmes avoir mérité quelque récompense, et nous nous l'accordâmes sous la forme de récréations de choix.

Ce fut d'abord une promenade en chaloupe électrique dans le Grand Bassin et les canaux artificiels du centre de l'Exposition : c'est une course très agréable d'un bon quart d'heure au moins, le long des plus beaux palais et des avenues bordées de bocages et de jardins.

Ensuite, vint un concert donné par la musique de Berlin, dont le directeur était M. Franz von Blon.

Enfin, lorsque la nuit fut venue, nous assistâmes, au milieu d'une immense multitude, à un feu d'artifice, dont la pièce de résistance était le bombardement de Port Arthur par l'armée japonaise. Ce feu d'artifice, quoique remarquable, était loin d'égaler celui dont je fus témoin à l'Exposition de Buffalo, en 1901.

VENDREDI.—Mais, s'écrie le lecteur, vous ne nous parlez pas de l'exhibit de la France !... La France a pourtant pris part à l'Exposition de Saint-Louis, n'est-ce pas ?

— Parfaitement.

— Eh bien, alors, n'en direz-vous rien ? C'est fort bien, sans doute, de nous conter que vous avez entendu de la belle musique, fait une promenade en canot électrique, contemplé un navire filant vers le pôle nord. Mais nous vous verrions avec cent fois plus d'intérêt nous décrire les beaux tableaux, les belles statues, les riches tissus de soie, les bijoux artistiques, que la France a dû exposer à Saint-Louis.   Et surtout, l'article de Paris... Ah ! l'incomparable article de Paris !... Est-ce que, vraiment, vous n'avez seulement pas pensé à vous rendre au pavillon de la France, sur les World's Fair Grounds ?

— Si, je m'y suis rendu.

— Parlez donc, alors !   Parlez-nous des merveilles de l'art et de l'industrie que vous avez eu le bonheur d'y admirer.

— C'est que je n'ai pas pénétré à l'intérieur du pavillon.

— Par exemple !   Vous n'avez pas daigné faire un pas pour entrer dans ce temple du bon goût ?...

— Mais toutes les portes étaient fermées à clef...

— Ah ! vous vous êtes présenté là en dehors des heures règlementaires... Il fallait y aller en pleine demi-journée, lorsque tous les palais étaient ouverts !   C'est élémentaire, cela !

— Pardon, c'est au beau milieu d'une après-midi que nous avons voulu visiter le pavillon français, et que nous l'avons trouvé désert et fermé.

— Mais, c'est insensé !

— Encore plus insensé que vous ne croyez...

Car imaginez, lecteur d'Amérique, que sur une affiche posée près de la porte du palais de la France, on lisait que le public était admis à le visiter seulement tel jour de la semaine.   Pour y pouvoir entrer les autres jours, il fallait s'adresser par lettre à la Commission française et lui demander l'autorisation nécessaire ! — Il est de toute évidence qu'à la lecture de cette disposition fantastique, les quatre-vingt-dix-neuf centièmes des gens, frappés de stupéfaction, haussaient les épaules et s'en allaient pour ne plus revenir.

C'est dommage que les autres pays n'aient pas fait comme la France... Comme ce serait intéressant de visiter une Exposition où tous les palais resteraient fermés !

Ce que je ne parviens pas à comprendre, c'est que le gouvernement français se soit donné la peine de dépenser beaucoup d'argent pour prendre part à l'Exposition de Saint-Louis.   Il aurait été beaucoup plus simple de laisser en France les spécimens de l'art et de l'industrie du peuple français, plutôt que de les envoyer sur les bords du Mississippi pour les y tenir sous clef !

— Au fait, pourrait-on me dire, qu'y a-t-il en tout cela de si étonnant ? Les nations font des frais pour participer aux Expositions universelles, mais dans quelle intention ? Ne se proposent-elles pas d'y étaler, en concurrence avec leurs rivales, tout ce qui peut le mieux donner une idée complète de ce qu'elles sont ? Eh bien, admettez qu'en procédant à Saint-Louis de la stupide façon que vous dites, la France donne joliment l'idée de ce qu'elle est aujourd'hui : un pays où personne ne saurait remuer le petit doigt sans la permission du gouvernement ; un pays où tout ressort d'une administration puérile à force d'être minutieuse ; un pays qui force ses enfants les plus vertueux et les plus honorables à chercher asile sous les cieux étrangers ; un pays qui s'est privé volontairement des services d'un corps enseignant le plus dévoué et le plus habile qui se soit jamais vu ; un pays qui chasse de ses hôpitaux le corps d'infirmiers et d'infirmières le plus recommandable qu'aucun pays ait jamais possédé...

— Vous avez tout à fait raison, devrai-je répondre. La France s'est montrée à Saint-Louis telle qu'elle est, et elle conserve toujours le premier rang au milieu des nations, soit pour l'intelligence, soit pour la folie, et celle-ci à proportion de celle-là. Car il faut avoir grande provision d'esprit pour être dément à ce point-là. *Corruptio optimi pessima.*

Tout cela soit dit, par exemple, exclusivement à l'adresse du gouvernement de la France contemporaine et des Français qui le soutiennent. Car pour ce qui est de l'" âme " de la France, qui se compose de tout ce qu'il y a de délicat, de pondéré, de généreux, de noble, et qui est ce que nous aimons et admirons tant, ce n'est pas moi que l'on prendra jamais à la déprécier le moindrement...

Le gouvernement des Etats-Unis, lui, qui a bien un peu plus de savoir-faire que le gouvernement français, avait construit à l'Exposition de Saint-Louis un vaste palais dont il ne tenait pas les portes verrouillées et que l'on pouvait visiter sans en demander la permission à personne. Ses divers départements administratifs y avaient chacun leur exposition particulière, et l'on ne saurait assez dire combien il était intéressant de passer en revue tant d'objets importants. Par exemple, à la section de la Marine, il y avait d'admirables réductions des plus beaux navires de guerre de la flotte des Etats-Unis. La guerre exposait des canons dont le seul aspect vous inspirait le goût le plus intense pour la paix : ce qui démontrait tout de suite ce qu'il y a de raison dans l'antique axiome *Si vis pacem* etc. Mais la section de l'Intérieur nous retint bien davantage. Le musée national de Washington y avait envoyé de précieuses collections d'histoire naturelle. On voyait là toute ronde une grande baleine, des reproductions des immenses reptiles des âges géologiques, des poissons exotiques aux formes les plus singulières, des séries de papillons à faire sécher d'envie les entomologistes les plus froids.

Il y avait donc, dans ce palais du ministère de l' " Intérieur", une véritable accumulation de richesses industrielles et scientifiques. Aussi les autorités avaient multiplié les précautions pour les préserver de tout accident et surtout pour éviter absolument le danger d'incendie. Il me fut même donné, à cet égard, d'apprendre à mes dépens combien on prenait au sérieux les règlements administratifs qui régnaient en ces lieux. J'étais en effet entré dans ce palais en continuant de fumer le cigare que j'avais aux lèvres. Mais il n'y avait pas trois minutes que j'étais là, lorsqu'un long gendarme se précipita vers moi et me pria de jeter ce cigare. J'essayai de parlementer, et d'un ton badin je promis de ne plus activer la combustion du cigare, que je lancerais au dehors par la porte de là-bas quand j'y serais parvenu... Pas du tout ! mon gendarme accentua son air de sévérité et ne voulut rien entendre, et je n'eus pas la paix tant que je n'eus pas été jeter à l'extérieur le malencontreux cigare. Eh bien, j'approuve hautement ce zèle du garde ; et voilà comment j'entends l'exécution d'une consigne qui intéressait de si près la sûreté des trésors de tout genre accumulés dans l'édifice. C'est avant la catastrophe, et non après, — pourrait-on dire avec une parfaite naïveté,— qu'il faut prendre toutes les précautions nécessaires.

Mais voici, dans un bocage, une volière absolument colossale, une volière en fil de fer où il y a des bosquets et des pièces d'eau ! C'est la Smithsonian Institution de Washington qui présidait à cet exhibit d'un genre si nouveau dans les Expositions. Il y avait là des centaines d'oiseaux, de tous les ordres ornithologiques, qui voltigeaient d'une branche à l'autre, qui faisaient leur toilette dans les eaux limpides des bassins, ou qui la tête sous l'aile poursuivaient leur sieste sans souci du lendemain.

C'était une matinée bien remplie, que celle où nous avions contemplé tant de merveilles gouvernementales, si l'on peut dire ainsi, et tant de spécimens d'histoire naturelle. L'après-midi me procura des jouissances d'un tout autre caractère, mais d'une valeur non moins précieuse.

Il fallait bien, d'abord, visiter un peu la grande ville de Saint-Louis. Surtout, il n'était pas admissible que je manquerais l'occasion de faire la connaissance personnelle de M. Arthur Preuss, le célèbre journaliste catholique des Etats-Unis, et avec qui j'entretenais depuis longtemps des relations épistolaires. Donc, cette après-midi, j'allais aller " en ville", et tout seul, M. l'abbé Burque étant un peu souffrant.

J'eus bien quelque peine à me mettre en route. Car M. Preuss, dans les indications qu'il m'avait données pour parvenir à le trouver dans cette immense ville qui couvre une superficie de soixante-deux milles carrés, m'avait dit de prendre, au sortir de l'Exposition, le " Suburban Railway", c'est-à-dire le chemin de fer de la banlieue. Or, par une candeur plus ou moins admirable, je m'étais mis dans la tête qu'il s'agissait d'une voie souterraine, et je cherchai l'endroit par où l'on pouvait descendre sous terre et s'installer dans le train propice. Les officiers de l'hôtel et les gendarmes à qui je demandai des renseignements me donnèrent des informations que je trouvai peu satisfaisantes ; et il me sembla que quelqu'un avait la berlue en cette affaire, ou les gens de l'hôtel, ou les gendarmes, ou M. Preuss, ou moi-même.   Quant au lecteur, il voit déjà clairement que c'est moi qui étais, pour l'instant, "dans les patates".   Finalement, je sautai — ce qui est encore, dans mon cas, une simple figure de langage — dans le tramway, j'ouvris mon Bœdeker à l'endroit du plan de Saint-Louis, et je résolus de me rendre tout seul à ma destination, en m'aidant des indications de ce plan.   Cela réussit parfaitement, et après quelques tâtonnements j'arrivais triomphalement en face de l'édifice de l'*Amerika*.

L'*Amerika*, c'est un journal quotidien, catholique, de langue allemande, fondé par le père de M. Arthur Preuss — lequel était un professeur luthérien d'Allemagne, qui avait écrit un volume contre le dogme de l'Immaculée-Conception, ce dont la Très Sainte Vierge s'était " vengée " un peu plus tard, lorsqu'il eut émigré en Amérique, en le convertissant à la foi catholique.   M. Preuss père fit bien son possible pour détourner son fils de la carrière du journalisme.   Mais la vocation d'Arthur était irrésistible, et, dès le collège, il se préparait à sa future profession.   Et encore tout jeune, vers 1893, il fondait la *Review* (qui se nomme aujourd'hui *The Catholic Fortnightly Review*), revue hebdomadaire des intérêts catholiques aux Etats-Unis, qui n'a pas tardé à prendre le premier rang dans la presse catholique de l'Amérique du Nord.   Lorsque son père mourut il y a quelques années, M. Arthur Preuss ajouta à son labeur la publication de l'*Amerika*, et tout fut dit.   Un journal quotidien et une revue hebdomadaire : il faut n'avoir pas peur du travail, pour entreprendre une tâche pareille.

Je m'engageai donc dans les escaliers et les couloirs de l'établissement de l'*Amerika*, et pénétrai dans le bureau de direction.

— M. Preuss est-il ici ? demandai-je à un jeune homme d'air maladif, qui écrivait devant un secrétaire.

— Quel M. Preuss, s'il vous plaît ?

— M. Arthur Preuss.

— Mais c'est moi-même !

Une fois de plus, je constatais combien l'imagination nous joue de tours. Lorsqu'on s'occupe beaucoup d'une personne que l'on n'a jamais vue, mais dont on lit souvent les écrits ou dont on entend parler fréquemment, on a vite fait d'en "concrétiser" l'individualité. D'après ce que l'on connaît de son caractère et des qualités de son esprit, on se bâtit de toutes pièces son personnage, replet ou amaigri, fort en couleur ou malingre, de taille imposante ou raccourcie, d'un air terrible ou placide ; et l'on connaît son homme, quand on le voit agir de loin. Or, quarante-neuf fois sur cinquante, on s'est trompé : le personnage réel est presque toujours tout autre qu'on se l'était figuré. Cela ne manqua pas, encore cette fois, de m'arriver.

Je fus donc très étonné de trouver M. Arthur Preuss aussi jeune : il a à peine trente ans. Il est de complexion délicate et de santé plutôt précaire. Aussi n'ai-je pas été surpris d'apprendre que, peu de mois après mon passage à Saint-Louis, il a dû abandonner la direction de l'*Amerika,* pour ne conserver que celle de la *Review.* C'est bien l'une des grandes épreuves du chevalier des grandes causes, de voir les armes de combat peser trop lourdement à son bras affaibli !

Après une demi-heure d'agréable causerie, où le français et l'anglais étaient mis à contribution chacun son tour, je voulus prendre congé de M. Preuss, pour ne pas trop occuper de son temps si retenu par d'accablantes occupations. Comme je tenais à profiter de cette unique sortie en ville pour visiter le jardin botannique de Saint-Louis, dénommé " Shaw's Garden " du nom de son fondateur, je priai mon hôte de vouloir bien m'indiquer par quelles voies je pourrais parvenir à m'y rendre. Ayant donné quelques ordres à ses employés, M. Preuss sortit avec moi, dans l'intention, me dit-il, de me mettre à bord du tramway qu'il fallait. Par exemple il y monta en même temps que moi, et poussa la complaisance jusqu'à m'accompagner au jardin botanique. Le trajet pour y parvenir étant assez long, je pus voir une grande partie de la ville, dont l'aspect est fort semblable à celui des autres grandes cités des Etats-

Unis. Chemin faisant, nous traversâmes de très beaux parcs, le Tower Grove, etc.

Cette visite du jardin botanique m'intéressa vivement, grâce surtout à la compagnie d'un ami qui était lui-même amateur de fleurs et même botaniste : car M. Preuss, qui sait tout, connaît jusqu'aux appellations latines des plantes.

C'était la première fois que j'avais l'occasion de visiter un vrai jardin botanique, et je passai là une heure exquise, au milieu de toutes ces richesses végétales réunies de tous les continents. Ces grandes serres, que je n'avais vues qu'en gravures dans les Rapports annuels du directeur, je les parcourais l'une après l'autre, passant sans interruption d'un ravissement à l'autre...

Il est très bien organisé, ce jardin. Les arbres, arbrisseaux et autres plantes, sont étiquetés tout à fait scientifiquement, en sorte que l'amateur sait tout de suite à quoi il a affaire lorsqu'il s'arrête devant un spécimen végétal qui lui paraît intéressant.

De grandes allées très propres sillonnent en tous sens ce royaume des plantes. Du reste, si tout ce jardin est si proprement tenu, c'est que l'on prend, pour obtenir ce résultat, les meilleurs moyens tant positifs que négatifs. Et pour ce qui est de ces derniers, on n'y va pas de main morte ! Défense de fumer, en ces lieux ! Cela, tout de suite, préserve les promenades des bouts d'allumettes, de cigares et de cigarettes jetés partout par les fumeurs indiscrets... Ce que je ne m'explique pas, par exemple, c'est que se voyant l'objet de pareilles prohibitions dans tous les endroits les plus recherchés, les fumeurs ne finissent pas par renoncer à leur habitude singulière. Cela donne à penser qu'ils trouvent dans la satisfaction d'un besoin si factice des compensations précieuses aux ennuis qui les poursuivent... En outre, défense de manger dans le jardin botanique ! Les citoyens qui aimeraient à y venir quelquefois s'asseoir sur les gazons, à l'ombre des frais bocages, et y prendre une petite collation en compagnie de leurs belle-mère, épouse, enfants et bonne, sont priés d'aller ailleurs contenter un désir si légitime ! Cette interdiction est assez peu compatible avec la liberté qui règne habituellement dans les pays d'Amérique ; mais aussi vous ne voyez pas les papiers d'emballage et les moitiés de gazette, souillés de confitures, de graisse et d'huile, voltiger à travers les pelouses sous la poussée des zéphyrs peu délicats.

Nous revînmes du jardin botanique par une voie différente de celle que nous avions suivie pour nous y rendre, et cela me valut de voir une autre partie de la ville. A tel coin de rue, je devais monter sur tel tramway pour revenir à l'Inside Inn, lorsque M. Preuss entreprit de me démontrer que je devais l'accompagner à tel restaurant qu'il connaissait bien, et où nous causerions durant encore quelque demi-heure. Devant un pareil assaut de politesse, je dus me rendre à discrétion, et mon aimable vainqueur me conduisit dans une sorte de prison souterraine, qui était une brasserie allemande de très haut ton, sur les murailles de laquelle, en écriture artistique, se lisaient des inscriptions appropriées tirées des littératures de diverses langues. C'est là que nous passâmes une bonne heure, à deviser, entre la poire et le fromage, sur tous les sujets d'actualité du présent et du futur. Nous y " vendîmes le pays", celui du Canada comme celui des Etats-Unis, à des prix " défiant toute compétition", comme disent certains de nos annonceurs canadiens. Religion et politique, question des langues et des nationalités, journalisme catholique, relations futures du Canada et des Etats-Unis : tout fut effleuré, et réglé définitivement. Ce qui explique très bien la marche hâtive de nos procédés, c'est que nous pensions de la même manière sur presque toutes les questions !

Au lecteur qui ne connaîtrait pas M. Preuss par la *Catholic Fortnightly Review*, je dirai que c'est un homme aux connaissances approfondies — c'est un Allemand ! — sur tous les sujets, philosophie, théologie, histoire, langues classiques ; un polémiste armé de pied en cap et qui sait manier ses armes ; un publiciste très informé ; et par dessus tout un chrétien solide, fier de posséder la vérité intégrale, et d'un dévouement total au service de l'Eglise. Il n'y a qu'à souhaiter qu'il y ait en chaque pays un journaliste catholique de cette puissance, pour empêcher les endormis de dormir trop longtemps, pour neutraliser l'influence anesthésique des demi-chrétiens, et tenir en échec les mécréants de la plume...

Il faisait nuit lorsque je réintégrai le vaste toit de l'Inside Inn, sous lequel des milliers de voyageurs dînaient, ou lisaient les journaux, ou causaient des banales bagatelles, sans aucun souci des grands problèmes religieux ou économiques dont il importe pourtant de trouver bientôt la meilleure solution...

SAMEDI.—Nous avons visité, ce jour-là, le palais des Mines et de la Métallurgie, où le Canada tenait un rang distingué avec son riche exhibit de minéraux et de métaux... Ah ! la joie que l'on éprouvait à être Canadien, à la vue de ces foules qui s'arrêtaient et s'extasiaient en face de nos houilles, de nos minerais d'or, de cuivre, et de tant d'autres substances ! Nous en avons du mérite, nous les Canadiens, à pratiquer la modestie des pensées, des paroles et des actions, lorsque notre pays est si beau, si riche en ressources variées, et habité par le peuple si intelligent que nous sommes...

Les Arts libéraux, les Manufactures, l'Electricité, l'Education et l'Economie sociale : voilà encore les palais immenses que nous visitâmes ce jour-là, et où nous avons pu contempler des milliers d'exhibit de grand intérêt. Que l'on serait savant après avoir vu tant de choses, si, au cours d'une inspection si rapide, les objets ne faisaient pas qu'entrer par un œil pour... sortir par l'autre !

— Quel sentiment dominait chez vous, en parcourant tous ces édifices remplis des plus belles productions de l'industrie et des arts ?

— Le sentiment d'une énorme fatigue, croyez m'en !

Les gens qui ont visité des musées ou des expositions savent bien qu'il n'y a pas beaucoup d'autres labeurs aussi accablants pour la pauvre machine humaine. Et, pour ce qui était de nous, qui avions déjà cinq jours de marche dans les jambes, qu'on imagine ce que c'était que l'examen détaillé de cinq ou six autres grands palais jetés par là-dessus ! Aussi nous n'en pouvions plus, et il était temps que cela finît.

Ajoutez que ce 8 octobre la chaleur était accablante, à Saint-Louis. Les jours précédents, la température avait été fraîche, et même froide ; nous avions été jusqu'à grelotter, deux nuits durant, dans nos cellules au plafond de toile — faible barrière dont se riaient les aquilons, qui généralement n'y vont pas de main morte. Mais ce jour-là nous avons pu nous réchauffer dans une atmosphère tropicale. Ces détails permettront au lecteur de se faire une certaine idée du genre d'automne que l'on connaît à Saint-Louis, à condition, ce que j'ignore, qu'il en soit de même tous les ans.

Mais nous n'étions pas les seuls, en cette journée, à tirer la langue et à traîner de l'aile. Car il y avait à l'Exposition la plus grande foule de visiteurs que nous y ayons vue. Cela tenait sans doute à ce que c'était un samedi, jour où beaucoup de gens sont en mesure de commencer le repos du dimanche. Mais, en outre, c'était le " jour de l'Illinois", et à cette occasion les trains n'en finissaient pas de déverser à Saint-Louis des citoyens et des citoyennes de Chicago.

Pour notre dernière soirée à l'Exposition, nous assistâmes d'abord à un concert de la musique des " Grenadiers Guards", de Londres. Ces musiciens jouaient d'une façon exquise et reçurent de la foule une enthousiaste ovation.

Nous aurons donc, en cette semaine, eu l'avantage d'entendre les trois plus fortes — ou peu s'en faut — organisations de musique instrumentale de l'univers: les musiques de la Garde républicaine, de Paris, des Grenadiers Guards, de Londres, et de la fanfare allemande, de Berlin.

Quand la nuit fut devenue bien noire, il y eut sur les bassins une parade de gondoles et autres embarcations, toutes décorées de lanternes chinoises et vénitiennes, et portant des orchestres et des chœurs de chant qui alternativement exécutaient des andantés et des allégros, des marches et des valses, des pas redoublés et des romances. Combien c'était original, et joli, et charmant, cette

petite fête nautique de nuit ! Mais qu'est-ce cela ?... Ecoutez
donc... Mais j'ai entendu cela déjà... *Santa Lucia*... Est-ce bien
Santa Lucia qu'on chante ici, à Saint-Louis ?...

Et c'était *Santa Lucia*, la gracieuse romance d'Italie, que ce
chœur chantait doucement.   On attaquait déjà le couplet

> O dolce Napoli,
> O suol beato,
> Dove sorridere
> Vuol il Creato ;
> Tu sei l'impero
> Dell' armonia !

J'ai entendu ce chant si doux en Italie ; je l'ai entendu dans la
province de Québec.   Mais quelle surprise et quel charme il y avait
à l'entendre jusque sur les bords du Mississippi !...

Cependant, il est l'heure de rentrer.   Comme c'est notre dernière soirée à Saint-Louis, nous parcourons encore une fois la
merveilleuse avenue centrale de l'Exposition, regardant longuement
cette féerique illumination de tous ces palais aux lignes si artistiques... Lorsque vous venez de faire, à Rome, votre visite d'adieu
à la basilique Saint-Pierre, vous avez peine, en vous éloignant, à
détacher vos regards de la colonnade fameuse qui en forme comme
les bras accueillants.   Mais vous avez le secret espoir de revoir un
jour ce spectacle unique.   Le départ est plus poignant lorsqu'il
faut se dire que les merveilles qui vous ont enchanté ne seront plus
là si jamais vous y revenez.

XIV

Départ de Saint-Louis.—En gare de Chicago.—Indescriptible tohu-bohu.—Un
tour d'automobile.—Le Field Columbian Museum.—A l'église canadienne de Notre-Dame.—Les abattoirs de Swift & Co.— Une rencontre
imprévue.—Quand une compagnie industrielle se met à être polie...
—A la Bourse.—Parc Lincoln et autres points intéressants.—Tout
cela finit dans un septième étage.

A 10 heures du matin, le 9 octobre, nous étions installés dans
un char du " Chicago & Alton Railway." Mais cette installation
n'avait pas marché toute seule, et elle n'était pas d'un confortable
beaucoup merveilleux. C'est que le train était absolument bondé
de voyageurs. En effet, ce jour-là, les citoyens de Chicago s'en
retournaient chez eux après avoir passé quelques heures à l'Exposition. Aussi, il n'était pas question, cette fois, de voyager dans
le char-palais, et nous fûmes encore heureux de pouvoir nous
emparer d'une banquette où, par la chaleur étouffante qu'il faisait
en ce jour, il nous fallut passer la journée serrés comme dans un
étau : un martyre qui dura sept heures. Ah ! si l'on croit que les
voyageurs sont toujours au comble de l'agrément ! si l'on croit
qu'en l'espèce les médailles n'ont jamais de revers !

Par bonheur, cette foule au milieu de laquelle nous nous trouvions était aussi bon enfant que possible. De braves gens, aimables
et polis, ces marchands de cochon et de farine de Chicago — comme
les qualifient dédaigneusement certains illustres chroniqueurs des
journaux d'Europe—, et de tenue irréprochable. Et à ce propos,
je déclare que, durant ces quatre semaines de séjour aux Etats-
Unis, je n'ai pas rencontré un seul individu sous l'influence des
vapeurs alcooliques, ni à l'Exposition, ni sur les chemins de fer, ni
dans les hôtels, ni dans les rues des cités. J'ai du plaisir, ici encore
et sur un pareil chapitre, à rendre bon témoignage en faveur du
peuple des Etats-Unis.

A cinq heures du soir, nous entrions en gare de Chicago. Je
vous prie de croire qu'il en arrive des lignes de chemin de fer à cette
gare ! et qu'il y en a d'innombrables voies d'évitement sur le vaste

espace qui dépend de la gare ! C'est un problème insoluble pour moi, que l'aisance avec laquelle les mécaniciens paraissent trouver leur chemin au milieu d'un pareil fouillis de rails — où, pour le sûr, et pour le moins qu'on puisse dire, il n'y a pas de chatte qui n'y perdrait ses petits. Je suis émerveillé, positivement, qu'il ne s'y produise pas vingt-cinq collisions par quart d'heure : car, s'il y a là tant de voies qui se croisent ou se côtoient, on admettra facilement que la circulation y est active ; de fait, il y a toujours quelque locomotive ou quelque train qui avance ou qui recule, qui arrive ou qui parte, qui joue de la cloche ou de la sirène. Ah ! le tintamarre qui règne jour et nuit dans ces grandes gares des grandes villes américaines !

Dans les rues, par contre, c'est le calme et le silence, qu'interrompt seulement, de temps en temps, le passage de quelque voiture de tramway. En un mot c'est dimanche, le dimanche des pays anglo-saxons.

Nous n'avons pu rester que deux jours à Chicago. C'est peu de temps pour visiter une ville si considérable. Aussi, le lecteur qui croirait essentiel à son bonheur de connaître à fond cette colossale agglomération de citoyens et de citoyennes, fera bien de chercher des documents ailleurs que dans ces notes légères où il n'y a absolument que le dessus du panier.— Du reste, s'il faut en croire ce que l'on entend un peu partout, les honnêtes gens qui n'appartiennent pas à la police chicagoenne ont toute raison de n'être pas curieux de voir le fond du panier dont il s'agit.

Nous avions décidé de consacrer notre première demi-journée de séjour à Chicago à visiter la partie sud de la ville, et de faire cette course en automobile. De notre hôtel, situé dans le quartier commercial, jusqu'à l'endroit où nous devions trouver le véhicule qu'il nous fallait, il y avait à faire un trajet d'une dizaine de minutes. Jamais je n'oublierai l'angoissante fournaise où nous fûmes jetés durant ce court espace de temps et l'énorme mouvement de choses et de gens au milieu duquel nous nous trouvâmes empêtrés — exposés à chaque instant, que sais-je ? à nous voir piétinés, broyés, laminisés, vaporisés... Des centaines et des centaines de tramways, de diligences, de voitures de tout genre ; des milliers et des milliers de piétons pressés, affairés, se croisant en tous les sens, qu'on aurait dit poursuivis par des troupes de lions, de tigres, de loups rugissants... L'on ne peut seulement pas, dans cet effroyable tourbillon, penser à quoi que ce soit de ce qu'il faut faire, et l'on n'a plus à son service, pour se tirer d'affaire, que l'instinct de la conservation. Ah ! les gens qui passent leur vie dans cette incroyable intensité de vie, doivent bien s'ennuyer quand ils viennent se promener dans notre paisible Québec, où l'on fait tout avec tant de poids et de mesure ; où l'on n'est pas saisi, dès qu'on met le pied sur un trottoir, par des courants irrésistibles qui vous emportent en des directions opposées ; où l'on peut traverser d'un côté à l'autre de la rue sans avoir réservé son tour une semaine à l'avance ; où l'on a toujours, enfin, la tête à soi.

Ce qui m'étonna le plus, lorsque nous eûmes atteint le coin où se trouvait l'automobile retenue pour nous, ce fut de constater, en recouvrant mes esprits, que nous étions sortis vivants du cataclysme à travers lequel nous avions passé.— J'ai pourtant vu, aux heures d'encombrement, les grands boulevards de New-York, de Londres, de Paris ; et je me demande s'il ne faut pas donner la palme à ceux de Chicago en la matière dont il s'agit en ce moment.

Deux heures durant, nous voguâmes à bord de l'automobile dans la partie sud de la ville, souvent sur des boulevards droits, larges, pavés en asphalte et sans voies de tramway : je laisse à penser si la machine roulante sut profiter de ces conditions idéales et prendre des vitesses endiablées. Puis nous circulâmes en tous sens dans les belles allées du Jackson Park, tout au bord du lac Michigan : c'était l'emplacement même de l'Exposition universelle de 1893, et l'on peut aisément deviner que dans un endroit pareil les palais, les jardins et les bocages devaient offrir un aspect tout à fait grandiose.

Nous remarquons que, pour un 10 octobre, la végétation fait encore assez belle figure à Chicago. Les arbres ont bien perdu un tiers de leur feuillage ; mais les pelouses sont encore verdoyantes, et les plantes d'ornement ont toujours des fleurs dans leurs chevelures.

On a conservé le palais des Beaux-Arts de l'Exposition, parce que probablement on l'avait construit dans cette intention. C'est un édifice en pierre et de vastes dimensions. On y a installé un immense musée, connu sous le nom de Field Columbian Museum (1). L'ethnologie, la botanique, la zoologie et la paléontologie sont les sections les mieux fournies ; mais on peut dire que dans tous les domaines de l'histoire naturelle les collections sont considérables. Les squelettes de mastodonte, de mégathérium, de dinosaure, de plésiosaure y figurent à l'état naturel ou par des moulages bien exécutés. Dans l'entomologie, les papillons tiennent le haut du pavé en d'innombrables casiers. Les bois de commerce des principaux pays sont abondamment représentés. Bref, ce musée, dont la fondation est encore récente (1894), est déjà l'un des grands musées du monde. On pourrait crier au prodige, si l'on ne savait pas qu'avec assez d'argent on peut, en maintes affaires, suppléer à la vertu des siècles. Et tout indique qu'en cette institution les ressources financières n'ont pas manqué. Car non seulement on a pu acheter tant d'objets rares pour ces collections ; mais en outre on a envoyé en diverses parties du monde des expéditions chargées de recueillir les spécimens, ou de faire sur le vif des études ethnologiques de peuplades encore peu connues ; on publie des mémoires scientifiques, en plusieurs séries, et dont la valeur est considérable.

Il y a encore à Chicago maintes autres institutions scientifiques ou artistiques, qui montrent l'emploi intelligent que font de leur or ces prétendus " marchands de cochon." Il n'est pas du tout certain que des négociants en dentelle ou en épinglettes feraient mieux. En tout cas, si l'argent passe pour être le nerf de la guerre, il n'est pas moins le nerf de la paix ; et, quoique cela puisse être peu flatteur

----

(1) Ce musée a été fondé grâce au don d'un million de piastres que fit en sa faveur un riche marchand de Chicago, M. Field, décédé en janvier 1906, et qui était le propriétaire du vaste établissement Marshall Field.

pour les " intellectuels", il arrive généralement que le développement de la littérature et de la science ne dépend que des ressources
pécuniaires qu'on met à leur service. Si vous voulez avoir des
Virgile et des Horace, ayez d'abord des Mécène !

Toutefois, l'esprit de religion et de patriotisme arrive souvent
à se passer des grands capitalistes et de leurs amas de capitaux, et
à produire des merveilles en faisant sortir des oboles légères de
beaucoup de bourses très maigres. Nous en eûmes la preuve dans
la paroisse canadienne de Chicago.

Car il y a depuis longtemps, à Chicago, une paroisse canadienne
du nom de Notre-Dame. Où n'y en a-t-il pas, aux Etats-Unis, de
paroisses canadiennes ! Il est sans doute lamentable de voir tant
de nos compatriotes perdus pour notre patrie. Mais, comme dans
la plupart des questions, il y a ici aussi des points de vue consolants.
Par exemple, ces troupes d'avant-garde nous conquièrent toujours
bien, de ci de là, et sans rien dire, de belles régions ! Et puis, ces
frères nous font honneur sur la terre étrangère par leur intelligence
et leurs succès ! Mais aussi, quelle douceur il y a à retrouver ainsi,
au cours d'un voyage, comme un petit coin de la patrie sous un
ciel lointain.

Ce ne fut donc pas sans une véritable émotion que nous allâmes
frapper à la porte du presbytère canadien de la rue Sibley. Le
curé, M. l'abbé A.-L. Bergeron, nous fit cet accueil hospitalier
auquel nous sommes si bien habitués dans la province de Québec.
L'un de ses vicaires, M. l'abbé E. Bourget, un musicien fort remarquable, originaire de Saint-Joseph de Lévis, et qui fut durant
quelques années l'un de mes collègues au séminaire de Chicoutimi,
se mit aussitôt à notre disposition avec une amabilité toute canadienne. La bonne heure que nous passâmes là, avec ces messieurs
de la cure ! Je me demande encore comment nous avons pu réussir
à nous arracher de là, vers le soir, pour retourner à notre froid hôtel.

Le curé Bergeron nous fit les honneurs de son église avec une
satisfaction évidente et parfaitement légitime. Car l'église de
Notre-Dame est remarquablement belle et richement décorée.

C'est une rotonde, sans colonnes, surmontée d'un grand dôme. Les fresques, les vitraux coloriés, l'illumination électrique, tout est d'un cachet très artistique. Le maître autel, en marbre, passe pour l'un des plus riches de l'Amérique, et M. l'abbé Bergeron, qui en a dirigé l'exécution, est justement fier de ce beau morceau d'art.

Il y a aussi, dans la paroisse, un grand couvent tenu par les religieuses de la Congrégation de Notre-Dame, de Montréal.

Au cours de notre visite au presbytère, l'abbé Bourget voulut bien nous offrir de passer avec nous la journée du lendemain, la seule que nous avions encore à consacrer à Chicago. Cette proposition, nous l'acceptâmes avec un enthousiasme complet. Car la compagnie de quelqu'un qui s'y connaît, pour visiter rapidement une ville immense comme Chicago, c'est d'un inappréciable avantage.

Donc, le mardi matin, M. Bourget vint nous prendre à notre hôtel, ainsi qu'il était convenu, et nous partîmes pour aller visiter d'abord les abattoirs de la Swift & Co. Il y a plusieurs de ces compagnies qui exercent la même industrie. Mais la vue d'un seul de ces établissements est tout à fait suffisante, généralement, pour assouvir la curiosité, qui existe à l'état latent dans l'esprit de tout individu de la race humaine, de visiter les abattoirs fameux de Chicago.

Il faut parcourir six milles de chemin de fer pour se rendre aux abattoirs. Or voilà qu'en entrant dans la gare et en passant le long d'un train tout prêt à partir pour le Sud, j'en vois descendre précipitamment un clergyman qui s'en vient me sauter au cou... Après discussion suivant la méthode analytique, je constatai que ce monsieur aux apparences de santé vigoureuse, à la figure ornée d'une barbe bien fournie et d'un noir d'ébène, n'était autre que mon ami l'abbé Antonio Huot, du séminaire de Québec, et qui, depuis trois ans, se guérissait de plus en plus d'une phtisie jadis inquiétante, dans l'hospitalière famille du Dr Pinault, de Minnéapolis... Le plus extraordinaire, c'est que, faute de temps, nous venions justement de renoncer au voyage de Minnéapolis, que j'avais tenu à mettre sur notre itinéraire pour voir… Saint-Paul du Minnésota, et surtout pour faite visite à cet abbé Huot, que nous n'avions pas revu à Québec depuis 1901. Et nous nous retrouvions là, dans cette gare, et au moment précis qu'il fallait, puisque peu de minutes auparavant ou peu de minutes après cet instant, l'événement n'aurait pu se produire. Bref (c'est le cas d'user de cette transition), après deux ou trois minutes de conversation en style télégraphique, M. Huot dut remonter pour ne pas le manquer dans son train de chemin de fer, où se trouvait la famille Pinault, qui a l'excellente coutume d'aller passer les hivers dans la Louisiane.

Mais nous fîmes aussi, dans cette même gare d'un chemin de fer que je serais bien en peine de nommer, une autre rencontre tout aussi extraordinaire, à un point de vue tout différent. C'était celle d'un aimable jeune homme, du nom de Carroll, que la " Swift & Co." avait envoyé au devant de nous, et qui s'était rendu jusqu'au presbytère de Notre-Dame pour y prendre soin de nous… Cela, par exemple, c'était un peu fort ! Nous n'étions pas habitués à nous voir l'objet de pareils égards… Décidément, ces " marchands de cochons " sont de plus en plus surprenants… En tout cas, tandis que nous faisions assaut de politesses avec le guide qui nous tombait du ciel d'une façon si imprévue, nous nous efforcions vainement, à part nous, de trouver la clef du mystère si impénétrable où nous nous voyions engagés. Ce fut l'abbé Bourget qui nous donna la solution du problème, que voici en deux mots. Le curé de Notre-Dame, qui a des intelligences dans la place, sous forme de relations avec un M. Joyce, du haut personnel de la Compagnie Swift, l'avait informé que deux membres du clergé de Québec iraient, ce matin, visiter l'établissement, et cela avait suffi pour mettre en branle toute la courtoisie de ces messieurs.

Notre guide ne se contenta pas de nous amener jusqu'à la porte du vaste établissement ; mais il nous accompagna aussi à travers toutes les parties de cette immense organisation, nous donnant tous les détails utiles pour nous mettre au fait de son fonctionnement. Cela nous valut aussi d'être admis dans des pièces où le commun des visiteurs n'entre pas. Il en vient beaucoup de ces visiteurs à toute heure du jour : car un étranger ne saurait passer par Chicago sans aller voir ces fameux abattoirs, célèbres dans le monde entier. Dès qu'il y a assez de gens d'arrivés pour constituer un groupe un peu considréable, un guide vient les prendre et les conduit dans les principaux départements.

On a décrit souvent la façon dont l'on abat les animaux dans ces abattoirs, et j'en profite pour n'en rien dire ici. Je mentionnerai seulement que l'on procède à ces boucheries avec une extrême rapidité : par exemple, on saigne jusqu'à mille cochons à l'heure ; et puis, l'on y met aussi peu de cruauté qu'il est possible... Il ne fallut pas beaucoup — de bœufs, de cochons et de moutons égorgés sous nos yeux pour nous rassasier tout à fait de spectacles aussi répugnants pour des âmes sensibles. Et nous nous éloignâmes volontiers de ces scènes d'agonie pour suivre plutôt les diverses opérations par lesquelles ont à passer les viandes de boucherie avant d'être prêtes pour le marché. Tout se fait là avec grand soin et avec une attentive propreté.

Il était midi lorsque s'acheva notre visite. Nous ne manquâmes pas de nous rendre alors au bureau de M. Joyce pour le remercier de tous les égards que l'on avait eus pour nous. M. Joyce n'entendit pas, toutefois, que nous quittions l'établissement sans avoir pris aussi le dîner au restaurant de la Compagnie ! Ce restaurant, où les employés ont l'avantage de prendre leurs repas à des prix très modiques, se trouve à l'étage supérieur d'un grand et bel édifice occupé par les divers bureaux de l'administration. Toujours accompagné par notre guide, nous grimpons donc là-haut à bord de l'ascenseur, et nous trouvons dans une vaste salle à manger, où tout brille de propreté, où le service se fait avec attention, et où nous prenons part à un véritable festin constitué par des viandes exquises ; qui sait, nous disions-nous, si nous ne mangeons pas là des faisceaux musculaires de tel animal que nous avons vu saigner il y a deux heures ?

Nous quittons le restaurant aussitôt que possible, et montons en tramway pour être à la Bourse de Chicago avant l'heure de la clôture. Notre guide nous accompagne encore dans ce trajet de retour : car, je ne sais comment, la " Swift & Co." a deviné que nous désirions assister à ce spectacle de la lutte financière, et elle nous y fait conduire.

Après tant de prévenances et d'attentions, je serais un monstre d'ingratitude si je ne disais pas à tous les négociants en provisions du monde entier : achetez et vendez les viandes de la Compagnie Swift ; et à tous les consommateurs de l'univers : mangez, mangez les viandes de la Compagnie Swift : ce sont les meilleures qu'il y ait sur le marché !

Ce devoir accompli, passons par le Rialto, un édifice immense et rempli de tous les bureaux d'affaires imaginables, et pénétrons de là dans l'établissement voisin qui est la Bourse. Nous y arrivons à une heure de l'après-midi, un quart d'heure avant la clôture.— Si quelque lecteur est poursuivi depuis longtemps par le désir (puisqu'on dit que tous les goûts sont dans la nature) de savoir ce que c'est qu'un bruit infernal, je lui conseille de faire comme nous : d'aller passer quelques minutes à la Bourse de Chicago. Il aura ensuite une idée de ce que le genre humain est capable de faire, en fait de clameur effroyable ; il aura trouvé l'idéal du fracas horrible ! Quant à celui qui ne peut pas aller à Chicago, étant donné que tout le monde, après tout, ne peut pas aller à Chicago, il pourrait, faisant appel aux ressources de son imagination, se figurer qu'il entend les aboiements nocturnes de 500 chiens du Labrador, les hurlements de 500 chats qui simultanément auraient la queue prise dans l'embrasure d'une porte, le bruit de 500 marteaux d'ouvriers posant des rivets à la bouilloire d'un transatlantique, de 500 tramways passant à la fois dans une rue de ville, etc., etc. ; moyennant quoi il aurait quelque idée de ce que l'on entend à la Bourse de l'un des grands centres financiers de l'univers. Celui qui là-dedans n'entendrait rien pourrait sans conteste être regardé comme atteint d'une surdité assez décourageante.

Du haut d'un balcon, nous contemplions le tumulte et l'acharnement qui régnaient dans la fournaise financière. Sur chacune des trois ou quatre estrades du parquet, il y avait bien une couple de cents personnes qui, à la fois et faisant des signes de leurs bras levés, s'agitaient, clamaient, criaient, vociféraient... J'ignore, même à un degré qui ne saurait être dépassé, à quelles opérations se livraient tous ces forcenés, et je ne tiens pas du tout à le savoir, si bien que je prie ceux de mes obligeants amis qui y comprendraient quelque chose de se garder bien de m'éclairer en cette matière. Qui dira qu'il n'y a pas une satisfaction très délicate à refuser d'apprendre l'art de gagner deux cent mille piastres " en un tour de gueule", — à moins que ce ne soit celui de les perdre !

Toujours est-il que, juste à une heure et quart, une cloche donna le signal, et la tempête s'apaisa instantanément ; tous les spéculateurs redevinrent du coup des hommes comme les autres.

Au sortir de cette inoubliable visite, le bon abbé Bourget dirigea notre promenade vers quelques endroits plus spécialement intéressants pour nous. Ce fut, par exemple, la cathédrale catholique, riche édifice, aux colonnes de marbre, aux verreries splendides, et sombre comme les grandes églises d'Europe ; la bibliothèque publique, aux proportions immenses, d'une ornementation plus riche mais moins artistique, à ce qu'il me paraît, que celle de la bibliothèque publique de Boston ; les grands et célèbres magasins Marshall Field, dont l'organisation est merveilleuse, comme celle de tous ces vastes établissements des Etats-Unis ; le fameux hôtel de l'Auditorium, l'un des plus somptueux du monde entier. Nous y poussâmes même l'enthousiasme jusqu'au point de nous faire servir quelques rafraîchissements dans la salle dite Pompéïenne et dont la décoration, très curieuse pour notre époque, reproduit autant que possible le genre de la Rome antique, ou plus exactement sans doute, de la fastueuse Pompéi. Je ne mentionnerai, comme l'un des traits caractéristiques de cette installation recherchée et pour en donner quelque idée, que la belle fontaine qui est établie au-dessus d'un grand bassin de marbre, et dont les eaux limpides

22

paraissent successivement blanches, vertes, rouges et violettes. Et c'est donc au murmure discret de cette onde jaillissante que vous prenez là votre glace à la vanille, suivie de la cigarette délicieuse.

Le parc Lincoln s'étend le long du lac Michigan, que l'on prendrait bien pour l'océan, en voyant au loin le ciel se confondre avec les eaux ou quelque grand steamer se détacher sur l'horizon lointain. Nous ne tardons pas, d'ailleurs, à devenir d'une belle indifférence pour ces spectacles de la mer et de la terre, en tombant tout à coup au milieu des aigles, des condors, des lions, des tigres, des panthères, et autres hôtes plus ou moins aimables d'une ménagerie que l'on entretient là pour l'instruction des visiteurs et des visiteuses.

Cette promenade, si remplie et que nous aurions volontiers renouvelée avec tous les développements possibles, se termina au restaurant " Roma", où l'abbé Bourget nous emmena dîner à l'italienne : un restaurant situé dans un septième étage et des fenêtres duquel nous pouvions prendre les passants de la rue pour des citoyens de la cité de Lilliput.

XV

A travers le Michigan méridional.—DETROIT.—Ou est donc le " Yolande Car"? —Procédé à suivre pour trouver des cochers, à Détroit.—Cette idée d'éclairer le firmament.—A WINDSOR, Ontario.— Dans le parc de Belle-Isle.—La moitié d'une catastrophe.—Moralité qui se dégage de l'incident.—Arrivée à BUFFALO.

Nous quittions Chicago le mercredi 12 octobre, journée que nous passâmes toute entière sur un train du " Michigan Central Railway." Après avoir contourné l'extrémité sud du grand lac Michigan, nous pénétrons dans l'Etat du Michigan et le traversons de part en part en sa partie méridionale.

Ce trajet ne manqua pas d'intérêt, du moins au point de vue géographique. Nous vîmes là un pays plat, où les arbres sont nombreux. Seulement, à la date où nous étions, ces pauvres arbres étaient à moitié dégarnis de leur feuillage ; ce qu'il leur restait de feuilles, colorées de jaune et de rouge, leur formait pourtant encore une somptueuse décoration. Dans les endroits cultivés, c'est le maïs qui tenait le haut du pavé (si l'on me permet cette façon de dire), et partout sur le sol se voyaient des monceaux d'épis mûrs, espoir des engraissements prochains de dindons et autres bipèdes ou quadrupèdes, ou encore des amas d'opulentes citrouilles dont les vastes proportions promettaient je ne sais quel nombre prodigieux de pâtés succulents. Et puis, dans le Michigan méridional, il n'y a pas que des touffes d'arbres, et des champs de blé d'inde ou de citrouilles ; il y a aussi beaucoup de villes plus ou moins considérables et qui paraissent remplies de manufactures. J'eus même la satisfaction de reconnaître, à son enseigne caractéristique, l'usine où se fabrique le " Malta Vita", produit alimentaire qui, à ce que proclament les annonces, etc...

Après huit ou neuf heures de ces spectacles — dont la vue successive ne saurait faire courir à personne le risque de contracter la moindre affection neurasthénique,— nous entrons en gare de Détroit, sur les six heures du soir.

Cette intéressante cité de l'Etat du Michigan est située sur la rive sud-ouest du lac Saint-Clair, qui n'est qu'un élargissement de la rivière Détroit, laquelle met en communication le lac Huron et le lac Erié. En moins d'un siècle, la population de Détroit est montée de 770 âmes à 318,000 : développement admirable et en face duquel il serait de la plus grande imprudence de faire peu de cas de l'amitié du moindre petit village, qui peut très bien, en effet, dans soixante-quinze ans d'aujourd'hui, finir par être une grande ville... Disons donc que Détroit est à peu près de la taille de Montréal, mais d'une toilette moins à la mode et d'un tempérament beaucoup plus tranquille. Car il est assez connu qu'à Montréal, comme dans quelques autres grandes villes de notre époque, on naît, on vit et on meurt sans prendre seulement le temps de souffler.

Nous avions un jour à notre disposition pour faire connaissance avec Détroit, centre industriel et commercial très important. Nous étions, suivant notre habitude et comme je donne à tous les touristes un peu pressés le conseil de procéder, nous étions sur le point de noliser une voiture de place pour visiter rapidement les endroits les plus dignes d'intérêt, lorsque nous découvrîmes, sur une affiche quelconque, qu'à telle heure et à tel coin de rue passait un " char d'observation", nommé *Yolande Car*... C'était tout à fait notre affaire.   Aussi, nous volons au coin de rue indiqué, et nous y mettons à faire les cent pas, ne laissant passer aucune voiture de tramway sans espérer que ce serait le Yolande Car.   Mais plus ça allait... moins il y avait de Yolande Car !   Au bout de trois bons quarts d'heure passés à scruter l'horizon de tous les côtés, nous apprenions que, la saison étant si avancée et les touristes si clair-semés, le Yolande Car avait justement la veille terminé sa saison d'activité, et qu'il était maintenant remisé pour l'hiver.   Rien à dire, évidemment, de ce retrait de la circulation ; seulement, on aurait aimé à le savoir ! — Et alors nous nous mettons en quête d'une voiture de place ; nous allons de ci, de là ; plus nous parcourions telle rue et puis telle autre,... moins nous découvrions de station de cochers.   Et lorsqu'un coupé quelconque nous passait en route, il ne manquait pas d'être occupé ; et lorsque nous en trouvions un d'arrêté près du trottoir, il était, non moins naturellement, retenu.   Cela finissait par être agaçant, et je surpris même ma folle d'imagination à se dire : " C'est bien !   Cachez vos voitures, pour empêcher les étrangers de voir votre ville, ô Détroitiens !... Mais j'aurai mon tour... Je vous le dirai, votre fait, allez! quand je serai à écrire la page 340 de mes chroniques de voyage!"...

Juste au moment où naissaient en mon esprit ces effroyables projets de vengeance, un homme se rencontra, je veux dire un gendarme municipal, dont l'air nous inspira tout de suite la confiance.   Dans son gilet nous épandîmes nos doléances : une heure passée à attendre le " Yolande Observation Car " ; une demi-heure, à chercher un véhicule introuvable... Ce brave homme nous expliqua alors que pour trouver des voitures, à Détroit, il fallait aller aux endroits où il y en a, c'est-à-dire chez des entrepreneurs de locomotion qui en tiennent chez eux, à la disposition des clients. Et il voulut bien, prenant en main nos intérêts, courir lui-même chez l'un de ces industriels du voisinage, d'où nous venait, quelques minutes après, un équipage très convenable.

Longue et intéressante fut cette course à travers les plus beaux quartiers de Détroit. Les maisons particulières sont généralement d'apparence soignée, et comme la tranquillité paraît régner partout, on se dit : Mais il ferait bon résider ici... si, pour quelque raison, on ne pouvait plus passer sa vie à Québec.— Mais enfin, à Détroit comme dans les autres villes d'Amérique, il n'y a toujours bien que des maisons alignées le long de rues tirées au cordeau ; et l'on n'y trouve pas de ces monuments qu'il vaut la peine de venir contempler de bien loin. Tout ce qu'il y a là de remarquable et par quoi l'on n'oublie plus Détroit, ce sont les poteaux qui supportent les lampes électriques dans les rues de la ville. Ce n'est sans doute là rien de propre à faire pâmer les gens ; mais c'est toujours cela, et cela suffit à donner une note d'originalité au milieu des choses banales qui encombrent notre séjour terrestre. Donc, à Détroit, les poteaux de lampes électriques, ce sont des tourelles triangulaires en broches de fer, qui s'élèvent bien à une cinquantaine de pieds au-dessus du niveau, sinon de la mer, au moins de la terre. A la pointe de ces sortes de poteaux s'étalent quatre lampes, que l'on est porté parfois à prendre pour les étoiles de quelque petite constellation. Comme ces foyers lumineux ne répandent à peu près aucun éclat à la surface du sol, on se demande si les autorités municipales de Détroit se sont proposé autre chose, en éclairant de la sorte la partie supérieure de l'atmosphère habitée, que de rendre service aux oiseaux qui auraient affaire à sortir la nuit. D'autant mieux qu'il y a aussi dans les rues, à une élévation ordinaire, d'autres lampes électriques pour l'utilité des pauvres hommes.

L'après-midi, nous décidâmes d'aller faire une promenade à

Windsor.   Cette petite ville, où habitent tant de nos compatriotes, est située en face de Détroit, et l'on s'y rend aisément par une ligne de bateaux traversiers.   Située à l'extrémité ouest de la presqu'île d'Ontario, cette localité se trouve donc en Canada.   Et ce fut ainsi que ce jour-là, après tant de semaines passées en pays étranger, nous eûmes le bonheur de remettre le pied sur le sol de la patrie —à l'ombre du drapeau britannique—et sous la direction administrative de Sir Wilfrid Laurier.   Mais, tout ce bonheur-là, avec son triple sectionnement, qu'est-ce que cela vaut, pour des Canadiens-Français, au prix d'un quart d'heure passé dans la province de Québec à regarder couler le beau Saint-Laurent...

A Windsor, c'est comme à Détroit : vous seriez bien un mois, le nez en l'air, au coin d'une rue, sans apercevoir même un soupçon de voiture de place qui attende les clients.   L'ennui que nous éprouvâmes, ici encore, à nous procurer un véhicule !

Nous finissons par découvrir dans certaine rue, au cours de nos allées et venues, l'enseigne d'un propriétaire de voitures, et nous faisons appareiller un vaste coupé, attelé de deux chevaux à la noire crinière...

Il ne faut que peu de temps pour faire le tour de la jolie ville de Windsor.   Nous nous rendons ainsi jusqu'au grand hôpital catholique, au milieu des belles voies plantées d'arbres et bordées de parterres fleuris.   Puis, projetant de finir l'après-midi par une promenade au célèbre parc de Belle-Isle, nous retenons, pour plus de sûreté, notre voiture, et la ramenons à Détroit qui communique, par un pont très considérable, avec le parc de Belle-Isle, lequel — ainsi qu'on aura probablement l'idée de le conjecturer — se trouve sur une île, nommée Belle-Isle en français antique et authentique.

Cette île, assez vaste, est située vis-à-vis la partie est de Détroit et comme à l'entrée sud du lac Saint-Clair.   Elle est entièrement occupée par le parc qui porte son nom.   Ce parc, en si belle situation, est très attrayant, avec ses grands arbres, ses pelouses bien entretenues et ses parterres fleuris — quand ils le sont.   Car, à cette date du 13 octobre, l'éclat des floraisons s'est déjà bien obscurci chez les plantes d'ornement. Par contre la végétation sauvage fait son dernier effort de décoration, en constellant les gazons encore verdoyants de ces brillantes fleurs d'or que sont les vulgaires dentdelions.

Par la température délicieuse qu'il faisait ce jour-là, cette promenade de voiture autour du parc de Belle-Isle, et dans ces belles routes ombragées qui suivent les contours des bords de la rivière et du lac, était d'un charme singulier,— qui, tout à coup, par exemple, et lorsque nous n'étions plus beaucoup loin du pont qui nous ramènerait à Détroit, fit place aux plus vives émotions de l'effroi et de l'épouvante...

L'une des pièces de l'attelage s'étant soudainement détraquée, l'un de nos deux chevaux en perdit aussitôt la tête, et son compagnon, voyant qu'il y avait quelque chose, fut prompt à en faire autant. Voilà donc les deux coursiers bel et bien emballés... Pour précipiter la solution de l'incident, le cocher les détourne dans le bois clairsemé qui borde la route ; et les voici qui s'élancent vers la rive du lac, toute proche à cet endroit... En ce moment, l'abbé Burque s'élance à tout hasard de la voiture et tombe sur le gazon... J'étais moi-même à délibérer sur le meilleur parti à prendre dans une situation aussi confuse et dont les péripéties se succédaient avec la vitesse de la pensée ; j'allais enfin adopter une ligne de conduite qui était nécessairement une question de vie ou de mort, lorsque le problème se résolut tout seul par l'arrêt subit de la voiture, sur le siège de laquelle je retombai tranquillement assis... Ce qui était arrivé, c'est que le cocher, se souciant peu de voir son équipage s'engager dans les eaux du lac d'où il n'était plus qu'à quelques dizaines de pieds, avait encore réussi à le détourner sur la droite ; une banquette se trouvant là en travers, les chevaux avaient sauté par-dessus en la renversant sous les roues de la voiture qui s'y bloqua solidement. Toutes les attaches se rompent à ce coup brusque, et les chevaux partent au galop pour une destination inconnue... Le cocher, précipité de son siège, se relevait sans trop de dommage, et l'abbé Burque, qui ne s'était fait non plus aucun mal en tombant sur le gazon moelleux, nous rejoignait aussitôt.

Voyez-vous cela, lecteur ? Ces longs trajets en chemin de fer que nous faisions depuis six semaines, et dans une période de temps où le " record " des catastrophes s'est élevé, sur les voies ferrées des Etats-Unis, à un degré qui n'avait jamais été atteint ; ces longs trajets, dis-je, nous les avons accomplis sans cesser d'être sous le coup des appréhensions les plus vives et les plus lugubres, nous attendant, à chaque instant, à nous voir en conflit avec quelque locomotive emballée. Et c'est dans un accident de voiture ordinaire que nous avons failli éprouver des dommages corporels plus ou moins considérables ! Il semble qu'il devrait suivre de là qu'il suffit d'avoir grande peur d'un péril quelconque pour n'avoir pas à le redouter ; et vice versa. Mais l'absurdité d'une pareille conclusion est par trop évidente. Ce que l'on doit plutôt déduire de cette aventure, c'est qu'il faut avoir grand soin de tenir toujours, dans l'ordre spirituel, son actif bien au-dessus de son passif : car il n'est pas d'instant où l'on ne puisse avoir à présenter son état de compte à l'Auditeur suprême...

Cependant l'aventure n'était pas finie. C'était évidemment quelque chose de n'avoir ni bras ni jambe hors de service, de n'avoir pas même le crâne défoncé. Mais ce n'était pas tout. Il était cinq heures du soir, au moment de l'accident, et il nous fallait prendre le train à six heures pour Buffalo. Or nous nous trouvions fort loin de notre hôtel et de la gare, sans aucun moyen, dans ce parc, de nous procurer une voiture pour atteindre le tramway de Détroit. Mais il fut prouvé encore une fois que des Canadiens, fils de la France, descendants des héros de Carillon, etc., etc., ne reculent jamais devant les circonstances les plus hasardeuses. Aussi engageâmes-nous tout de suite une lutte désespérée avec le jour décroissant, et cela sans avoir la ressource d'arrêter le soleil, comme autrefois Josué. Laissant là le cocher à verser des larmes sur les ruines de sa grande voiture, nous partîmes à une allure rapide, et à pied, faute de mieux. La belle voie du parc nous parut bien moins intéressante qu'auparavant ; le pont, dont l'architecture ne nous disait plus rien, nous sembla d'une longueur invraisemblable. En le traversant, nous rencontrâmes nos deux chevaux, qu'un passant charitable ramenait à leur maître ; eux non plus n'avaient guère subi de dommage dans l'accident. Seulement il était facile de voir, à l'air embarrassé qu'ils avaient en nous croisant sur la route, qu'ils étaient absolument confus de leur sotte équipée... Enfin, voici le tramway, tout encombré de travailleurs charbonnés, qui descendent à tous les coins de rue, et retardent d'autant notre retour. Nous descendons nous-mêmes à un croisement de voie, et ne savons plus vers quel des points cardinaux nous diriger. Heureusement un petit porteur de journaux se trouve là qui, avec une politesse charmante, vient à notre secours, nous renseigne sur la situation géographique du lieu où nous sommes, nous met enfin sur la voie à suivre. Et tout se passa si admirablement qu'à six heures nous faisions nos adieux aux gens du Wayne Hotel, et qu'à six heures et dix minutes nous étions installés sur le train du " Michigan Central", en partance pour Buffalo. Ce trajet de 251 milles qui conduit de Détroit à Buffalo, se fait en six heures : ce qui veut dire d'abord que la vitesse de la marche est considérable, et ensuite que nous débarquâmes à Buffalo à 1 heure et 20 minutes du matin, ou plutôt à minuit et vingt minutes : car c'est à Buffalo que commence l' " Eastern Time", autrement dit le fuseau horaire sous le système duquel toutes nos montres et horloges de l'est de l'Amérique sont censées marcher.

XVI

A Niagara.—L'idéal hôtel où nous tombâmes.—Chez nos hérétiques américains.
—Raisons qu'il y a de se presser d'aller voir Niagara.—Où l'art de la
photographie nous mit de belle humeur.—Excursion sous la chute.—
La question des "souvenirs".—Toronto.—Un dîner "national".—
Quand *nous* aurons pris l'Ontario...—L'hôtel King Edward.—A bord
du *Corsican.*— Dans les canaux du Saint-Laurent.— Montreal.—
"Three Rivers".—Lorsque j'aurai fait un héritage de dix millions...
—Quebec.

Sous prétexte qu'en 1901, ayant à peine visité Buffalo, je n'y
avais rien vu de remarquable, nous décidâmes qu'il n'y avait pas
lieu de nous y attarder pour rien ou à peu près. Aussi, dès le
matin du 14 octobre, à 9 heures et 50 minutes nous partîmes, par
le " New York Central", pour Niagara. Ce trajet dure un peu plus
qu'une heure et demie.

Ce fut dans la ville américaine de Niagara que nous descendîmes pour y passer vingt-quatre heures. Cette petite ville, bien
propre, bien bâtie, et pleine d'arbres, est un séjour très agréable.
Et pour ceux qui aiment la grande nature, ils n'ont pas ici à se
plaindre, en face de tous les grandioses paysages qu'ils peuvent
contempler à chaque pas.

Et le charmant hôtel où le dieu des touristes se plut à nous
conduire ! Tout y est calme et paisible comme en une maison de
moines, et l'esprit s'y repose dans les meilleures conditions. On
n'entend pour tout bruit que la clameur sourde et colossale de la
cataracte toujours mugissante. A part l'édifice principal, l'hôtel
comprend aussi plusieurs pavillons isolés. Nous sommes, M. Burque
et moi, presque les seuls hôtes de l'une de ces villas, qui est une
maison d'âge avancé, et garnie de meubles d'ancien style. Dans
le cadre de toutes ces vieilles choses, nous nous trouvons en une
sorte de " sweet home " comme il y a longtemps, nous semble-t-il,
que nous n'en avons pas rencontré. Bref, nous sentons qu'il sera
pénible de nous éloigner d'ici, quand sonnera l'heure du départ...
Pour les repas, tout le monde des logis divers se rend à la salle à

manger commune, dans l'édifice principal de l'hôtel. Quand on
pense que, au dîner, comme on s'aperçut que, pour observer notre
loi de l'abstinence en ce jour de vendredi, nous délaissions les
appétissantes côtelettes et le plantureux bifteck et que par conséquent nous faisions vraiment trop maigre chère, quand on pense,
dis-je, que l'on prit la peine, séance tenante, de faire cuire du poisson
à notre intention ! Etait-ce assez familial, ce séjour en un pareil
hôtel ? Je profiterai d'ailleurs du sujet qui est venu ici se mettre
sous ma plume pour dire que, dans ces pays protestants que nous
traversons depuis six semaines, au Canada comme dans les Etats-
Unis, nous n'avons nulle part aperçu le moindre indice d'intolérance
religieuse. Et pourtant, dans les hôtels, les wagons-restaurants,
les steamers, nous n'avons pas manqué une seule fois, soit en nous
mettant à table, soit en nous en éloignant, de faire ostensiblement
nos prières accoutumées, sans omettre les signes de croix. Il est
inutile d'ajouter qu'une conduite de ce genre, dans la sorte de pays
catholique qu'est aujourd'hui la France, provoquerait fréquemment
diverses manifestations de blâme ou de moquerie.

Nous avions donc résolu de passer tout un jour à Niagara,
pour étudier et admirer à notre aise cette merveille de la nature
avant qu'elle ne disparaisse à jamais. On sait, en effet, que des
géologues affirment que dans une trentaine de mille années il faudra
faire son deuil de la grande cataracte... Il y a des personnes
capables de conclure de là d'abord qu'après cette disparition les
nouveaux mariés de la province de Québec seront — hélas ! —
dans un bel embarras, de ne pouvoir plus faire à Niagara leur
voyage de noces ! — et ensuite, et surtout, qu'il n'y a vraiment
pas à se presser tant pour aller voir la chute... Pour ce qui est de
ce dernier point, ces personnes auraient toute raison de croire que
l'on peut en effet prendre son temps, s'il n'y avait à compter qu'avec
la nature ; mais il y a aussi, à Niagara, l'industrie qui ne peut se
résoudre à laisser sans emploi la force gigantesque développée par
l'énorme quantité d'eau qui tombe à chaque instant de la falaise.
Et voilà que chacun, aux Etats-Unis comme en Canada, veut capter

une partie de cette force hydraulique pour en faire de la lumière ou n'importe quoi... Ce n'est donc plus de l'humour que l'on fait, quand on dit qu'il faut se hâter d'aller voir Niagara avant que toute la cataracte ne soit utilisée par je ne sais combien de dynamos américaines ou canadiennes, comme il arriverait dans un avenir assez prochain, si les gouvernements des deux pays, protecteurs des intérêts du pittoresque, ne réussissent pas à mettre une digue au zèle égoïste des industriels.

En attendant tout cela, les touristes qui font les frais d'un voyage à Niagara seraient bien avisés, il me semble, s'ils prenaient le temps de contempler comme il faut l'incomparable merveille qu'ils sont venus voir, pour s'en retourner l'esprit et les yeux pleins de souvenirs grandioses. Pour nous, dès notre installation à l'hôtel, nous retenions une voiture pour toute la journée, et nous nous en trouvâmes bien. Une course de deux heures sur le rivage américain, avant le repas du midi, et, après, une autre course de deux heures sur le côté canadien, nous permirent de voir tous les aspects de la cataracte, sous tous les angles et dans toutes les directions possibles.

Je n'ai sans doute pas à donner ici des impressions que j'ai déjà exprimées en 1901, lors d'une visite rapide faite cette année-là à la grande chute. Il me suffira tout à fait de dire que ces impressions n'ont fait que se décupler et se centupler par cette contemplation à loisir, qu'il m'a été donné d'opérer trois ans après, de la fameuse cataracte. Quant à l'abbé Burque qui, lui, est un poète bien connu et même un artiste à l'état plus ou moins latent, il était encore plus que moi, par suite de ses accointances lyriques, en proie à tous les sentiments admiratifs les plus intenses...

Il ne fallut pas moins, pour nous ôter les ailes qui nous avaient transportés à je ne sais quelle hauteur du domaine de l'enthousiasme et nous faire retomber sur le prosaïque terrain des choses d'ici-bas, que la rencontre de gens à éducation pratique...

Et donc, à tel endroit, sur le côté américain, un escalier vous invite à descendre. Vous descendez donc et vous arrivez à une plate-forme très bien aménagée, d'où vous avez une très belle vue des chutes. Dès que vous détournez un moment les yeux du spectacle, vous apercevez, sur la plate-forme, un monsieur très sympathique qui vous demande si vous n'aimeriez pas à vous faire photographier dans un décor aussi extraordinaire. Qui résisterait à l'idée de voir se profiler son humble individualité sur un fond de tableau qui serait, ni plus ni moins, la masse d'eau du Niagara ?... Vous acceptez la proposition ; on vous met en la position requise, et vous voilà fixé sur la plaque sensible, vous détachant nettement des eaux bondissantes de la cataracte... Naturellement, comme on vous l'explique au bureau où l'on vous a conduit, ce n'est que par certain artifice de métier que vous aurez, sur la photographie, cet aspect héroïque ; et même l'on vous fait choisir, entre plusieurs, la position que vous désirez occuper, soit au pied, soit en face ou sur un côté de la chute. " Eh bien, monsieur, on développera cette épreuve, et dans quelques jours nous vous enverrons par la poste, à votre adresse, les photographies... Combien voulez-vous en avoir d'exemplaires ?...

— Cela coûte... Combien ?

— Une piastre seulement par copie.

— Oh !... Alors... Envoyez-m'en deux...

— Deux ?... Mais y pensez-vous, monsieur ?... Deux seulement !... Savez-vous, monsieur, que c'est excessivement intéressant d'avoir sa photographie comme cela... "

Et voilà qu'on se met en frais de nous convaincre que, mon compagnon et moi, nous ne pouvons décemment commander moins, chacun, qu'une ou deux douzaines de photographies. Cela ne ferait que $24 chacun !... Je prie le lecteur de s'efforcer à trouver tout seul à quel coefficient de vitesse nous envoyâmes promener ces effrontés d'Américains...

Or, dans notre promenade de l'après-midi, sur le côté canadien, il se passa un incident absolument identique, lorsque nous fûmes affublés de vêtements en caoutchouc pour aller " sous la chute." Seulement, cette fois, on nous représenta combien tous nos amis seraient enchantés d'avoir notre image, et avec un costume aussi pittoresque, le fond du tableau étant toujours la chute Niagara sous tel ou tel de ses aspects... Bref, cette éloquence — ah ! les méfaits de l'art oratoire ! — nous amena encore une fois vis-à-vis la lentille photographique... " Ces photographies, messieurs, coûteront une piastre par copie. Combien faudra-t-il vous en préparer?

— Deux pour chacun de nous...

— Deux ?... Mais y pensez-vous ?... Deux seulement !... " Etc.

Nous étions déjà nerveux au seul souvenir de notre aventure du matin. De la voir se renouveler deux heures après, et de nous entendre presser de nouveau d'y aller encore une fois de $24 chacun pour des photographies, soit $48 pour la journée, cela nous fournit l'occasion de remporter sur le démon de la colère la plus belle victoire qui se soit jamais vue...

Au sujet de cette promenade " sous la chute", qui s'exécute du côté canadien, je dois rappeler qu'à mon précédent voyage, en 1901, il fallait descendre des escaliers établis contre la falaise, puis s'engager sur un étroit pontage en bois qui s'étendait jusque sous le rebord de la chute, dans un espace laissé libre entre le rocher et la masse d'eau qui tombait en surplombant. C'était fort émouvant, et l'on serait revenu trempé, des pieds à la tête, de ce séjour dans le nuage de vapeur et de pluie qui s'élève constamment du choc des eaux bondissantes, si l'on n'avait eu la précaution d'endosser auparavant un vêtement complet de caoutchouc.

Mais en 1904 tout cela est changé — au moins jusqu'à un certain point. On va encore se promener sous la chute, et même plus avant : mais on s'y rend aujourd'hui par un passage creusé dans le roc. On m'a dit que c'est le gouvernement canadien lui-même qui a fait les frais de cette amélioration destinée à mieux accommoder les touristes ; mais j'ignore vraiment s'il faut ajouter cette dépense à la liste interminable des bienfaits ou des méfaits (suivant que l'on est ministériel ou oppositionniste) du gouvernement du Canada. On a donc creusé en plein roc un puits très profond où fonctionne un ascenseur, qui dépose le touriste intré-

pide à l'entrée d'un long tunnel, se dirigeant du côté et en dessous
de la chute, dont on aperçoit la masse d'eau par des ouvertures
placées de distance en distance.   Le spectacle est très impression-
nant... Bien que les parois de ce tunnel soient humides, et que
l'on soit exposé à être atteint de quelques gouttes d'eau lorsqu'on
s'approche des ouvertures ménagées pour voir tomber la masse
aqueuse de la cataracte, je n'attesterais pas par serment qu'il soit
à ce point nécessaire de revêtir ce grotesque costume en caoutchouc
pour faire cette excursion souterraine.   Mais il faut admettre que
l'industriel qui loue ces vêtements, et le photographe qui fournit
au touriste l'avantage de se revoir, quand il veut, en la manière
d'une sorte de pompier, ont tout à fait raison d'interpréter en leur
faveur et dans leur intérêt le doute qu'il y a en cette affaire.   Ces
gens ont là chacun une excellente vache à lait, ou, si l'on préfère,
une merveilleuse poule aux œufs d'or, et ils font bien d'en profiter
aux dépens des voyageurs naïfs et timides que nous sommes tous
à l'occasion...

Dans la ville américaine de Niagara, il y a un musée au sujet
duquel des circulaires qu'on donne aux passants font un beau tapage.
Je n'ai même jamais vu d'exemple aussi complet du talent que l'on
a, aux Etats-Unis, pour la réclame.   Malheureusement le temps nous
manqua pour aller voir les merveilles scientifiques que l'on affirme
avoir réunies dans ce musée.

A Niagara, comme dans tous les endroits fréquentés par les
touristes, il y a des magasins de " souvenirs", où il est bien difficile
de ne pas entrer pour regarder tant de curiosités qui s'y trouvent :
bijoux, objets d'histoire naturelle, produits de l'industrie domes-
tique de la localité.   Seulement, une fois que vous avez pénétré
dans ces boutiques, vous êtes devenu la pauvre petite souris à qui
le chat, aux manières élégantes et aux yeux demi-clos simulant le
sommeil, ne permet de se mouvoir que dans un rayon assez restreint,
en attendant la catastrophe finale.   Ah ! le marchand, pour l'ordinaire, du moins, ne vous croque pas tout vif.   Mais il vous dévore
tout de même, sans avoir l'air de s'en occuper ; il n'a qu'à diriger

habilement vos regards sur tels articles si jolis, à énoncer comme négligemment certaines réflexions qui procèdent d'un art savant : vous voilà persuadé qu'il serait criminel de ne pas profiter d'une occasion aussi providentielle d'acheter un " souvenir " pour monsieur votre filleul, et mademoiselle votre cousine. Quand l'enthousiasme aura disparu, vous constaterez à quel prix énorme vous avez acheté ces riens tout brillants. Voilà encore l'une des épreuves qui attendent le malheureux touriste, non seulement à Niagara, mais dans tous les lieux célèbres de tous les pays du monde.

Enfin, après avoir goûté à Niagara, vingt-quatre heures durant, tous les charmes du repos, de la paix et du silence, quoique au milieu des formidables mugissements de la cataracte, nous partîmes le 15 octobre pour achever notre tour d'Amérique. Nous suivons, à bord d'un tramway électrique, la fameuse voie dite " Great Gorge Route", qui court en bas de la falaise sur la rive droite de la rivière Niagara, jusqu'à Lewiston, N.-Y., où nous montons sur un steamer de la " Niagara River Line", à bord duquel nous traversons le lac Ontario. Tout ce trajet par une claire et fraîche journée d'automne, est très agréable et tout à fait dépourvu d'incidents. Seulement, nous constatâmes que les steamers de la ligne faisaient en ce jour leur dernière traversée de la saison, entre les ports de la rivière Niagara et Toronto. C'est ainsi que, sans le savoir, nous avons été menacés de passer l'hiver à contempler les tourbillons du Niagara, en attendant l'ouverture de la navigation, au printemps suivant, où il nous aurait été possible de reprendre l'exécution de notre itinéraire. Il est d'ailleurs permis de croire que, faisant céder la rigueur de notre programme, nous aurions tout simplement pris le chemin de fer et contourné l'extrémité ouest du lac Ontario, pour atteindre tout de même la ville de Toronto. Aujourd'hui que je n'éprouve plus l'impatience du retour, je regrette que nous n'ayons pas été forcés de recourir à ce trajet, qui nous eût donné l'occasion de voyager à travers cette belle région occidentale de la province d'Ontario.

Nous avions toute l'après-midi à passer à Toronto, en attendant le départ du bateau qui devait nous ramener à Montréal. Suivant notre méthode habituelle, et pour permettre à M. Burque qui se trouvait ici pour la première fois de connaître un peu l'aspect de la grande ville, nous fîmes en voiture une course d'une couple d'heures. Nous faisions ensuite une promenade à pied sur la rue Yonge, lorsque tout à coup un jeune gentleman vint m'arrêter sur le trottoir... " Comment !... Vous voilà à Toronto, M. Huard ! — Est-ce possible !... C'est vous, M. Gagné ! "

M. Lad. Gagné, originaire de Saint-Joseph d'Alma (Lac Saint-Jean), avait été jadis l'un de mes élèves au Séminaire de Chicoutimi ; après avoir fait là-bas quelques classes du cours classique, il s'en était venu, n'ayant qu'une connaissance légère de l'anglais, étudier à l'école de génie civil de l'Université de Toronto. Il en sortit, au bout de deux ou trois ans, avec la première place et tous les honneurs académiques qu'il se peut. C'était déjà beau, ce triomphe d'un petit Canadien du Lac Saint-Jean sur les fils de la race supérieure !... Je retrouvais notre héros fixé à Toronto, et remplissant les fonctions de second ingénieur de la " Niagara & Ontario Power Co.", ou quelque chose d'à peu près cette dénomination.

Une heure auparavant, j'avais été relancer jusque dans son atelier d'artiste en bijouterie M. Oscar Masson, fils de mon ami Masson, le journaliste connu, et qui depuis deux ans se perfectionnait dans son art, à Toronto.

Répondant à notre invitation, ces deux jeunes hommes, tout heureux de rencontrer des gens " de chez eux", vinrent dîner avec nous à notre hôtel. Et, ce soir-là, la salle à manger de l'établissement retentit des accents les plus français du monde. Du reste, au témoignage de nos hôtes, il y a maintenant à Toronto toute une colonie canadienne-française, avec son curé et son église particulière. Il ne faut pas le dire trop haut, sans doute, mais il est au moins utile de noter que nous sommes actuellement à faire tout pacifiquement la conquête de la province d'Ontario. Dans un siècle d'ici, l'Assemblée législative de la province-sœur ne délibérera

23

plus qu'en français... Moi, je brûle de l'impatience de voir arriver cette époque-là. Savez-vous pourquoi ? — C'est pour *nous* voir accorder à la minorité de langue anglaise un ou deux sièges dans le ministère provincial, et bien des emplois dans le service civil, suivant sa force numérique ! C'est pour *nous* voir garantir aux protestants un système scolaire séparé et organisé suivant leur bon plaisir ! C'est pour *nous* voir affirmer hautement, en faveur de la minorité, le maintien de l'anglais comme langue aussi officielle que le français !

En attendant ces jours fortunés pour la Nouvelle-France, j'eus la confusion de n'être pas compris lorsque j'allai pour régler la note au bureau de l'hôtel, et de voir le commis faire venir un interprète pour communiquer avec moi ! C'était un peu fort, lorsque j'achevais justement de faire le tour de l'Amérique anglaise, où l'on avait partout très bien compris mon anglais... Au revoir, messieurs de Toronto, dans un siècle d'ici ! C'est nous qui appellerons alors des interprètes.

Nos jeunes amis, pour prolonger le plaisir de la rencontre, voulurent nous accompagner jusqu'au bateau sur lequel nous devions prendre passage vers les sept heures du soir. Nous savions que les grands vapeurs *Kingston* et *Toronto* avaient cessé de voyager et pris déjà leurs quartiers d'hiver, et nous étions résignés à faire sur un bateau sans doute bien moins confortable cette navigation entre Toronto et Montréal dont j'avais tant vanté les charmes à l'abbé Burque. Et cela commença vraiment bien ! Car, en arrivant au quai nous apprenions que le *Corsican*, qui pour lors tenait la ligne entre Hamilton et Montréal, était en retard d'au moins deux heures. D'un cœur léger nous acceptâmes la situation et décidâmes, sur la proposition de nos aimables compagnons, de profiter de ce supplément de séjour à Toronto pour aller visiter le King Edward, grand hôtel de construction récente et dont on nous décrivait avec enthousiasme la somptueuse installation.

Citoyens de la vieille Europe qui lirez ces humbles pages, laissez-moi vous apprendre qu'en Amérique,— où l'on sait organiser

le côté matériel de la vie, et où l'on ne continue pas une manière
de faire pour la seule raison qu'il y a quinze siècles qu'on la pratique,— sachez, dis-je, qu'en Amérique les hôtels ont toujours une
salle d'entrée plus ou moins spacieuse, qui contient les bureaux,
les débits de tabac, de journaux, et où n'importe qui a toute liberté
de venir fumer son cigare et lire sa gazette au milieu des pensionnaires de l'établissement. C'est une sorte de club social ouvert à
tout le monde, et où l'on va, quand on ne sait où aller, rencontrer
des amis et philosopher avec eux sur les derniers événements.
Ah ! c'est là une belle institution !

Eh bien, je suis en mesure de proclamer, moi aussi, que le
King Edward est un hôtel d'allure princière ; il est vraiment de la
race des grands hôtels du continent. Sous l'éclat d'un splendide
luminaire électrique, aux sons d'un excellent orchestre, dans la
douce chaleur qui régnait céans, nous passâmes là deux belles
heures à deviser des choses du passé et du présent, de Québec et
d'Ontario, des Etats-Unis et du Canada..

Le *Corsican*, lui, n'arriva que vers les onze heures du soir.

J'ai connu des épisodes beaucoup plus gais que cet embarquement, dans la nuit obscure et par cette température froide,sur un
sale vaisseau de cabotage qui existe sans doute depuis des siècles
— bien qu'il soit à vapeur, et qu'il ait eu probablement ses jours
de gloire avant d'être écrasé par la venue des grands vapeurs
modernes, que l'on n'a pas eu tort de désigner sous le nom de palais
flottants.

Mais, par exemple, quelle surprise, que de trouver tout l'équipage de ce bateau composé de Canadiens-Français ! Et puis, le
séjour à bord coûte bon marché, surtout aux yeux de gens qui,
depuis six semaines, ont dû vivre dans les hauts prix. Ainsi, l'on
nous donna les meilleures cabines du vaisseau, et pour tout le
voyage qui dura deux jours et trois nuits nous n'eûmes à payer de
ce chef que deux piastres. Quant à la pension, elle ne coûte à bord
qu'une piastre et demie par jour. Que personne n'aille croire, par
exemple, qu'il y ait quelque comparaison à établir entre l'ameu-

blement et les menus du *Corsican* et ceux du *Kingston,* du *Toronto* ou du *Montréal,* qui appartiennent à la même compagnie de navigation " Richelieu & Ontario."

Si le trajet de Toronto à Montréal dura de la sorte une soixantaine d'heures, cela tenait d'abord à ce que le bateau ne filait pas un nombre excessif de nœuds à l'heure, mais surtout à ce qu'il arrêtait partout sur la route. Longeant la rive septentrionale du lac Ontario, il faisait escale à toutes les localités où se trouvait seulement un bout de madrier pour y accoster. Cela faisait très bien notre affaire et nous valut de devenir très forts sur la géographie de cette région de l'Ontario.

Aucun lecteur ne s'attend à me voir décrire, ni en gros ni en détail, l'aspect de toutes ces localités, d'importance plus ou moins considérable, qu'il nous fut donné de contempler durant ces deux jours (et sur lesquelles, s'il y tient, il pourrait encore assez aisément trouver à se renseigner... ailleurs) ; encore moins, je crois, s'attend-il à ce que je raconte par le menu toutes les circonstances de cette longue navigation en eau douce. Et, pour ce qui est de ce dernier point, j'approuve fort la modération de ses désirs : car tout ce voyage se passa sans incidents d'aucune sorte, et l'histoire n'y a rien trouvé à se mettre sous la dent... Voyons un peu. A chacune des jetées qui émaillaient la côte, le bateau allait s'amarrer pour rester là dix minutes, ou une heure, ou deux heures ; des gens débarquaient, des gens s'embarquaient ; l'équipage transportait à terre des caisses, des barils, des paniers, puis véhiculait à bord d'autres caisses, barils et paniers ; ensuite on retirait les amarres, pour recommencer une heure plus tard à l'escale suivante.

Et, malgré le manque de confort que nous trouvions à bord de ce bateau préhistorique — qui fut peut-être, au temps du déluge, l'un des avisos de l'arche de Noé —, le voyage ne laissait pas d'être assez agréable. La température, en ce milieu d'octobre, resta constamment assez élevée pour nous permettre les longues stations en plein air, pour le plus grand bonheur de dame Hygiène qui, si on l'en croyait, aurait tôt fait de nous faire vivre, dans l'intérêt de la bonne santé, à la façon des Arabes et autres peuples qui n'ont pas de goût pour passer leur vie enfermés dans ces grandes boîtes que nous appelons maisons...

Enfin, les Mille-Iles se trouvèrent sur notre route. Je constatai non seulement que toutes les îles et îlots étaient encore là avec leurs bouquets de verdure, mais que le calme et le silence régnaient en maîtres dans les châteaux et les villas si animés durant la saison d'été, et que l'automne avait mis ses couleurs effacées jusque dans ces corbeilles fleuries qui décorent si joliment cette partie du cours de notre Saint-Laurent.

Nous nous demandions si le *Corsican* allait avoir le front de sauter les rapides, dans les conditions de débilité sénile où nous estimions qu'il était. Par bonheur, la prudence étant généralement l'une des qualités du vieil âge, il évita de courir les risques de pareilles aventures. Aucun intérêt d'amour-propre ne l'y poussait d'ailleurs, puisque, avec la douzaine d'heures de retard que nous avions, c'était durant la nuit que nous devions passer par ces endroits tumultueux des rapides du Saint-Laurent, et que, en règle générale, on ne pratique guère l'héroïsme quand l'on n'est pas aperçu... Aussi, après avoir passé à travers les rapides " Galops " et du Plat, qui sont peu accentués et par suite à la portée du premier bateau venu, nous engageâmes-nous, la soirée venue, dans la voie prosaïque des canaux du gouvernement. Par exemple, il ne faut pas croire que cela manquât d'intérêt. La plupart des passagers restèrent sur le pont du vaisseau jusqu'à une heure assez tardive, grâce à la douceur de la température, pour jouir du spectacle de la manœuvre des écluses sous la brillante illumination électrique qui rend le trajet, en pleine nuit, aussi facile qu'en plein jour.

Enfin, à 8 heures du matin, le 18 octobre, nous débarquons à Montréal,— nous sautons à bord du tramway, puis sur le train de Québec du C.P.R. A midi, nous sommes à Three Rivers.— A " Three Rivers " ?... — Oui, monsieur, " Three Rivers " ! c'est écrit comme cela, en grosses lettres, sur la planchette indicatrice de la gare, en une ville qui compte environ 300 personnes de langue anglaise sur une population totale de 12,000 âmes, et en plein cœur de notre province de Québec... Et au buffet de la gare, où j'allai prendre un léger lunch, je dus parler anglais pour être compris.— Une chose dont l'on peut être sûr, c'est que dès l'instant où j'aurai reçu dix millions en héritage de je ne sais quel oncle... d'Europe, j'en dépenserai tout de suite cinq ou six pour construire un beau chemin de fer à travers la province d'Ontario. Toutes les gares seront désignées exclusivement par des noms de langue française ; pour obtenir un emploi quelconque sur mon chemin de fer, il faudra ne savoir parler que français. Et à voir la figure que feront les Anglais d'Ontario en face d'un pareil état de choses, je m'amuserai pour beaucoup de millions. Ce sera même le seul bénéfice que je retirerai de mon entreprise ; car, au bout de huit jours, et à cause de tout ce français, il n'y aura plus de voyageurs sur les trains de ma voie ferrée, dont on ne voudra pas même se servir pour le transport des bœufs destinés à l'exportation.— Cependant que, dans la province de Québec, les propriétaires de bateaux à vapeur et de chemins de fer se seront mis à n'avoir plus pour fonctionnaires que des Asiatiques ignorant tout autre chose que le chinois ou l'hindoustani, pour tâcher de connaître enfin quelle peut bien être la limite de la " patience " nationale des Canadiens-Français.

On voit la belle humeur où j'étais en débarquant à Québec. Mais toute cette patriotique indignation se fondit soudainement, lorsqu'en sortant de la gare je m'entendis interpeller par un brave cocher qui me criait : " Une voiture, monsieur le curé ? "

Il y avait sept semaines que je n'avais rien entendu crier en français.

FIN

TABLE DES MATIÈRES

JOURNAL D'UNE EXCURSION AUX PETITES ANTILLES